ESSAI

PHILOSOPHIQUE

SUR LES

PHÉNOMÈNES DE LA VIE.

DE L'IMPRIMERIE DE GRAPELET.

ESSAI

PHILOSOPHIQUE

SUR LES

PHÉNOMÈNES DE LA VIE,

PAR SIR TH. CH. MORGAN,
MEMBRE DE LA SOCIÉTÉ ROYALE DES MÉDECINS DE LONDRES ;

TRADUIT DE L'ANGLAIS,

SOUS LES YEUX DE L'AUTEUR, AVEC DES CORRECTIONS ET
DES ADDITIONS.

A PARIS,

CHEZ PIERRE DUFART, LIBRAIRE,
QUAI VOLTAIRE, N° 19.

M. DCCC. XIX.

ESSAI PHILOSOPHIQUE

SUR

LES PHÉNOMÈNES DE LA VIE.

REMARQUES PRÉLIMINAIRES.

Χρὴ πάντας ἀνθρώπους ἰητρικὴν τέχνην ἐπίστασθαι, ὦ Ἱππόκρατες,
καλὸν γὰρ ἅμα καὶ ξυμφέρον 'ες τὸν βίον ... ἱστορίην σοφίης γὰρ δοκέω
ἰητρικῆς ἀδελφὴν καὶ ξυνοίκον.

« Il est nécessaire, ô Hippocrate ! que tout homme étudie l'art de la
médecine, parce qu'il est utile à notre bien-être. L'histoire naturelle
de l'homme, dans l'état de maladie, est la sœur et le supplément de
l'histoire de sa vie morale et intellectuelle. »

(Epître de Démocrite à Hippocrate.)

The knowledge of truth is the sovereign good of human nature.

BACON's Essays.

« La connaissance de la vérité est pour l'homme le premier des biens. »

Iʟ semble que le travail de la pensée a toujours été
regardé comme le plus pénible des exercices attachés aux besoins de notre espèce ; et la société, dans
tous les âges, a toujours accordé la confiance la plus
étendue et les plus hautes récompenses à ceux qui
se chargeaient de diriger les opinions et la conduite
des autres.

Les gouvernemens despotiques, les impostures
juridiques, religieuses et médicales, sont les fruits
de cette indolence intellectuelle : la passion d'accumuler des richesses, qui paraît instinctive, et pour

laquelle tous les autres intérêts sont si généralement abandonnés, est détournée elle-même, par ce motif, de son but véritable, et devient une charge imposée à la plupart des hommes au bénéfice de quelques-uns d'entre eux.

La profession de la médecine a été taxée de prêter plus qu'aucune autre à la déception; et l'ignorance qui a toujours régné sur ce sujet, ne justifie que trop cette accusation (1).

Dans les temps anciens, les prêtres professaient exclusivement cette branche lucrative de la science, et ils ajoutaient à ses mystères ceux de la superstition. Les *ex-voto* qui couvraient les murs de leurs temples prouvaient que leur ignorance ne les empêchait pas de tirer parti de la crédulité (2). Quand les deux professions furent séparées, l'art de guérir

---

(1) *Itaque hercule, in hac artium solá evenit, ut cuicunque medicum se profitenti statim credatur; cum sit periculum in nullo mendacio majus.*

Plinii. Hist. 229.

« C'est dans cet art seul qu'on accorde une confiance aveugle à ceux qui le professent; cependant les erreurs qui le concernent sont les plus dangereuses de toutes. »

(2) Parmi les ouvrages des médecins de l'antiquité qui nous sont restés, ceux d'Hippocrate sont les seuls qui aient été conçus dans un esprit philosophique. Démocrite, qui avait perdu les yeux à force d'étudier, et qui ne s'en était probablement pas privé volontairement comme on nous le raconte, paraît aussi avoir trouvé la véritable méthode qu'on doit suivre pour observer la nature; malheureusement ses écrits ne sont pas

semble avoir été abandonné aux dernières classes de la société, et souvent placé dans les mains des esclaves. Horace (1) associe les professeurs de cette science aux diseurs de bonne aventure et autres charlatans de cette espèce ; et nous lisons dans Athénée qu'Aristote se fit médecin faute d'avoir un moyen d'existence plus honorable (2).

---

venus jusqu'à nous. Les autres philosophes grecs ont mêlé à très-peu de connaissances physiologiques, des théories enfantées par leur imagination ; et les écrivains qui pratiquaient la médecine se sont copiés l'un l'autre pendant fort long-temps avec une servilité révoltante.

(1) Horace, *Satire* 2.

(2) Εἰδὼς καὶ Ἐπίκουρον τὸν φιλαληθέςατον, ταῦτ' εἰπόντα περὶ αὐτῦ (Ἀριςοτέλυς) ἐν τῇ περὶ ἐπιτηδευμάτων ἐπιςολῇ, ὅτι καταφάγων τὰ πατρῷα, ἐπὶ ςρατείαν ὥρμησε, καὶ ὅτι ἐν ταύτῃ κακῶς πράττων, ἐπὶ τὸ φαρμακοπωλεῖν ἦλθεν.

Athenæi, Deipn. 8.

« Épicure, qui était la vérité même, disait, en parlant de cet homme (Aristote), qu'après avoir mangé ses biens paternels il s'était fait soldat, et que n'ayant pas bien réussi dans ce métier, il avait pris celui de pharmacien. »

Le pharmacopole était analogue à notre docteur empirique, et, suivant une observation de M. Caton, aussi verbeux et aussi emphatique dans ses promesses que ce dernier : *Itaque auditis non auscultatis, tamquam pharmacopolam ; nam ejus verba audiuntur ; verum ei se nemo committit si æger est.* « Tout le monde écoute ces sortes de gens, et personne ne se fierait à eux pour la cure d'une maladie. »

Aulugelle.

La médecine et la chirurgie ne se sont élevées à une utilité réelle que depuis l'invention de l'imprimerie. La réforme religieuse, en habituant les hommes aux discussions morales et théologiques, a diminué l'arrogance du clergé, l'a obligé d'acquérir une instruction plus solide, et d'être plus exemplaire dans ses mœurs ; et la culture plus générale des sciences naturelles a forcé les médecins d'étendre leurs observations au-delà du cercle étroit dans lequel ils se tenaient depuis si long-temps scrupuleusement renfermés.

Mais il est d'une nécessité bien immédiate de répandre encore plus généralement ces sortes de connaissances. Un proverbe populaire dit que « tout » homme à quarante ans est médecin ou imbécille. » En effet, celui qui n'aurait pas recueilli de quarante ans de souffrances et d'erreurs quelques maximes générales pour la conduite de sa santé, serait un être bien stupide : mais les connaissances empiriques ainsi acquises sont rarement suffisantes pour atteindre le but de la médecine ; ce demi-savoir sert plutôt à engendrer assez de préjugés et d'obstination pour égarer et soi-même et les autres, et pour annuler quelquefois les efforts des hommes de l'art dans la cure des maladies.

La machine animale est un instrument sur lequél on fait tous les jours des expériences, dont la moindre est capable d'y jeter le désordre. Cependant l'ignorance absolue où l'on est en général du principe de la vie et du mode de son action, fait que des personnes de toutes les classes emploient sans discernement toutes sortes de remèdes, et abusent de leurs facultés avec un aveuglement et une témérité déplorables. Le traitement des maladies peut rarement être confié à d'autres qu'à des médecins de profession ; mais on ne peut les éviter, autant qu'il est en nous de le faire, que par une connaissance claire des besoins réels du corps et de l'effet des agens extérieurs.

Ces observations, qui sont d'un intérêt si évident pour les individus, en prennent un bien plus grand, quand elles sont appliquées aux sociétés et à la législation. Des quarantaines absurdes, des taxes, des règlemens qui provoquent la falsification des denrées de première nécessité, qui s'opposent même à la libre circulation de l'air ; des idées fausses sur la folie, l'empoisonnement, l'infanticide, sont, parmi beaucoup d'autres, les conséquences de l'ignorance grossière qui a prévalu et qui prévaut encore sur ce sujet.

Outre ces intérêts directs, il en est d'autres plus éloignés, mais non moins intimement liés à la connaissance générale de la physiologie. Les besoins de l'homme, et les moyens qu'il possède pour les satisfaire, dépendent immédiatement de son organisation ; toutes les relations sociales dérivent de l'une ou l'autre de ces sources, et sont des corollaires tirés des lois de l'action organique. Les pensées et les désirs ne sont que des modifications des parties par l'opération desquelles ils sont engendrés; et les motifs moraux, comme les stimulus physiques, tirent leur puissance de la condition de la structure sur laquelle ils agissent. Ces considérations ont été jusqu'ici trop négligées. Les moralistes et les législateurs, ignorant leur propre organisation, ont toujours considéré l'esprit comme séparé des autres phénomènes de la vie; ils se sont bornés ainsi à l'observation de la moitié de leur sujet.

La connexion entre les raisonnemens moraux et la physiologie, a cependant été sentie par les hommes qui ont cultivé avec le plus de succès la philosophie de l'esprit et celle du langage. L'autorité des noms les plus respectables peut appuyer cette proposition; et la vérité en devient encore plus évidente par le déplorable état des sciences métaphysiques après leur séparation des sciences naturelles, et pendant leur amalgame avec la théologie scolastique. Les diverses théories qui se sont succédées depuis la renaissance des lettres, pour expliquer le phénomène de l'intelligence, et servir de règle pour juger les théories morales, ont prouvé leur fondement erroné par leur prompte décadence et le mépris dans lequel elles sont tombées successivement.

Ces sujets n'ont été traités avec succès que quand ils ont été regardés comme une partie de l'histoire naturelle de l'homme; et la marche imposante et rapide de l'esprit humain, dans cette nouvelle direction, doit nous donner les plus flatteuses espérances.

Le bien et le mal ne sont des notions intelligibles que dans leurs rapports avec les lois de l'existence organique. Au moral, ce qui est criminel, au physique, ce qui est malsain, est ce qui dérange immédiatement les fonctions qui doivent être remplies par l'individu ou les individus réunis en société. En adoptant une autre règle pour juger des actions, on tire de fausses conclusions qui produisent des préjugés destructeurs (1). Si on avait toujours suivi ce principe, des imposteurs intéressés n'auraient jamais osé substituer des cérémonies absurdes et des privations qui outragent la nature, à la bienveillance active et aux jouissances de la raison : bien moins encore aurait-on pu armer la moitié du monde contre l'autre, et prêcher le meurtre et la rapine au nom de la Divinité.

Cette vérité bien développée diminuerait maté-

____

(1) *Hoc autem, de quo agimus, id ipsum est, quod utile appellatur; in quo lapsa consuetudo deflexit de viâ; sensimque eo deducta est, ut honestatem ab utilitate secernens, et constituerit honestum esse aliquid quod utile non esset, et utile, quod non honestum;* quâ nulla pernicies major hominum vitæ potuit afferri.   Cicero, *de Officiis.*

« Il s'agit présentement de ce que l'on appelle utile ; et c'est sur quoi le langage et les sentimens des hommes se sont écartés de la vérité : on s'est accoutumé à distinguer l'utile de l'honnête, et par là on est venu à croire qu'il y a des choses honnêtes qui ne sont pas utiles, et qu'il y en a qui sont utiles, quoiqu'elles ne soient pas honnêtes. *Or rien n'est si capable de corrompre les mœurs des hommes qu'une telle persuasion.* »

riellement la propension au crime, qui ne prévau-
drait plus que dans les cas où des institutions vicieuses
rendraient l'existence de quelques individus incompatible avec celle des autres, et cette incompatibi-
lité, poussée à un certain point, mène toujours à la
dissolution de la société et à sa recomposition sur
d'autres formes.

La connaissance d'une bonne règle n'implique pas
toujours, il est vrai, sa juste et constante application. De fortes passions, des désirs véhémens doivent nécessairement entraîner de faux jugemens sur
la tendance des actions; mais si les maximes de la
morale et les actes de la législation étaient basés
sur les besoins physiques de notre nature, on verrait
rarement des aberrations affecter une classe entière
d'actions : les exemples individuels de fausses combinaisons en conduite seraient même moins fré-
quens, et les conséquences en seraient moins étendues et moins fatales.

Mais sans entrer dans des considérations spécu-
latives, les maux qui naissent de l'ignorance de l'organisation physique de l'homme sont assez palpables
dans la pratique, pour faire sentir la nécessité de la
connaissance générale de la physiologie. De fausses
notions de l'effet des agens naturels sur le corps
produisent des maladies, et le manque d'idées cor-
rectes sur les maladies met le patient hors de toute
relation mentale avec la personne à laquelle il se
confie pour sa guérison. Des erreurs tout-à-fait

opposées prévalent également sur ce sujet. L'admiration pour la médecine est une idolâtrie pour le grand nombre ; les oracles du jour sont consultés, et on leur obéit avec un aveuglement, une crédulité vraiment superstitieuse ; tandis qu'un petit nombre d'*esprits forts* traite cet art avec un mépris injuste, et « ne connaît pas de plus plaisante momerie, rien de plus ridicule qu'un homme qui veut se mêler d'en guérir un autre » (1).

Quand on n'a aucune connaissance positive sur un sujet, ces deux inconvéniens sont inévitables. Pour les classes inférieures de la société, le médecin est un thaumaturge, une espèce de magicien naturel; les termes de son art sonnent à leurs oreilles comme des paroles d'exorcisme ; même dans les classes plus élevées, quand un docteur « sait de belles humanités, sait nommer en grec toutes les maladies (2) »; on lui accorde une confiance illimitée.

Malgré les idées opposées que les ignorans et les gens éclairés ont sur les médecins, celles qu'ils se font tous sur la médecine sont absolument les mêmes. On se figure généralement que la nomenclature nosologique représente des existences substantives d'un caractère distinct et permanent comme celui d'un chien, d'un bœuf, d'un cheval : on se figure aussi que le remède est approprié spécialement à la

---

(1) Molière.
(2) *Ibid.*

maladie; que l'un a été formé pour l'autre, comme le tenon pour la mortaise, et qu'il agit sur elle comme l'eau agit sur le feu. D'après ces idées, le grand point dans les maladies est de leur donner un nom; et l'on croit que les erreurs des médecins ne viennent jamais que de leur ignorance à cet égard. On pense que le nom de la maladie une fois trouvé, il n'est point difficile d'y appliquer le remède qui lui est propre; que le médecin doit connaître ce remède, et qu'il agira d'une manière infaillible, même sans la coopération du patient. Avec cette fausse notion de l'effet immanquable de quelques drogues vantées « pour leur vertu miraculeuse contre tel ou tel mal », l'exercice, la tempérance, les autres soins de prévoyance sont oubliés ou négligés; et, à l'exemple de ceux qui croient expier des péchés d'habitude par des mortifications et des prières dans certains momens, ou par des aumônes qui ne sont que des lettres de change tirées sur le ciel, les gens du monde croient pouvoir concilier la santé et les excès en se soumettant pendant quelque temps aux avis d'un médecin, et en dépensant annuellement une certaine somme chez l'apothicaire.

Le désappointement qui suit presque toujours ces espérances extravagantes, a dû contribuer pour beaucoup au mépris avec lequel la médecine est regardée par quelques raisonneurs exacts et difficiles; tandis que les personnes trop confiantes et trop faciles sont toujours, au contraire, à la quête des recettes et des secrets, et prennent avidement les choses les plus nauséabondes, pourvu qu'elles leur soient données comme remèdes.

La certitude absolue en médecine est d'une impossibilité manifeste. Elle existe même rarement sur quel sujet que ce soit, excepté dans ces relations simples qui peuvent être exprimées par des nombres. Dans beaucoup de cas, le témoignage des sens a même besoin d'être appuyé sur d'autres preuves. Chaque individu voit et entend pour lui-même; chaque individu a sa propre conviction qui peut s'accorder ou ne pas s'accorder avec la nature des choses. Suivant la belle définition de Horne Tooke, *truth is what each person troweth*, « le vrai est ce que chaque personne conçoit. » En effet, la vérité, dans tout ce qui appartient à l'homme, doit se définir par ce qui s'accorde avec les apparences. Quant à la nature intime des choses, elle ne peut être connue que de celui pour qui rien n'est caché.

Dans les sciences naturelles, sur lesquelles il reste et il restera peut-être toujours tant de choses à découvrir, on peut seulement approcher de la certitude à l'égard de quelques propositions générales; mais leur application à des cas particuliers est presque toujours suivie de circonstances imprévues qui affectent l'exemple individuel, et lui donnent un caractère qui lui est propre.

Les phénomènes de la maladie dérivent en partie des fonctions habituelles des organes, et en partie des perturbations produites par des accidens. Parmi les combinaisons infinies que présente le conflit de ces deux actions, il est souvent très-difficile de découvrir la proportion qui existe entre les forces perturbatrices et les forces constantes. L'observation générale peut donner quelques axiomes qui peuvent s'appliquer avec plus ou moins d'exactitude à la plupart des cas ; mais aucun de ces axiomes ne peut être regardé comme le résultat avéré d'un grand nombre d'exemples (1).

Ceux qui sont accoutumés à la contemplation de la nature connaissent la difficulté qu'on trouve à classer les animaux et les plantes, dont les propriétés sont cependant permanentes et distinctes de géné-

---

(1) Au milieu des causes variables et inconnues, que nous comprenons sous le nom de *hasard*, et qui rendent incertaine et irrégulière la marche des événemens, on voit naître, à mesure qu'ils se multiplient, une régularité frappante, qui semble tenir à un dessein, et que l'on a considéré comme une preuve de la Providence qui gouverne le monde. Mais en y réfléchissant, on reconnait bientôt que cette régularité n'est que le développement des possibilités respectives des événemens simples qui doivent se présenter plus souvent, lorsqu'ils sont plus probables...... On peut tirer du théorème précédent cette conséquence, qui doit être regardée comme une loi générale ; savoir que les rapports des effets de la nature sont, à fort peu près, constans, quand ces effets sont considérés en grand nombre. Ainsi, malgré la variété des années, la somme des productions pendant un nombre d'années considérable est sensiblement la même.

LA PLACE, *Essai sur les Probabilités.*

ration en génération. Combien n'est-il pas plus difficile de classer les maladies, qui sont par leur nature
essentiellement accidentelles, et qui varient dans
leurs symptômes non-seulement dans chaque accident particulier, mais à différentes époques du mal!
Ces symptômes fugitifs naissent, s'évanouissent, se
combinent, se modifient de mille manières, pendant le progrès de la maladie, avec un caprice qu'il
est impossible d'expliquer. Ainsi l'art de la médecine, quoique fait pour être enseigné en général,
doit être pratiqué suivant les cas particuliers; et les
succès des praticiens dépendent autant de leurs
talens naturels et de leur expérience, que de leur
savoir théorique.

Une autre idée très-chimérique sur ce même sujet
est celle que toute maladie a son remède dans la
nature, si le médecin est assez habile pour le trouver. Dans la pratique de la chirurgie, s'il arrive qu'un
organe essentiel ait été lésé de manière à ne pouvoir
plus remplir ses fonctions, on reconnaît bientôt
que l'accident est incurable. Il arrive fréquemment
des cas semblables dans la médecine; mais ils ne
sont pas considérés sous le même point de vue : on
regarde toute maladie interne comme une chose
qui serait guérissable, si l'art était poussé à sa perfection. — Les révolutions qui ont lieu de temps en
temps dans les phénomènes des maladies ne sont
pas favorables à cette supposition. Des maux jusque alors inconnus paraissent tous les jours, tandis

que d'autres disparaissent ; l'aspect des maladies change suivant le progrès de la société, et les changemens qu'il amène dans les habitudes de la vie, ou suivant que la constitution s'accoutume aux usages plus constans. L'emploi et l'abus de certains remèdes produisent aussi de nouvelles combinaisons d'accidens (1). Dans un état de choses si variable, il serait absurde d'imaginer que la nature ait en réserve des spécifiques pour tous les cas de maladie possibles.

Mais pour revenir à notre sujet dont cette digression nous a trop éloigné, il est bon de considérer que le manque de connaissances n'influe pas seulement sur la pratique de la médecine ; des erreurs fatales sont commises dans la vie commune, en attribuant certains effets à des causes qui ne les ont point produits ; et beaucoup d'inconvéniens personnels résultent de fausses idées qu'on se fait sur des habitudes prises pour la conservation de la santé. D'autres habitudes dangereuses et destructives sont gardées par la confiance déplacée qu'on accorde à des remèdes dont l'efficacité n'est point réelle. En un mot, si les suites de l'ignorance sont toujours nuisibles, elles le sont bien plus sensiblement encore lorsqu'elles portent sur les accidens et les affections du corps humain.

Il paraît d'abord étrange qu'un intérêt aussi majeur, aussi évident n'ait pas attiré sur la physiologie une

____

(1) *Erythema mercuriale*, etc.

plus grande part de l'attention de ceux qui aiment à s'occuper des sciences naturelles. Mais les difficultés attachées à cette étude donnent la solution de ce problème. Les premiers pas dans toutes les recherches scientifiques sont les plus embarrassans ; l'esprit, qui ne connaît ni l'ensemble du sujet ni la nature des objets qui le concernent, s'épouvante à l'aspect du labyrinthe qu'il doit parcourir. Tout semble d'abord inintelligible ; les faits isolés n'intéressent point ; les axiomes sont reçus avec un assentiment passif ; les définitions sont lentement et imparfaitement comprises ; on sait d'ailleurs que les facultés intellectuelles, comme les facultés physiques, n'acquièrent leur pleine vigueur que par l'usage et l'expérience. Ces sortes de difficultés se rencontrent particulièrement quand on veut étudier les sciences qui sont fondées sur l'observation de la nature organisée. Dans les sciences mathématiques, il existe des idées essentiellement élémentaires, qui peuvent être présentées séparées de leurs conséquences. Mais quand il s'agit des ouvrages de la nature, les faits sont si étroitement liés, il y a un tel mélange de causes et d'effets, que, de quelque côté que les recherches soient commencées, l'étudiant se trouve bientôt entraîné jusqu'au centre de son sujet, et il sent à chaque pas qu'il manque d'idées préliminaires qui puissent lui servir d'appui. Rien dans la nature n'est strictement élémentaire, rien n'est absolument simple ; ce n'est qu'à force d'abstractions volontaires, à force de propositions, qu'on suppose accordées, qu'on parvient à composer des élémens artificiels; à instituer quelque chose qui ressemble un peu à un commencement (1).

Cette obscurité que la science offre à son entrée effraie les timides et décourage les indolens; et si le désir du gain ou l'ambition n'engageaient pas les hommes à surmonter ces premiers obstacles, on en verrait bien peu suivre une carrière si constamment pénible, et dont le début est si repoussant.

Les premières règles d'une science qu'il faut étudier avant que l'esprit soit vraiment intéressé, éloignent plus que les difficultés réelles les contradictions, les incertitudes qui se rencontrent ensuite en continuant les recherches.

Pour obvier en quelque sorte à cet inconvénient, on pourrait adopter un mode d'instruction élémentaire différent de celui qu'on emploie généralement. Il faudrait peut-être, pour communiquer les premières notions d'une science à des personnes qui ignorent entièrement son but et sa nature, suivre une marche opposée à celle qui a été suivie par les

---

(1) Ἐμοὶ δοκέει ἀρχὴ μὲν οὐνεδεμία εἶναι τοῦ σώματος, ἀλλὰ πάντα ὁμοίως ἀρχὴ, καὶ πάντα τελευτή· κύκλου γὰρ γραφέντος, ἀρχὴ οὐκ εὑρέθη.   Hippocrate, *de Locis.*

« Il me semble que, dans la connaissance du corps humain, il n'y a aucun principe élémentaire, tout est en même temps commencement et fin ; comme dans un cercle, il est impossible de fixer le point de départ. »

inventeurs dans le premier développement de ses principes. Le progrès des découvertes va toujours du particulier au général, de l'observation et des expériences individuelles à des aphorismes applicables à une longue série de faits; chaque pas est fait dans l'ignorance de celui qui doit suivre, et il est fait avec défiance et incertitude. Il faut un laps de temps considérable et beaucoup de travail pour éclaircir le terrain, et parvenir à une élévation d'où l'on puisse apercevoir l'étendue et la forme d'une contrée nouvellement découverte : de même une science doit être long-temps cultivée avant qu'on puisse apprécier son utilité véritable et les progrès qui ont été faits par ceux qui se sont déjà occupés de la faire fleurir. Après les premières découvertes, le cas devient tout-à-fait différent; la région qu'on doit parcourir a déjà été explorée; le plan en est connu, et il peut être alors non-seulement plus expéditif et plus agréable, mais plus philosophique, de commencer à prendre une vue générale du sol, de descendre par degré jusqu'aux plus petites divisions, et de vérifier, en dernière analyse, l'exactitude des observations sur lesquelles ont été faites les cartes que nos prédécesseurs nous ont laissées.

La prompte acquisition d'un grand nombre de conclusions générales flatte l'amour-propre et intéresse l'imagination de l'étudiant; il est encouragé dans son travail, parce que sa curiosité est en même temps excitée et satisfaite. Cette manière de pro-

céder facilite aussi la connaissance des rapports
d'une science avec les autres branches du savoir humain ; elle montre *le lien général* qui forme un tout
de ces différentes branches ; elle indique la meilleure
route à suivre pour les perfectionner et les utiliser, et
c'est là le véritable objet de toutes recherches scientifiques. Des vues générales, tracées d'après cette
méthode, ne sont pas propres, nous en convenons,
à donner une instruction profonde. Les chemins
trop faciles pour conduire à toute espèce de connaissance, tendent à engendrer la paresse et la suffi-
sance ; « rien sans un grand travail » s'applique
aussi-bien aux besoins intellectuels qu'aux besoins
physiques ; mais ces chemins faciles peuvent toujours communiquer une instruction générale à ceux
qui n'ont ni le temps ni la volonté de faire des
études plus approfondies. Si la science paraît assez
attrayante à ceux qui y auront été initiés de cette
manière pour les engager à pousser plus loin leurs
recherches, les premières données qu'ils auront acquises leur serviront de guide pour un examen plus
sérieux.

L'auteur de cet ouvrage a cherché à s'éloigner le
plus possible des opinions purement théoriques ;
mais c'était une tâche malaisée à remplir. Il est en
effet d'une difficulté presque insurmontable de se
garantir de la pente qui nous entraîne vers les hypothèses. La médecine et la théologie se ressemblent
sous ce rapport ; que l'une portant sur des sujets

surnaturels au-delà de la compréhension humaine,
et l'autre sur les phénomènes les plus mystérieux
de la nature, elles ouvrent toutes deux un vaste
champ à l'imagination, qui se livre alors à l'examen
« des choses obscures et inutiles (1). » Cette disposition conduit à l'illusion, à un certain raffinement
de pensées qui ne sert qu'à égarer la raison. L'érudition est alors substituée aux connaissances réelles,
les mots prennent la place des idées, et celui qui
veut s'instruire est arrêté sans cesse par la nécessité
de revenir à l'examen des premières notions, s'il
veut éviter « de donner son assentiment à des choses
qui ne lui sont réellement point connues (2). »

On se débarrasse encore très-difficilement de l'influence des termes qui se rattachent à des théories
oubliées, et de celle de certaines idées qui sont des
fragmens d'hypothèses abandonnées. Il existe des
notions qui ont été si généralement répandues,
qu'elles se mêlent au langage vulgaire; en sorte que
sa construction ordinaire peut égarer les esprits les
plus exacts. Les mots *vie, forces vitales, sensibilité, etc.* dont on est obligé de se servir pour exprimer les premières causes des phénomènes organiques, portent insensiblement à l'esprit une sorte de
demi-conviction qu'ils représentent des existences

---

(1) *Multumque operam in res obscuras.*

CICERO, *de Officiis.*

(2) *Ne incognita pro cognitis habeamus, hisque temeré
assentiamus.*

réelles dont la nature est parfaitement connue. D'autres expressions, telles que *vibrations*, *esprits animaux*, *sensorium commune*, restes de systèmes réfutés, maintiennent encore dans les discours, et conservent même une certaine influence sur l'esprit.

Le sentiment de notre ignorance absolue des causes de l'action vitale, et de la nature intime de tout phénomène organique, est la meilleure sauvegarde contre l'erreur, et ce sentiment ne peut jamais être trop souvent rappelé : c'est à ce sujet que l'aphorisme du poète, *Sapientia prima est, stultitia caruisse*, est particulièrement applicable (1).

Une difficulté non moins embarrassante naît d'une disposition tout opposée. Les philosophes sont comme les autres hommes; quand ils reçoivent une impulsion inaccoutumée, quoiqu'ils y aient d'abord résisté, ils se laissent entraîner ensuite trop aveuglément dans la direction nouvelle. Après une stagnation de près de deux mille ans, la philosophie de Bacon donna une expansion soudaine à l'esprit humain, qui, en renversant l'ancienne disposition à la théorie, a fini par amener une confiance excessive et dangereuse aux déductions tirées des expériences (2).

---

(1) « Le premier pas vers la sagesse est de savoir éviter la folie. »   HORACE.

(2) « Quand on a fait une expérience, le meilleur parti est de douter long-temps de ce qu'on a vu et de ce qu'on a fait. »
VOLTAIRE, *des Singularités de la Nature.*

On remarque, dans les écrits des physiologistes modernes, une forte tendance à rejeter tout raisonnement général, et à réduire la science à une masse d'observations détachées, confuses et contradictoires. Chaque faiseur d'expériences (et le nombre en est presque infini) rassemble les résultats de celles qu'il a faites, en tire des conclusions, et réfute ou méprise celles de ses prédécesseurs. Chaque système de physiologie diffère du dernier ; chaque médecin propose une nouvelle méthode curative ; des agens de la nature la plus opposée sont employés dans les mêmes circonstances par différens praticiens, *e sempre bene*. Décider des points si chaudement contestés, assigner au raisonnement et à l'expérience les limites dans lesquelles ils doivent rester pour mieux contribuer à l'avancement des vraies connaissances, était une tâche trop difficile pour que l'auteur de ces pages se flatte de l'avoir remplie. Charybde et Scylla étaient sur son passage, et il a dû se laisser entraîner souvent vers l'un et l'autre écueil.

L'histoire de l'organisation et des fonctions animales de l'homme, et celle de leur action irrégulière dans l'état de maladie, forment une branche importante de l'histoire naturelle, et se lient intimément avec elle. Les doctrines chimiques s'appliquent aussi constamment aux raisonnemens physiologiques. Une teinture légère de ces deux sciences est donc nécessaire pour l'examen de l'existence organique. Heureusement ce sont des connaissances qui sont devenues très-générales; elles font actuellement partie d'une éducation libérale. Les images tirées de la physique, si fréquemment employées par les poètes et les orateurs de notre temps, attestent l'universalité de cette étude. On voit dans toutes les bibliothèques des ouvrages élémentaires sur la chimie et l'histoire naturelle, et les encyclopédies sont multipliées sous toutes les formes et adaptées à toutes les fortunes. Ces circonstances nous dispenseront de certains détails préliminaires qui, quoique étrangers au plan de cet ouvrage, eussent été sans cela indispensables pour le rendre intelligible.

La physiologie, dans la plus stricte application du mot, embrasse un vaste champ, une immense variété de matières : plusieurs de ses parties pourraient occuper une longue et laborieuse vie. Nous devons donc nous borner, dans un ouvrage tel que celui-ci, à donner une simple esquisse de cette science; à en faire connaître les traits essentiels. C'est la philosophie de la physiologie, et non la science physiologique, que l'auteur a essayé de faire connaître à ses lecteurs; n'osant pas les introduire dans le temple de la nature, il sera satisfait s'il peut les conduire jusqu'au parvis, et les rendre capables d'interroger eux-mêmes la déesse, et de lire ses décrets.

CHAPITRE PREMIER.

DU CARACTÈRE ET DES CAUSES DE LA COMBINAISON ORGANIQUE.

Connexion générale des espèces qui existent dans la nature. — Forces matérielles, mécaniques, chimiques, vitales. — On ne peut pas toujours distinguer bien précisément les corps organiques et inorganiques. — Les corps organisés résultent d'élémens inorganiques modifiés par les *fonctions* : ils ont à cause de cela des formes déterminées et une durée circonscrite. — Mort. — Génération équivoque. — Origine des espèces existantes. — Les individus tirent leur origine d'un œuf. — Les espèces bornées dans leur nombre. — De l'action vitale. — Assimilation. — Élimination. — Les qualités particulières des êtres organisés dérivent de leur constitution chimique. — Mécanisme de l'assimilation et de l'élimination. — Système vasculaire ; domine dans les corps organisés. — Conditions de l'assimilation. — Les espèces vivantes existent dans une dépendance mutuelle qui produit un bien relatif au grand nombre seulement. — Balance de l'assimilation et de l'élimination aux différentes époques de la vie. — La vie peut-elle être indépendante du mouvement ? — Identité organique. — Les fonctions nutritives (qui sont l'assimilation et l'élimination) et celles de la génération, appartiennent essentiellement à l'idée de la vie ; les végétaux ne sentent point. — Le sentiment et le mouvement, fonctions de relation ou de la vie animale. — Causes des différences entre les formes animales et végétales. — Les végétaux, qui sont les résultats de combinaisons plus simples, doivent être plus durables et moins dépendans des fonctions. Le plus haut degré de simplicité dans les végétaux dérive de la nature des substances qui les alimentent.

CHAPITRE PREMIER.

DU CARACTÈRE ET DES CAUSES DE LA COMBINAISON ORGANIQUE.

Quella che noi chiamo distruzione nella natura, non e che la reduzione delle mazze maggiore in altre minore, et la separazione di sostanze, che lasciano un composito per formarne degli altri nuovi, et comparire sotto nuovi aspetti. (1 Campi Flegrei dell' Abate Ferrara. Sect. 5.)

« Ce que nous appelons destruction dans la nature, n'est que la division des grandes masses en plus petites, et la séparation des substances qui abandonnent un composé pour en former d'autres, et reparaître sous de nouveaux aspects. »

Les premières recherches qui ont été faites sur les phénomènes de la vie, ont eu pour but la guérison des maladies; et l'examen de la structure organique ne s'est d'abord étendu qu'à l'anatomie de l'homme et d'un ou deux animaux, dont les formes se rapprochaient le plus des siennes (1). Les idées plus grandes et plus générales qui dérivent de la contemplation de toute la série des individus organisés, sont des conquêtes qui appartiennent à l'âge présent.

L'influence bienfaisante de cette extension des

---

(1) L'anatomie n'a été pratiquée sur les sujets humains que très-long-temps après les premières observations faites sur les quadrupèdes domestiques. Hippocrate parle d'avoir inspecté le squelette d'un homme comme d'une chose dont il devait se glorifier; — ἃ δ' ἡμεῖς ἐξ ἀνθρώπου ὀστέων κατεμάθομεν.

Περὶ ὀστέων φύσιος.

recherches physiologiques ne s'est pas bornée à l'histoire physique de l'homme : cette science a été poussée assez loin pour se trouver fréquemment en contact avec d'autres connaissances. Elle est ainsi devenue un centre commun d'où les moralistes et les métaphysiciens peuvent tirer des notions plus stables et plus utiles au genre humain, que celles qui nous ont été laissées par les travaux de leurs prédécesseurs.

L'histoire physique et morale de l'homme, considérée isolément, est un labyrinthe inextricable; ses fonctions variées et compliquées se refusent à l'analyse, et l'origine et la fin de son être sont également placées hors de la portée des définitions et des conjectures. Mais quand le sujet humain est examiné dans ses rapports avec les autres espèces, quand il est regardé comme un anneau de la grande chaîne des existences, il cesse d'être une anomalie dans la création. Si la principale source des mouvemens de la machine humaine reste enveloppée de la même obscurité, qui nous cache les premières causes de tout phénomène naturel; on peut du moins réduire ces mouvemens à des lois dont l'application est plus générale.

Toutes les substances qui existent dans la nature possèdent certaines facultés par lesquelles elles exercent les unes sur les autres une action mutuelle; elles forment ensemble un tout dans lequel rien n'est strictement et absolument indépendant. Les substances inorganiques exercent entre elles une action *mécanique*, qui modifie leur position relative dans l'espace, et par laquelle les parties subordonnées de chaque substance sont soumises au même changement : elles agissent, de plus, les unes sur les autres par l'effet de l'*attraction chimique*, et produisent de nouvelles espèces par leurs mutuelles combinaisons et décompositions.

Les corps organisés, outre ces affections mécaniques et chimiques, sont encore influencés par des causes qui, sans changer leur structure et leurs arrangemens visibles, produisent en eux des modifications intimes et profondes, par lesquelles leurs modes d'action sont altérés, et qui les rendent susceptibles d'impressions différentes de celles qui dérivent de leur disposition originelle. Tels sont les changemens produits par la culture dans les qualités des végétaux, et les variations que le climat et l'éducation impriment sur les espèces animales.

La distinction entre les corps organiques et inorganiques, suffisamment évidente dans les cas extrêmes, n'est pas aussi claire dans ces espèces où les deux classes semblent se rapprocher. Cette observation s'applique à toutes les distinctions artificielles que l'homme a imaginées pour classer les ouvrages de la nature. Chaque espèce est intimement liée à celle qui a le plus de ressemblance avec elle ; et les déviations brusques sont manifestement impossibles dans la série des êtres.

Les matériaux élémentaires (1), dont les espèces organiques sont composées, ne sont point d'une espèce particulière ; mais ils constituent indifféremment des combinaisons organiques ou inorganiques (2). La différence entre ces deux classes tient aux formes seulement ; et, dans les dernières espèces d'êtres vivans, les formes sont si simples et les fonctions si bornées, qu'il est difficile de tirer la ligne de démarcation d'une manière bien exacte.

Il semble très-probable, d'après cette considération, que la théorie qui donne aux mouvemens des

---

(1) Le mot élément est appliqué, dans la philosophie moderne, aux corps qui ont résisté à tous les efforts de l'analyse chimique. Le nombre de substances admises comme élémentaires est sujet à des variations perpétuelles : l'épithète d'élémentaire se rapporte donc plutôt à nos moyens qu'à une qualité inhérente au sujet, et elle devient applicable ou cesse de l'être, suivant que l'espèce dont il est question est affectée par le progrès de la chimie. L'analyse des alcalis, faite par sir H. Davys, a rayé ces corps de la liste des élémens, et a fait découvrir dans leur base de nouvelles substances qui doivent y être placées. Ce mot *élément* ne doit donc pas être regardé comme exprimant une assertion positive sur la nature intime d'un corps ; il ne signifie pas que la chose ne peut être décomposée, mais qu'elle ne l'a pas encore été. Il diffère en cela du terme *élément* chez les anciens, auquel ils attachaient des idées hypothétiques qui ont engendré de nombreuses erreurs.

(2) La théorie des particules organiques de Buffon est tombée depuis long-temps dans un mépris mérité ; et son influence ne s'est jamais étendue beaucoup au-delà de son auteur.

corps organisés une cause différente des lois générales de la matière, et qui considère les phénomènes de la vie comme d'un autre ordre que ceux de l'existence inanimée, n'est réellement pas fondée.

Mais quelle que puisse être la théorie, il est constant, par le fait, que la formation des compositions organiques est le résultat d'affinités d'une nature plus relevée que celles qui produisent les espèces inorganiques. L'existence des êtres organisés est maintenue par certains mouvemens internes qui modifient la tendance ordinaire de leurs élémens constituans. Il existe une proportion fixe et nécessaire entre le caractère des composés organiques et l'étendue et la vélocité de ces mouvemens intérieurs; ainsi l'organisation plus ou moins complexe peut donner la mesure de la force et de la variété des fonctions vitales. Les mouvemens des familles de végétaux, dont la composition est simple, sont moins compliqués et moins étendus que ceux des animaux, et ils admettent une plus longue et plus complète suspension sans nuire à l'individu.

Les parties dans lesquelles s'exercent les différens mouvemens vitaux ont une constitution définie et particulière à chacun d'eux. Ces divers arrangemens sont appelés *organes*, et les mouvemens qu'ils effectuent sont nommés *fonctions*. Ainsi la digestion est la fonction de l'estomac; la sécrétion de la bile est celle du foie. *La totalité des fonctions que chaque individu peut remplir, constitue sa vie.*

Aussitôt que les élémens constituans des combinaisons inorganiques sont mis en contact dans des circonstances favorables à l'exercice de leurs affinités chimiques, leur union est sur-le-champ déterminée. La substance nouvellement formée est susceptible d'une durée indéfinie, et ne peut être détruite que par l'application de forces extérieures. Les parties constituantes restent dans un état de repos relatif; elles n'exercent aucune action réciproque, excepté celle qui est appelée attraction de cohésion.

Les corps inorganiques n'ayant aucune fonction à exercer n'ont pas besoin d'un arrangement défini (1); leur forme et leur dimension dépendent seulement du nombre de particules qui s'est trouvé dans la sphère de l'action mutuelle : ils peuvent être augmentés par superposition ou diminués par *attrition*; et s'ils sont brisés par violence, les fragmens retiennent toutes les propriétés de la masse primi-

---

(1) La cristallisation, que quelques personnes considèrent comme analogue à l'arrangement organique, en diffère presque en tout. C'est un pur accident qui n'est nullement essentiel aux substances inorganiques. Il est cependant probable que les plus petites particules de toute matière peuvent avoir une forme définie qui dépend des molécules élémentaires. L'opinion de la *croissance* des minéraux tient à cette analogie supposée; et quoique Linnée l'ait adoptée, elle est fondée sur un abus de termes évidens. Les corps inorganiques augmentent seulement par l'addition de matières nouvelles.

par eux reprennent bientôt leur influence, et dissolvent la combinaison organique pour en produire
une autre plus conforme aux qualités inhérentes des
élémens. L'enflure des pieds qui se remarque à la
fin de la journée chez les personnes débiles, est un
exemple familier qui prouve l'existence de cette loi.
La force de fonctions n'est pas suffisante dans ce
cas pour triompher de l'opposition que la gravité
des fluides apporte à leur retour vers le cœur, et
ils s'accumulent dans les parties les plus basses du
corps.

De même, dans les fièvres accompagnées d'épuisement, l'action vitale étant dérangée, les attractions
électives des matières élémentaires l'emportent partiellement sur les forces fonctionnelles, et il y a un
commencement de désorganisation qui s'annonce par
la qualité putride des fluides. Ainsi tous les composés
vivans ont une tendance constante à la dissolution,
qui, lorsque les fonctions sont suspendues, opère
la destruction de l'individu avec une rapidité proportionnée à la différence qui se trouve entre la
combinaison organique et la combinaison physique
des élémens qui le constituaient (1). L'influence
reprise par les forces physiques dans les matières

(1) Les os, qui contiennent une grande portion de substance minérale, et qui subsistent à un très-haut degré en
vertu des affinités chimiques, sont plus durables après la
mort que les parties molles des animaux.

qui ont éu vie constitue les différentes espèces de *fermentation*. Toute substance capable de subir ce changement a été produite par l'opération de l'énergie vitale (1).

L'origine des fonctions vitales est enveloppée d'un mystère impénétrable. L'existence de la matière organisée dépend des fonctions, et les fonctions à leur tour ne peuvent être exercées que par les arrangemens organiques : c'est un cercle qui ne présente ni commencement ni fin. Les anciens philosophes ont imaginé qu'au commencement du monde le pouvoir créateur de la nature, dans sa première vigueur, suffisait pour former des combinaisons organiques par l'action directe des élémens, et qu'un reste de cette vigueur produisait encore la formation spontanée de certains insectes (2).

Redi, philosophe italien, en démontrant la fausseté de ce fait par des expériences, en a rejeté en même temps les conséquences. Mais comme l'existence d'une combinaison implique l'existence d'une

---

(1) La décomposition spontanée de la matière animale est nommée *putréfaction* dans le langage commun, et en chimie, *fermentation putride.*

(2)   *Sive recens tellus seductaque super ab alto*
      Æthere, cognati retinebat semina cœli.

Et encore :   Ovid. Metam. I. 30.

    Cætera diversis tellus animalia formis
    Sponte sua peperit.

                  Ibid. 416.

cause suffisante pour la produire, il paraît raisonnable de référer le commencement des espèces vivantes à une condition physique de la nature, différente de celle qu'elle offre maintenant.

Il se présente une coïncidence très-curieuse au premier aperçu de cette question; c'est que tous les peuples ont pensé que le globe avait existé dans un état plus favorable à ses productions, que celui dans lequel nous le voyons actuellement. Mais cette concordance extraordinaire prouverait les tentatives qui ont été faites par les hommes de tous les temps, pour expliquer l'origine du mal; plutôt que la réalité de faits conservés par la tradition.

L'expérience nous démontre chaque jour plus évidemment que les premiers efforts qu'on a faits pour pénétrer ce mystère incompréhensible, ont été les mêmes chez toutes les nations; ils ont conduit généralement à un système de manichéisme plus ou moins apparent, dans lequel on suppose un bon principe qui a créé le monde parfait, et un principe envieux et méchant qui est intervenu pour gâter et empêcher les bienveillantes intentions du premier (1). Au reste, on peut conclure avec plus

---

(1) Εἰ γὰρ οὐδὲν ἀναιτίως πέφυκε γενεσθαι, αἰτίαν δὲ κακοῦ τἀγαθὸν οὐκ ἂν παράσχοι, δεῖ γένεσιν ἰδίαν καὶ ἀρχὴν, ὥσπερ ἀγαθοῦ, καὶ κακου τὴν φύσιν ἔχειν.

Plut. de Iside et Osiride.

« Puisque rien ne peut exister sans cause, et que la cause

de certitude, qu'il y a eu des changemens physiques, d'après l'apparence générale de la terre, et les restes fossiles d'animaux qui ne se trouvent plus vivans sur sa surface. Les relations de ces animaux avec la nature doivent avoir été assez altérées par quelque révolution du globe, pour que la continuation de leur existence soit devenue impossible.

Il est cependant très-douteux, dans l'état actuel des choses, que la génération équivoque ou la combinaison spontanée des élémens en formes organiques, soit possible dans aucun cas. L'observation, aussi loin qu'elle peut s'étendre, nous montre les organisations vivantes généralement produites par des germes formés dans l'économie d'autres individus semblables qui existaient antérieurement; mais il y a plusieurs espèces sur la production desquelles on ne connaît rien de positif, soit par leur extrême petitesse, soit par les circonstances de leurs déve-

---

du mal ne peut pas être la cause du bien, il faut qu'il y ait dans la nature un principe originel pour le mal comme pour le bien. »

Ὀυ μιᾷ ψυχῇ φησὶ κινεῖσθαι τὸν κόσμον, ἀλλὰ πλειοσιν ἴσως, δυοῖν δὲ πάντως ἐκ ἐλάττοισιν. ὅθεν τὴν μὲν ἀγαθεργὸν εἶναι, τὴν δὲ ἐναντίαν ταύτη, καὶ τῶν ἐναντίων δημιεργὸν.

PLUT. de Iside et Osiride.

« On dit que le monde n'est pas dirigé par une seule âme, mais par plusieurs, au moins par deux : l'une serait le principe du bien, l'autre un principe opposé au premier, d'où proviendrait tout le mal. »

loppemens qui s'opposent aux recherches expérimentales. Les animaux infusoires microscopiques,
la plante qui colore l'eau stagnante, la végétation
appelée *moisissure*, les hydatides (1) et autres ani-
malcules développés dans les corps organisés malades, ou dans des fluides produits par l'industrie
humaine; tous ces êtres naissent sous des conditions
dans lesquelles la présence supposée d'un germe est
accompagnée de grandes difficultés (2). La maxime
« tout animal vient d'un œuf », est certainement
fondée sur une analogie très-générale; mais elle est

---

(1) Les hydatides sont de petits animaux de forme vésicu-
laire, rangés par Cuvier parmi les *tœnia*. Ils sont engendrés dans
la substance de certains viscères des hommes et des animaux
des classes supérieures : on en trouve souvent dans la cervelle
des moutons ; ils leur donnent la maladie appelée *tournis*, qui
est bientôt suivie de la mort. Si ces animaux et d'autres para-
sites du même genre sont les produits de germes avalés avec
la nourriture, ils doivent alors être susceptibles d'une existence indépendante, et il faudrait que leurs germes eussent
été précédés dans l'ordre de la création par ceux des animaux
dans l'économie desquels ils étaient destinés à être développés.

(2) On peut observer seulement que les personnes qui veulent que, sans germe, il ne puisse y avoir de génération,
doivent en même temps établir que ceux de toutes les espèces
possibles sont répandus partout, dans la nature, attendant
les circonstances propres à les développer ; ce qui n'est au
fond qu'une autre manière de dire que toutes les parties de
la matière sont susceptibles de tous les modes d'organisation.

CABANIS, *Rapport*, v. 2, p. 241.

peut-être encore plus profondément enracinée dans l'esprit des hommes par son rapport supposé avec des doctrines que l'intérêt et les passions ont fortement accréditées. Il n'y a aucune connexion *nécessaire* entre ces opinions ; mais quand cela serait, les conséquences qui peuvent s'ensuivre d'une doctrine sont de bien faibles argumens contre sa probabilité. Dans l'état présent de la science, la question ne peut donc pas être considérée comme décidée.

Cependant, en mettant de côté ces exceptions apparentes, dans la grande majorité des cas les animaux et les végétaux tirent leur pouvoir fonctionnel, et reçoivent leur première organisation de l'énergie vitale d'une *mère*. Les graines, les œufs, les germes, aux premières périodes dans lesquelles on peut les examiner, sont déjà vivans. La série des fonctions destinées à compléter leur structure a déjà commencé, et l'on ne peut découvrir rien autre qu'une continuité d'action qui a procédé de la *mère* à la progéniture, depuis que l'ordre de choses existant a été établi.

Ce fait sert à établir une différence frappante entre les composés organiques et inorganiques : la formation des substances de la dernière classe est variée par la plus légère altération dans la combinaison de leurs élémens ; et les variétés se fondent l'une dans l'autre par des nuances presque insensibles ; tandis que les êtres organisés sont bornés au nombre de familles principales existant actuellement, et qu'ils se distinguent les uns des autres par des différences

marquées, constantes et inaltérables, qui se perpé-
tuent de génération en génération. Cette condition
particulière aux existences organisées est une conséquence immédiate de la forte tendance de leurs
élémens constituans, à former certains composés
binaires inorganiques (1), préférablement aux assem-
blages ternaires et quaternaires qui constituent les
matières animales et végétales ; tendance que l'action vitale est sans cesse employée à surmonter. La
même cause borne la durée et amène la dissolution
des combinaisons organiques.

Les forces qui déterminent la formation d'un composé inorganique, sont en même temps suffisantes
pour sa conservation et sa permanence, et sa durée
n'est limitée que par l'intervention de nouveaux
élémens. Une masse de craie (2) mise à l'abri de

---

(1) La matière végétale est le plus souvent un composé
ternaire d'hydrogène, d'oxigène et de carbone. Les substances
animales contiennent plus ou moins d'un quatrième élément
qui est l'azote ou nitrogène ; d'autres substances sont occa-
sionnellement présentes dans ces composés, telles que le soufre, le phosphore, etc. ; mais leur usage est local et peut-être
en quelque cas accidentel. Elles peuvent donc jusqu'à certain
point être mises de côté dans les raisonnemens généraux.

(2) Les diverses espèces inorganiques qui existent sur la
surface de la terre y resteraient probablement toujours dans
le même état, sans l'action que l'air et l'eau exercent sur
elles. Mais les constituans de ces composés qui pénètrent partout, opèrent incessamment sur toutes les substances qui se
trouvent en contact avec eux ; ils décomposent les roches les

toute action extérieure conserverait indéfiniment sa nature. Mais si quelque autre substance capable d'influencer ses ingrédiens constituans, qui sont la chaux et l'acide carbonique; si l'acide sulfurique, par exemple, est mis en contact avec elle, un nouvel arrangement aura lieu; l'individu craie sera détruit, et d'autres espèces résulteront des nouvelles combinaisons des élémens : l'acide sulfurique et la chaux produiront le plâtre de Paris, et l'acide carbonique sera mis en liberté, et, s'échappant de la sphère d'action, prendra une existence individuelle. Les combinaisons organiques au contraire, qui sont soutenues par une continuité d'action, sont susceptibles de cesser d'exister par toutes les causes qui peuvent suspendre leurs fonctions. La durée de l'individu (tout accident à part) est proportionnée à la portée des forces de la machine, et à la solidité de son mécanisme intérieur.

Ainsi il y a une longévité probable pour chaque espèce, qui dérive de sa constitution particulière; et les générations se succèdent dans un ordre aussi régulier que celui des mouvemens planétaires sur lesquels on mesure leur durée.

La nature précise des impulsions que les fonctions vitales donnent aux élémens soumis à leur influence, est totalement inconnue : on peut dire, en les consi-

---

plus dures; ils précipitent les montagnes dans les vallées, et changent insensiblement toute l'apparence superficielle du globe terrestre.

dérant sous le point de vue le plus général, qu'elles consistent en deux séries de mouvemens, dont l'une opère une attraction de matières étrangères dans la substance de l'individu, et change leur nature pour la rendre analogue à celle du corps attirant; et l'autre effectue une répulsion des parties de la substance qui, ayant fini leur révolution limitée dans l'économie, ont perdu les qualités qui les rendaient utiles à l'existence de l'individu.

L'attraction de matières nouvelles dans la sphère de l'action organique est doublement nécessaire. Premièrement, les élémens étant forcés, par une action définie, à former des combinaisons qui peuvent être appelées *contre leur nature*, la continuité de cette action les pousse au-delà du point dans lequel ils sont propres aux fonctions vitales, et ils deviennent alors inutiles ou nuisibles dans l'économie. Secondement, l'exercice actuel des fonctions est lui-même accompagné d'une perte de substance qui épuise le sujet.

La nécessité de l'élimination des matières devenues impropres à l'assimilation, naît du dérangement chimique que leur présence pourrait produire, et de l'opposition mécanique qu'elles apporteraient aux mouvemens du reste de la machine. Chaque partie de l'organisation sert plus ou moins immédiatement à ces deux fins; l'être entier étant assez harmonieusement composé pour que chaque espèce ait, avec les objets extérieurs qui l'environnent, la relation précise qui assure l'accomplissement de ce but de la nature.

Il est évident, d'après cet aperçu rapide des caractères distinctifs de la matière organisée, que l'origine par la naissance, la terminaison par la mort, la structure organique et les mouvemens internes, sont des accidens qui dérivent nécessairement des propriétés physiques des élémens, dont les animaux et les végétaux sont formés. Les composés chimiques que nous appelons *chair*, *bois*, *etc.* ne pourraient pas subsister naturellement sans l'intervention de l'action vitale; et les fonctions ne pourraient être exercées par les êtres sensitifs et irritables, si ces êtres n'étaient pas composés des matériaux et des arrangemens que nous voyons actuellement en eux.

Les procédés d'assimilation et d'élimination, quoique si différens dans leur objet, sont conduits par un mécanisme tout-à-fait analogue. L'assimilation s'effectue par l'énergie vitale des solides exercée sur des substances fluides ou rendues fluides par cette force. C'est pour remplir cet objet que l'arrangement organique est essentiellement vasculaire, ou composé de tubes, dans lesquels les fluides élaborés sont contenus. Ces vaisseaux sont arrangés en systèmes plus ou moins compliqués, suivant le nombre et l'étendue des fonctions organiques. Les vaisseaux, considérés dans leur totalité, naissent de certaines surfaces qui peuvent être mises en contact avec la substance nutritive qui doit alimenter l'individu, et qui ont le pouvoir de la corroder et de la rendre fluide : ils se terminent, dans toutes les parties de l'individu, par des orifices ouverts, ayant la faculté de donner aux fluides la nature spécifique du *viscus* de la partie dans laquelle ils résident.

L'élimination est également opérée par des vaisseaux qui commencent par des orifices ouverts de chaque point de la substance, et de la surface des différens organes. Leur terminaison varie beaucoup dans les différens systèmes d'organisation. Chez les animaux des classes les plus élevées, dans lesquels ces vaisseaux peuvent être le mieux démontrés, ils s'unissent pour former un tronc commun qui renvoie son contenu dans le système circulaire, et l'exclusion finale de la matière excrémentielle est remplie par des organes particuliers appelés *glandes*, qui sont construits spécialement pour cet objet. La nature intime des changemens par lesquels ces procédés s'effectuent, est enveloppée de la plus profonde obscurité. Il n'existe aucune différence visible de structure dans les derniers vaisseaux des différens organes, qui puisse nous expliquer par quelle cause la substance osseuse est déposée dans une place, celle des muscles dans une autre, et dans une troisième, la matière nerveuse, etc. Les physiologistes attribuent le tout à des modifications opérées par l'action vitale, qui tiennent sans doute à des variétés de structure trop minutieuses pour être perceptibles à nos sens.

L'idée la plus simple et la plus générale qu'on puisse se faire de l'organisation, est celle d'un assemblage de tubes formant deux séries : les tubes de la première commencent sur une surface assimilante, et se terminent par une multitude innombrable d'orifices doués de la faculté de former la matière analogue aux divers organes qu'ils alimentent; et ceux de la seconde commencent, de toutes les parties de l'être organisé, par des orifices capables de corroder et dissoudre ses différentes substances, et ils aboutissent à un système quelconque par lequel la matière ainsi corrodée est enfin éliminée. Cette idée générale demande à être étendue et modifiée pour s'adapter à chaque espèce d'organisation; ces modifications ne pourraient être examinées que successivement, et ne sont point essentielles au sujet actuel de nos recherches.

Toutes substances ne sont pas également appropriées à l'assimilation; chaque espèce de plantes et d'animaux a une nourriture qui lui convient spécialement d'après sa constitution; et les substances nutritives doivent nécessairement contenir un ou plusieurs des élémens qui composent les formes animales et végétales. Ces élémens sont le carbone, l'hydrogène, l'oxigène et l'azote. Les terres et les métaux sont donc totalement impropres à l'organisation.

La substance alimentaire est rarement, peut-être jamais, assez parfaitement analogue à l'espèce qu'elle est destinée à nourrir pour être susceptible d'une incorporation immédiate ; mais elle exige certains procédés intermédiaires par lesquels sa combinaison actuelle est détruite, et ses élémens disposés à former un autre arrangement. Dans les formes d'organisation les plus simples, surtout dans le règne végétal, ces procédés sont en petit nombre ; mais quand la constitution élémentaire est plus compliquée, ils deviennent plus nombreux et plus variés : ils comprennent chez l'homme et les animaux des classes les plus élevées, la digestion, la sanguification, la circulation, la respiration et la nutrition.

Pour qu'une substance soit susceptible de subir ces opérations, elle doit non-seulement contenir les élémens de la matière organique, mais les tenir en combinaison par des affinités moins énergiques que les pouvoirs digestifs de l'individu auquel ils doivent être assimilés. Les végétaux peuvent être alimentés jusqu'à un point assez considérable par certaines substances inorganiques ; mais les animaux demandent une nourriture qui ait déjà été organisée ; quelques espèces mêmes exigent que leurs alimens aient déjà reçu le dernier degré d'organisation, et fait partie d'autres animaux.

Les relations qui unissent la grande chaîne des êtres organisés sont donc plutôt calculées sur l'utilité générale que sur le bien-être particulier de chaque espèce, puisque l'existence de quelques individus est sacrifiée à celle de quelques autres. La cruauté de cet arrangement, qu'il est si difficile d'expliquer par aucun raisonnement (1), est, comme les autres accidens de l'organisation, une conséquence des propriétés chimiques de certaines substances, et de leur rapport avec les forces vitales dont les arrangemens animés, qui nous sont connus, sont susceptibles. C'est une nécessité physique liée avec les lois les plus générales de la matière, et qui forme une partie inévitable du système entier de choses embrassé par le mot de nature.

Les fonctions d'assimilation et d'élimination étant les supplémens de l'attraction chimique, prévalent dans les différentes structures organisées, en proportion du raffinement de leur constitution élémentaire. La chair des animaux à sang rouge est le produit le plus élaboré de l'organisation ; et l'intensité de leur force vitale est aussi plus grande que celle des autres animaux. En descendant par degrés jusqu'aux formes végétales les plus simples, on trouve toutes les modifications de sensibilité accompagnée d'une altération de structure correspondante, qui se rapproche toujours plus de l'arrangement chimique des élémens. Au dernier anneau de la chaîne, l'exercice de

---

(1) Il est manifeste qu'il y a compensation générale entre le bien et le mal, et que ce qui est positivement mauvais pour le patient est positivement bon pour celui qui inflige le mal. On peut dire, malgré cela, que tout être sensible est en lui-même un tout, et peut justement traiter de mauvais tout arrangement qui nuit à son existence.

la force vitale est si peu apparent, qu'il est plutôt supposé par analogie que reconnu par les sens.

Les facultés assimilantes et éliminantes ont une proportion définie, qui est seule compatible avec l'état de santé; mais elle diffère cependant essentiellement aux différentes époques de la vie. Les facultés assimilantes prédominent dans la jeunesse; leur activité excède de beaucoup ce qui est nécessaire pour soutenir l'existence, et le corps s'étend dans tous les sens sous leur impulsion. L'assimilation et l'élimination se balancent presque également dans l'âge moyen, mais la première l'emporte encore un peu sur la seconde; ce qui est prouvé par le développement latéral du corps, les formes plus carrées, qu'on remarque chez les personnes qui atteignent cette période de la vie. Les facultés éliminantes prennent le dessus dans la vieillesse : on le voit par les rides de la peau, l'affaissement des muscles, le dessèchement général, signes caractéristiques de cet âge (1).

Les organes intérieurs ne sont pas plus exempts de cette loi que le reste du corps : les os mêmes diminuent de volume, et la cervelle devient plus petite à mesure qu'on avance vers la fin de la vie : on doit attribuer à cette circonstance la diminution

______

(1)   *His youthful hose well saved, a world too wide*
       For his shrunk shanks.   SHAKESPEARE.

« Les vêtemens de sa jeunesse qu'il a conservés forment mille plis sur ses membres amaigris. »

des facultés intellectuelles, l'oubli des événemens passés, et d'autres suites plus tristes encore de la décrépitude (1).

---

(1) Les stoïques, en traitant de la vieillesse, sont tombés dans la même erreur qui rend leurs discussions sur les maux généralement fautives; ils nient que ce soit un mal. Il ne peut y avoir, en effet, rien de mal par rapport à la totalité des choses existantes; et l'on peut dire dans ce sens :

Nihil potest malum videri, quod naturæ necessitas afferat.

« Rien de ce qui arrive nécessairement dans l'ordre de la nature ne peut être considéré comme mal. »

Mais l'homme est un composé périssable et susceptible d'être influencé par les choses extérieures; il se trouve placé dans beaucoup de circonstances désavantageuses pour sa durée, et qui sont pour lui-même des maux positifs. La vieillesse peut, à juste titre, être mise dans cette catégorie : elle entraîne généralement la maladie, et toujours la privation et la faiblesse; elle est ainsi mauvaise en elle-même. Cependant, quoique les stoïques aient abusé des mots, ils doivent toujours être admirés pour les idées élevées qu'ils ont eues sur la nature humaine, et pour leur constance à combattre toutes les infortunes auxquelles nous sommes assujettis. L'inutilité des plaintes sur la brièveté et les malheurs de la vie, doit imposer silence à l'homme raisonnable, et leur impiété doit éloigner également l'homme religieux de toute espèce de murmure. Mais c'est l'altération progressive des sentimens, suite ordinaire du déclin de l'âge, qui prépare l'esprit mieux que toute autre chose, à se séparer d'un don qui n'est plus d'aucune utilité à son possesseur; si de vains regrets sur le passé, et des projets extravagans pour l'avenir ne le tiennent pas dans un état d'agitation surnaturelle.

L'intensité des forces assimilantes et éliminantes peut être mesurée à quelque degré par l'activité des mouvemens organiques qui sont plus rapides aux premières époques de l'existence, et qui se ralentissent pendant le cours de la vie à un degré qui n'est pas tout-à-fait proportionné à l'accroissement arithmétique de l'âge. La végétation soudaine et universelle qui distingue le printemps de l'année, est un exemple de cette loi ; car les feuilles et les fleurs des végétaux vivaces sont de nouveaux individus qui ont une vie indépendante, et sont à tous égards analogues à la plante entière dans les espèces annuelles.

L'existence organique étant maintenue par la déposition successive de nouveaux élémens, et le changement de leur substance originelle, l'identité matérielle doit être au bout d'un certain temps totalement détruite. Diverses opinions ont été adoptées à l'égard de la période précise nécessaire pour effectuer ce changement dans le corps humain, et l'on a pris différentes bases de calculs pour faire cette estimation.

La proportion de la nourriture journalière avec le poids entier du corps, est une base éminemment trompeuse ; puisqu'il est impossible d'apprécier au juste la quantité de nourriture consommée dans l'exercice des fonctions, et celle qui est éliminée comme impropre à l'assimilation.

Le temps nécessaire pour la guérison des blessures, et l'exfoliation des parties mortes des os, c'est-à-dire, leur séparation par écailles, de la masse vivante qui les environne est encore un calcul mal fondé; puisque ce temps n'est pas constamment le même dans des circonstances qui paraissent semblables. L'opinion la plus générale, est que l'homme subit une révolution complète en quarante jours. Mais comme chaque organe varie dans sa structure, il varie aussi dans ses forces fonctionnelles, et dans la rapidité avec laquelle il opère la décomposition et le renouvellement. Les os ont un degré d'énergie; les muscles et les membranes en ont un autre; et leurs révolutions doivent être gouvernées par des lois particulières. En général, les mouvemens d'une partie sont plus ou moins actifs suivant le degré (1) de condensation de sa substance; et il est assez probable que dans les parties d'une constitution fluide, dans lesquelles l'action vitale a un plus grand développement, il y a un flux continuel de matière qui empêche chaque particule de rester long-temps dans la même situation, et qui la pousse vers le système éliminant aussitôt qu'elle a été déposée par un vaisseau nutritif. Dans ce cas, la même particule doit remplir plusieurs emplois dans le système, et subir plusieurs changemens avant d'être appropriée à l'ob-

---

(1) Cette proposition ne doit être admise qu'avec beaucoup de restrictions. *L'hybernation* est un phénomène qui fait une exception considérable à ce système.

4

jet de l'excrétion : un très-haut degré de probabilité s'attache à cette supposition par sa coïncidence frappante avec l'économie de moyens, et la variété de ressources que nous présentent toujours les opérations admirables et presque infinies de la nature.

On peut demander si la vitalité peut subsister en quelques cas indépendamment du mouvement vital ; en d'autres termes, si la vie peut *s'exercer* autrement que par le changement. Les œufs des animaux, et les graines des végétaux peuvent germer après une très-longue période d'inaction apparente. Si le sol est creusé très-profondément, et que les couches les plus enfoncées soient remises à la surface et exposées à l'air, il n'est pas rare de voir paraître à chaque banc nouvellement découvert, des plantes différentes ; et qui ne croissaient pas avant à cette même place. Les graines de ces plantes avaient donc été enterrées avant l'époque très-éloignée de la formation des couches successives ; et ce fait semble décider la question affirmativement. Mais il serait difficile de déterminer si la permanence de ces formes est une conséquence de leur organisation, ou si elle dépend seulement de leurs affinités chimiques ; c'est-à-dire, si la vie, dans ce cas, est continue, ou si elle existe comme un contingent possible. A défaut de preuves expérimentales, le raisonnement analogique est en faveur de la seconde alternative. La vie est exclusivement reconnue par les fonctions ; les fonctions impliquent le mouvement ; le mouvement changement, et le chan-

gement dissolution. On doit ajouter à cela que les sé-
mences végétales, quand elles sont préservées de l'air
et de l'humidité, sont des formes peu susceptibles d'altération, et que leur durée peut être attribuée avec
assez de probabilité à leur constitution chimique.

L'assimilation et l'élimination, conditions essentielles à l'existence organique, sont les grandes fins
auxquelles se rapportent toutes les facultés et toutes
les fonctions des êtres vivans les plus compliqués ;
c'est à l'accomplissement de ces deux fins que sont
adaptées les organisations variées des membres, les
dirverses facultés des sens, la certitude de l'instinct,
l'aberration de la passion. La base physique de
l'amour-propre peut être placée dans la force attractive d'assimilation ; et même la continuation de l'espèce s'y rattache par l'intermédiaire des sensations
de plaisirs. Les êtres organisés doivent donc être considérés comme des foyers (1) dans lesquels les élémens environnans sont attirés pour un temps, et
forcés d'entrer dans des combinaisons particulières
pour remplir un rôle temporaire dans l'économie
vitale ; et pour en être ensuite éliminés, et rejetés en
dehors. L'être animé n'est pas aujourd'hui ce qu'il
était hier. Les matériaux qui le composent passent
dans un flux (2) continuel, comme les eaux d'un
fleuve. L'organisation elle-même est soumise à une

(1) Cuvier, *Leçons d'Anatomie comparée.*
(2) « Nous sommes réellement, physiquement comme un
fleuve, dont les eaux coulent dans un flux perpétuel. C'est

altération progressive, mais inévitable; et la constitution morale varie avec la structure physique. Des passions naissent, tyrannisent, subsistent, et disparaissent; et le principe dominant change avec le développement successif de certains organes. En quoi consiste alors l'identité de semblables êtres? Elle ne consiste point dans l'identité de substance, ni dans la continuité d'action; puisque dans cette dernière hypothèse le père et l'enfant seraient identiques : ce n'est pas non plus la continuité de perception; car la perception n'est pas un attribut universel de l'existence organique.

L'identité ne peut être reconnue que dans ces suites d'actions acquises qui se sont succédées à chaque moment de l'existence passée, et qui ont influencé plus ou moins chaque moment de l'existence qui les a suivies.

Les fonctions nutritives (terme qui peut être adopté très - convenablement pour désigner en même temps l'assimilation et l'élimination), et les fonctions qui servent à la reproduction des espèces, comprennent tous les phénomènes nécessairement liés à l'idée de la vie, et tout ce qui peut être raisonnablement attribué à l'existence végétale.

---

le même fleuve par son lit, sa source, son embouchure, par tout *ce qui n'est pas lui;* mais changeant à tout moment son eau, qui constitue son être. Il n'y a nulle identité, nulle mêmeté pour ce fleuve. ».

Dict. philos. art. IDENTITÉ.

Quelques écrivains, entraînés par leur imagination, ont cependant attribué la perception aux plantes, d'après des idées assurément plus poétiques que philosophiques (1). Mais cette faculté est intimement liée avec celle de locomotion, à laquelle seule la perception est utile. Sans perception il ne saurait y avoir de volonté, et les organes de locomotion ne pourraient pas être jetés dans un cercle d'actions enchaînées. Si le pouvoir d'éviter la peine et de chercher le plaisir n'existait pas, la sensibilité aux

---

(1) Voyez l'*Introduction à la Botanique de Smith*, pag. 3, les ouvrages de Darwin, etc. Les faits sur lesquels ces notions sont fondées sont nombreux et admirables. Les racines des arbres, quand elles sont près d'un mur ou d'un rocher, se détournent un peu avant d'arriver à l'obstacle. Si un arbre se trouve planté sur le bord d'un fossé, ses racines ne suivent pas leur progrès horizontal ordinaire qui les mettrait bientôt à découvert; mais elles s'enfoncent jusqu'au-dessous de l'eau perpendiculairement, et reprennent alors la direction horizontale. Les phénomènes de la sensitive, de l'*hedysarum gyrans*, de la *dionœa muscipula*, du *drosœra rotundifolia*, ont également contribué à la supposition de la perception végétale. Les feuilles de la *dionœa* sont garnies d'épines, et leur surface secrète un suc qui attire les mouches : quand un de ces insèctes est posé sur la feuille, elle se contracte, et les épines, en se croisant, percent le pauvre animal : le *drosœra longifolia* offre un mécanisme semblable, et ces appareils rappellent une invention de l'égoïsme et de l'avarice (le piége à loup), dont on se sert quelquefois contre les hommes, pour conserver des fruits ou des légumes.

impressions extérieures formerait une condition trop misérable pour être permanente. Le Tasse a dit avec beaucoup de justesse, qu'une condition semblable est un sépulcre au lieu d'un corps :

> Ne sol qui spirito umano
> Albergo in questa pianta rozza et dura,
> Ma ciascun altro ancor. Franco o Pagano,
> Che lassi i membri a piè dell' alte mura,
> Astretto e qui, da nuovo incanto e strano,
> Non so s' io dica in corpo ò in sepoltura.
> Sono di sensi animati i rami ed i tronchi;
> E mecidial sei tu, se legno tronchi (1).

Cette dispute, comme beaucoup d'autres, est peut-être purement verbale, et dépend du sens plus ou moins étendu qu'on attache au terme de perception, qui doit être exactement défini dans le cours de cet ouvrage. Personne sans doute ne voudrait attribuer aux familles végétales un degré de perception égal à celui des animaux; et ce point accordé, la diversité des opinions sur le reste tient à la manière de considérer le sujet, et non à des différences inhérentes au sujet lui-même.

Les fonctions nutritives sont exercées entièrement dans l'intérieur du corps de l'individu : elles sont

---

(1) « Je ne suis pas la seule qui habite cet arbre funeste, chrétien infidèle; tout ce qui a péri sous les murs de Solime est enchaîné ici par la force d'un charme inconnu : ces rameaux, ces arbres sont animés, et tu ne peux en couper une seule branche sans être homicide ».

Jérusalem, chant XIII, *trad. de* LEBRUN.

liées l'une à l'autre, et forment une série continue, un cercle d'actions qui ne dépend du monde extérieur que par les matériaux sur lesquels ces fonctions opèrent. Les fonctions des sens et de locomotion sont au contraire constamment en rapport avec les objets extérieurs, et ces rapports sont très-variés et très-étendus (1) : tout ce qui existe dans la nature peut leur donner l'occasion d'exercer leur action en excitant une idée, ou en déterminant un mouvement ; elles ont donc été très-heureusement appelées *fonctions relatives.*

Les fonctions nutritives et relatives, quoique formant un tout lié par une action et une fin commune, peuvent cependant être avantageusement considérées à part, comme si elles étaient indépendantes. Les lois qui gouvernent leurs mouvemens respectifs sont différentes à plusieurs égards ; et cette espèce d'analyse mène à des conclusions très-importantes.

Les fonctions relatives sont les résultats d'une force vitale bien supérieure à celle qui préside à l'exercice des fonctions nutritives ; elles sont remplies par des organes plus compliqués, dont les mouvemens ont plus de latitude et de rapidité ; leur substance est le

---

(1) Les sensations de douleurs qui naissent dans l'intérieur du corps doivent être considérées comme provenant de causes extérieures ; ces causes étant réellement telles par rapport au système nerveux qui constitue plus immédiatement le *moi* de l'individu.

produit d'affinités plus délicates, plus éloignées de celles qui sont d'une origine purement chimique, qui sont aussi moins susceptibles d'une durée permanente.

La permanence de substance, et la tenacité de la vie, sont le plus souvent en raison inverse de la complication de la structure et de la constitution élémentaire. Les animaux les moins parfaits sont plus difficiles à détruire que ceux dont le système nerveux est distinctement développé.

Plus le système est parfait, plus les appareils de la circulation, de la respiration et de la digestion sont complets, plus l'animal est exposé au dérangement, par une grande variété de causes accidentelles. Si le développement de l'intelligence n'avait pas suivi la complication de la structure, et fourni un contre-poids à l'accroissement des dangers, l'homme et les animaux les plus nobles, au lieu de commander sur la terre, auraient été les premières espèces qui auraient disparu de sa surface.

La plupart des végétaux se composent principalement d'une substance élémentaire (le carbone), qui sous la température ordinaire, et les autres circonstances physiques de l'atmosphère, n'est pas disposée à former de nouvelles combinaisons : de semblables structures ne sont pas très-sujettes au changement. Le bois de chêne, employé dans plusieurs édifices remarquables, a résisté pendant plusieurs siècles aux efforts destructeurs de l'air et de l'humidité.

La simplicité comparative de la constitution élémentaire des végétaux, est une preuve de plus que leurs arrangemens sont dans une relation très-intime avec les propriétés physiques de leurs constituans, et qu'ils dépendent moins de l'énergie vitale que les combinaisons animales. A quelques exceptions près, les végétaux (1) n'admettent que trois élémens dans leur composition; tandis que les produits animaux en contiennent rarement moins de quatre. On sait que l'affinité chimique est exercée avec plus de puissance, quand les substances présentées les unes aux autres sont en plus petit nombre : on sait que les élémens sont plus disposés à former des composés binaires, que des composés ternaires ou quaternaires. La force vitale nécessaire pour empêcher les élémens de la matière animale, le nitrogène, l'hydrogène, le carbone et l'oxigène, de s'unir par paires pour former de l'ammoniac, de l'eau et de l'acide carbonique, doit être plus énergique que

---

(1) La nature ne procède jamais *per saltum*. On peut toujours retrouver des traces du caractère qui distingue un ordre ou une classe dans celle qui la suit immédiatement; ce qui prouve l'impossibilité d'établir des systèmes scientifiques parfaits. Le nitrogène, qui peut être regardé comme l'élément particulier aux substances animalisées, se trouve aussi dans quelques végétaux comme constituant, principalement dans certaines plantes de la famille des crucifères; mais il n'y existe pas en assez grande proportion pour affecter matériellement la proposition générale ci-dessus mentionnée.

celle qui est nécessaire pour maintenir les compositions végétales ternaires , formées d'oxigène de carbone et d'hydrogène , et suspendre la tendance de ces substances à une union binaire.

On peut attribuer à cette analogie plus rapprochée entre les végétaux et les combinaisons chimiques, le pouvoir que les plantes possèdent de tirer leur nourriture de la matière inorganique ; ce qui détermine leur place dans la chaîne des êtres , en les rendant indépendantes de la faculté locomotrice.

Les matériaux de la nourriture végétale , l'acide carbonique et l'eau sont répandus presque universellement sur le globe , et sont mis en contact avec la plante, quelle que puisse être sa position. Ces substances suspendues dans les nuages , ou entraînées avec les rivières , sont conduites par le moyen des vents et de l'inégalité de la terre , à travers toutes les régions , répandant la vie et la verdure depuis le sommet des plus hautes montagnes jusqu'au fond des plus profondes vallées (1).

---

(1) Dans les situations qui ne peuvent pas fournir une grande quantité d'eau , quelques plantes subsistent encore par des moyens que leur donne une structure particulière, qui les rend capables d'attirer et de retenir le peu d'humidité qui se trouve en dissolution dans une atmosphère brûlante. Presque toutes les plantes qui croissent dans les déserts sablonneux de l'Afrique , sont d'une structure cellulaire , et contiennent beaucoup d'eau dans leurs interstices. Le tillandsia ou pin sauvage de l'Amérique , a chacune de ses feuilles

Les animaux, au contraire, à qui il faut une nouriture déjà organisée pour qu'elle soit susceptible de s'assimiler à leurs constitution plus raffinée, ne peuvent être soutenus que par des excercices actifs ; et le plaisir et la peine sont les principaux moteurs des actions nécessaires à leur vie. Ils se trouvent ainsi en rapport avec tout ce qui existe sur la terre, et différens degrés d'adresse, de force, d'agilité, leur sont utiles pour subvenir à leurs besoins, et pour éviter les dangers dont ils sont environnés. C'est pour ces motifs qu'ils ont ces organes subordonnés qui se varient à l'infini ; les ailes, les nageoires, le pied fourchu, et tant de sortes d'armes offensives et défensives dont la nature a pourvu toutes ces créatures, depuis la plus grande jusqu'à la plus petite, suivant leurs nécessités respectives.

Les actions nombreuses et énergiques exercées par ces instrumens, impliquent un développement de force vitale correspondant. Elles demandent aussi un certain degré d'extension et de complication des organes nutritifs ; puisque les organes relatifs eux-mêmes doivent être nourris, et nourris par des ma-

---

terminée près de son support par un réservoir assez profond qui tient jusqu'à demi-pinte d'eau. Le docteur Sloane fait mention d'un aloès à feuilles, qui, comme celles du pin sauvage et du bananier, contiennent de l'eau. Le népenthes offre un arrangement semblable.

Darwin, *Amours des Plantes, chant 1ᵉʳ, p.* 367, *note.*

tières d'une constitution beaucoup plus compliquée que celle des substances propres à alimenter les parties qui ont moins de vitalité. L'existence des fonctions relatives est donc incompatible, par cette raison, avec la simplicité des organes nutritifs qu'on observe dans les familles végétales.

Cette classe d'êtres nommés *zoophites*, fait assez bien connaître jusqu'où s'étend l'influence de cette, nécessité de chercher sa nourriture sur le caractère et la vitalité des animaux. Les zoophites, liés aux autres familles animales par la nourriture organisée qui leur est nécessaire, sont pourvus d'estomacs comme les autres animaux, et quelquefois même d'instrumens pour saisir leur proie, et la porter à leur bouche : mais comme ils habitent les eaux, la substance nutritive leur est apportée par le courant ou le flux, et ils participent en cela au caractère végétal. Plusieurs de ces espèces sont, ainsi que les plantes, privées de la faculté locomotrice, et restent fixées sur le sol où elles naissent ; ainsi que les plantes, elles ne possèdent point de cerveau ni d'organes des sens extérieurs ; et une circonstance singulière les rapproche encore plus des végétaux : c'est qu'elles peuvent se propager par boutures, qu'on peut même les multiplier artificiellement, en les coupant en plusieurs morceaux. On peut donc remarquer qu'il existe une relation invariable entre la structure de chaque espèce, et sa constitution chimique ; et une relation également constante entre les facultés fonctionnelles, et les arrangemens élémentaires. Quelle que soit la nature intime des forces vitales, soit qu'elles naissent de forces inconnues appartenant aux élémens connus, ou de la présence d'un principe qui n'a pas encore été découvert; elles sont toujours des conséquences des propriétés physiques de la matière. Il y a en effet une différence extrême entre les passions violentes exagérées de l'animal social, et les simples attractions de l'affinité chimique; mais en parcourant la chaîne entière des existences, on trouvera d'un chaînon à l'autre un accroissement de force mouvante si léger, qu'il est difficile de fixer les limites où commence un nouveau principe d'action. Quand les premières causes de tous les phénomènes sont inconnues, c'est en vain qu'on voudrait établir des principes d'actions hypothétiques pour chacun d'eux. Les différentes formes de la nature se lient ensemble par des analogies nombreuses et frappantes, pour composer un tout parfait : mais les distinctions que le génie subtil de l'homme a inventées pour séparer et isoler, sont toujours contredites et dérangées à mesure qu'on fait des progrès réels dans la recherche de la vérité.

SOMMAIRE

DU CHAPITRE SECOND.

Les corps organisés consistent en parties fluides et en parties solides. — Leur proportion relative varie dans les différentes structures. — Leur influence dans l'économie est réciproque. — Action organique, énergique, en proportion de la constitution fluide du sujet. — Solidification, résultat de l'action vitale et cause nécessaire de mort. — Fibre primordiale, notion théorique. — Tissus; sont les plus simples des formes organiques connues. — Tissu cellulaire; base des structures organisées. — Sa constitution, ses sécrétions, serum graisse. — Ses vaisseaux sanguins, etc. — Nerfs. — Arrangement du tissu cellulaire démontré dans les structures musculaires. — Des tissus vasculaires, artères, veines, vaisseaux absorbans et capillaires. — Structure des vaisseaux. — Loi hydrostatique qui gouverne les fluides dans les systèmes vasculaires.—Tissu propre des différens organes. — Leur relation physique et vitale aux fonctions de chaque organe. — Combinaison de tissus. — Comparaison entre l'organisation animale et l'organisation végétale. — Causes premières communes aux deux. — Des fluides. —Fluides nutritif et secrété, formés l'un et l'autre par l'énergie des solides. — Sang; sa coagulation. — Principes élémentaires. — Fibrine. — Albumen. — Gélatine. — Ingrédiens salins. — Globules rouges. · - La constitution du sang est fluide. — Sang des différens animaux. — Chyle. — Lymphe. — Théorie des fluides organiques imparfaite. — Difficulté concernant l'azote. — Fluides sécrétés.

CHAPITRE II.

DE L'ORGANISATION.

Fateor equidem ea esse rudia, inchoata, et manca; cujus rei culpa, ut maximam partem in me recidat, partem tamen in ipsius artis conditionem erit rejicienda. Nemo naturæ studiosus nescit in quantis tenebris, etiam brutæ hujus telluris scientia jaceat; et quam parùm adhuc profecerimus, in cognitione rerum inanimatarum. At vero in corporis humani scientia, et eadem omnia, et multa præterea, quæ sint animantium propria, nos latent.

HEBERDENI, Commentaria, ad finem.

« Toutes ces choses, je le confesse, sont obscures et imparfaites ; cela tient un peu à mon insuffisance, un peu aussi à la condition de l'art. Quiconque a étudié la nature sait combien la science des matières inorganiques est enveloppée de ténèbres, et le peu de progrès qu'on a fait dans la connaissance des êtres inanimés. Les mêmes difficultés se rencontrent dans les recherches sur le corps humain, et plusieurs autres encore qui dérivent des qualités des corps organisés. »

Il n'est pas facile de déterminer avec précision les conditions par lesquelles une structure devient capable de jouir de la puissance vitale. Des êtres de la plus grande simplicité apparente sont doués de la vie ; et même chez les animaux les plus compliqués, il est des parties vivantes qui consistent en une membrane aussi fine que ces bulles aériennes formées par les enfans en soufflant du savon à travers un chaume (1).

Aussi loin que l'observation peut s'étendre, le concours d'un solide et d'un fluide semble toujours nécessaire à la vitalité. Certains animaux micros-

______

(1) Bichat.

copiques cessent de donner signe de vie quand le fluide qu'ils habitent vient à se dessécher ; et ils recouvrent leurs facultés vitales quand cet humide est rétabli. Il est vrai que le célèbre John Hunter enseignait que le sang était vivant (1), et considérait sa coagulation comme le résultat de l'énergie vitale ; mais si cela est, sa vitalité est bien promptement épuisée quand il est soustrait à l'action des solides ; et nous ne connaissons aucun autre corps vivant dont la constitution soit purement fluide.

La proportion qui existe entre les solides et les fluides dans les différentes organisations, est très-variée. Les fluides, chez l'homme, ont été arrangés pour l'emporter sur les solides, dans la proportion de six, ou même huit à un. Dans les arbres, ils n'excèdent pas la proportion de trois à un (2). Les divers organes du même individu présentent une variation semblable. Il y a des opinions très-diverses

---

(1) John Hunter, quand il affirmait que le sang était vivant, était influencé par son idée théorique d'une matière vitale infuse qu'il croyait présente dans le fluide circulant. On ne peut pas trop douter que la coagulation du sang ne soit un phénomène dépendant des causes vitales : il n'y a pas alors un grand abus de termes à désigner cette opération comme une fonction, en attribuant conséquemment la vie au fluide lui-même. L'erreur qui pourrait procéder de cette manière de s'exprimer, serait une propension à supposer la réalité d'une existence substantielle correspondante au mot *vie*.

(2) Richerand.

sur l'importance relative des solides et des fluides dans l'économie. Les premiers physiologistes ont attribué tous les phénomènes à l'opération des fluides, et les modernes veulent que tous soient l'effet de l'action des solides ; mais l'influence de ces parties est évidemment réciproque.

Comme les fluides sont en même temps les matériaux qui forment les solides, et les stimulans qui excitent leur action, l'intégrité des premiers est nécessaire pour la santé du tout. D'autre part, les solides élaborent les fluides par leur énergie vitale, et quand les solides sont viciés, ils doivent affecter la constitution des fluides, et corrompre ainsi les sources de la vie.

L'activité et l'étendue des fonctions s'accroît en proportion de l'abondance des fluides dans la constitution naturelle de l'individu. Les parties croissantes des végétaux sont beaucoup plus succulentes que le vieux bois ; et la structure animale contient proportionnellement plus de fluides que la structure végétale. Les femmes et les enfans, dont les fonctions sont éminemment actives, ont plus de fluides dans leur composition que l'homme adulte, et c'est de là que dérivent la mollesse, la rondeur, l'élasticité qui caractérisent leur apparence.

C'est une loi de l'énergie vitale, que son exercice soit accompagné de la condensation de la substance de l'organe sur lequel elle agit ; plus le sujet est jeune, plus les fluides dominent dans sa composition. La densité supérieure de certains organes exposés à des actions violentes et constantes, la dureté de la paume des mains des laboureurs, la solidité des muscles des bras des forgerons, sont des exemples frappans de l'effet de cette loi.

Cet endurcissement progressif des solides, quoiqu'il conduise d'abord le corps d'un état de faiblesse à un état de force, produit à la fin une rigidité de fibre incompatible avec l'action libre et saine des vaisseaux capillaires. En même temps que les fonctions nutritives sont ainsi ralenties, la fibre nerveuse est rendue moins susceptible d'impressions, jusqu'à ce qu'enfin les mouvemens devenant gênés, cessant ensuite totalement, la machine soit rendue à la domination exclusive des causes physiques. Cet événement constitue ce qui peut seulement être appelé mort naturelle, ou dissolution qui résulte d'actions essentiellement saines. Tout autre mode de décès est une conséquence plus ou moins directe de causes étrangères et accidentelles. Si l'on examine un être organisé, à l'époque de sa plus grande perfection, quand la structure est suffisante pour remplir les fonctions, et que les fonctions sont bien adaptées pour maintenir l'organisation, on découvre une réciprocité de causes et d'effets qui semblerait promettre l'immortalité; mais une inspection plus exacte fait apercevoir des causes de dissolution dans ces mêmes actions par qui la vie est entretenue, et montre que dans le sens le plus philosophique, « nous commençons à mourir en commençant à vivre, et que notre fin est liée à notre origine. »

Nascentes morimur, finisque ab origine pendet.

Il est physiquement impossible de donner une extension indéfinie à de telles combinaisons. Ce qui est accidentel peut être dirigé, ce qui résulte de la force peut être réparé; mais tout ce qui est fondamental dans le plan de la nature existe par une nécessité supérieure à toute règle, et que rien ne peut altérer.

En dissipant les rêves de l'alchimie, en renversant les théories d'une perfectibilité indéfinie, en éteignant ainsi pour toujours l'espérance si long-temps conservée de l'immortalité sublunaire, on ne laisse pas l'esprit humain dépourvu de consolation; on ne l'abandonne pas à l'idée de sa destruction, sans l'armer contre le désespoir. La mort est regardée par les hommes en général, comme une violence infligée sur l'humanité; comme la conséquence et la punition d'une transgression; et la punition, par une relation évidente, entraîne une idée de souffrance. Mais la connaissance de la nature nous montre que la dissolution n'est pas moins en harmonie avec les lois de l'existence, que la vie elle-même (1).

____

(1) Ὅιον γὰρ ἐσʒι τὸ νεάσαι καὶ τὸ γηράσαι καὶ τὸ αὐξῆσαι, καὶ τὸ ἀκμάσαι, καὶ ὀδόντας καὶ γένειον καὶ πολιὰς ἐνεγκεῖν, καὶ

La même universalité de concordance (1), la même combinaison générale de fonctions, qui donnent au jeune âge l'espérance, la vigueur, la curiosité infatigable, règnent également aux jours de la vieillesse, rendent les sentimens moins vifs, moins distincts, approprient enfin l'esprit aussi-bien que le corps à l'événement final (2). La mort, ainsi dépouillée de ces notions additionnelles de châtiment et de force, rentre dans les fonctions communes

σπεῖραι καὶ κυοφορῆσαι καὶ ἀποκυῆσαι καὶ τὰ ἄλλα τὰ φυσικὰ ἐνεργήματα, ὅσα αἱ τȣ βίȣ ὧραι φέρουσιν τοιȣτο καὶ τὸ διαλυθῆναι.

MARC ANT. *lib.* 9, των εις εαυτον.

« Il n'est pas moins naturel de mourir et d'être dissous, que d'être jeune ou vieux ; de croître, d'entrer dans la fleur de son âge ; d'avoir des dents, des cheveux et de la barbe, et que de fournir à toutes les autres opérations de la nature, suivant les différentes saisons de la vie. »

(1) *Mortem à diis immortalibus non esse supplicii causâ constitutam, sed aut necessitatem naturæ, aut laborum ac miseriarum quietem esse.*

CICERO *in Catilin. IV.*

« La mort n'a pas été instituée par les dieux immortels pour nous punir, mais comme une nécessité de la nature ; comme le repos de nos travaux et de nos misères. »

(2) L'excessive cruauté de la peine capitale consiste dans la nécessité d'envisager la mort avec toute la plénitude de force et de santé qui permettrait la continuation de la vie, et dans une disposition d'esprit opposée à celle qu'il faudrait avoir pour supporter cet événement. Quelques maladies offrent la même disproportion ; mais le lit de mort est rarement une scène de lutte pénible et de regrets violens.

de notre existence, et si elle n'est pas contemplée avec indifférence, elle peut au moins être attendue avec résignation (1).

La nature intime de l'organisation est un sujet très-difficile ; il a exercé la patience et fatigué l'esprit des hommes les plus ingénieux et les plus habiles. Les plus célèbres physiologistes des derniers siècles, imbus des notions mathématiques, ont taché d'établir en anatomie un élément aussi simple que la ligne géométrique (2). Ils ont imaginé l'existence d'une fibre primordiale qu'ils considérèrent comme la base universelle des structures organisées.

(1) Comme la vigueur de la jeunesse peut seule donner de l'intensité aux impressions et de l'activité aux exercices, c'est une prévoyance bienfaisante de retirer les hommes d'une scène qui, si elle est trop prolongée, doit se terminer par la satiété, le dégoût et le désespoir. Les *Strulbruggs* de Swift offrent la hideuse peinture de l'*immortalité des mortels*. Goldwin donne cependant une idée plus juste de nos souhaits extravagans dans sa *Nouvelle de Saint-Léon*, en unissant le renouvellement du corps à la sénilité de l'esprit ; ce qu'il représente comme une condition intolérable. Mais si l'imagination ajoute à la supposition la vigueur d'intelligence de la jeunesse libre des impressions de l'expérience, l'identité est détruite, et le prétendu renouvellement de la vie ne diffère en rien de ce qui arrive par la succession naturelle des générations.

(2) *Fibra enim physiologo id est quod linea geometræ, ex quâ nempè figuræ omnes oriuntur.*

Halleri Elementa, t. 1, p. 2.

« La fibre, en physiologie, est, comme la ligne géométrique, une figure qui sert de base à toutes les autres. »

Leur doctrine n'a été confirmée par l'observation dans aucun cas; et ils ne sont jamais arrivés au terme hypothétique qu'ils se proposaient. Les derniers résultats de dissection ont offert la même complication de structure que les aggrégations dont ils avaient été extraits.

Pour arriver à une notion exacte de l'organisation, on doit se rappeler qu'aucune particule de matière vivante ne peut subsister sans la coïncidence de deux fonctions au moins, et que plusieurs fonctions doivent concourir pour former la structure des organes complexes. La plus légère piqûre faite avec une aiguille dans la peau, excitera de la douleur et tirera du sang. Il faut donc que sur cette petite place où la piqûre a été faite il y ait un nerf et un vaisseau sanguin, outre les vaisseaux nutritifs et absorbans, nécessaires pour l'existence de l'un et de l'autre. L'observation même microscopique fait toujours apercevoir cette complication de structure. Les physiologistes abandonnant alors la recherche inutile d'un élément organisé, ont préféré s'arrêter au point où l'imagination peut se fixer, et où le sujet peut être contemplé libre de la confusion qu'une observation trop minutieuse apporte inévitablement à l'esprit.

On trouve dans l'anatomie des structures les plus grandes et les plus aisées à observer, outre les parties communes nécessaires à l'accroissement et à la subsistance, une substance particulière qui donne à

chaque organe le caractère qui lui est propre, qui
le rend plus spécialement capable de remplir la
fonction qui lui est assignée. Ainsi, nous voyons dans
les muscles, outre leurs artères, leurs vaisseaux absorbans, leurs nerfs, etc., etc., une substance qui
se *contracte* exclusivement; dans les nerfs il existe
une matière qui a seule le pouvoir de *faire passer
des impressions :* ces substances sont regardées par les
physiologistes modernes comme les élémens de l'organisation, et ils les indiquent dans leurs raisonnemens comme le dernier terme des recherches. Leur
nombre est nécessairement égal à celui des fonctions
que l'individu est capable de remplir. Les Français (1)
ont donné à ces substances le nom de *tissus.*

Les tissus, quoique susceptibles d'être considérés
abstractivement, paraissent exister seulement dans
une combinaison mutuelle. Un simple tissu élémentaire est donc un être de raison qui représente une
manière particulière de concevoir le sujet, et non
point une forme existant réellement. Il est cependant raisonnable d'adopter cette expression pour
désigner le dernier terme de l'organisation, puisque
les tissus sont les *siéges intimes* des facultés vitales,

----

(1) Le mérite de cette manière de considérer le sujet doit
être justement attribué au célèbre anatomiste français, Bichat.
L'application qu'il fait du mot *élément* suit exactement l'analogie de son emploi en chimie, qui n'implique aucune assertion positive.

au-delà desquels rien ne peut être découvert par les sens, ni conçu par l'imagination.

La base de toute forme animale ou végétale est un tissu particulier que son arrangement a fait appeler *cellulaire* (1). Il paraît que chaque molécule distincte de matière organisée est renfermée dans une enveloppe de ce tissu, qui lui sert en même temps de matrice et de support ; il peut donc être regardé comme le soutien des organes, et le moule dans lequel ils sont jetés.

Le tissu cellulaire des animaux diffère principalement de celui des végétaux, en ce qu'il contient de l'azote ou nitrogène dans le nombre de ses élémens. Mais les tissus cellulaires des deux classes se rapportent dans leur arrangement et leurs fonctions, car l'organisation suit une loi commune chez tous les individus produits par son action.

Dans chaque structure organisée, le tissu cellulaire existe en quantité plus ou moins grande : il passe entre les organes, remplit leurs interstices, les retient ainsi dans leurs places respectives, et les

----

(1) La cervelle a été généralement (et avec assez peu de fondement) regardée comme dépourvue de membrane cellulaire. La pie-mère remplit toutes les fonctions de cette membrane, et sans doute elle est identique avec elle. « La pie-mère, dit John Bell, est au reste de la cervelle ce que la membrane cellulaire est aux viscères et aux autres parties du corps.... Je crois à cause de cela qu'elle est justement considérée par quelques anatomistes comme une substance cellulaire. »

garantit, en les isolant, de l'influence qu'ils auraient les uns sur les autres : il entre encore dans la composition d'autres tissus, et sert.dans chaque fibre et chaque vaisseau, aux mêmes usages que dans les organes. C'est lui qui fait le lien général, qui cimente et consolide le tout.

La substance cellulaire des animaux consiste en un assemblage de lames blanchâtres et transparentes, croisées par des filamens blancs et brillans, et leur entrelacement forme des cellules de différentes structures, qui communiquent les unes avec les autres à travers toutes les parties du corps. La contexture de ce tissu est plus lâche dans les interstices des organes, et plus serrée dans leur substance. La dimension des cellules est sujette à beaucoup de variations; parce que leurs parois possèdent à un degré très-considérable, la faculté de se contracter et de s'étendre.

Les surfaces du tissu cellulaire sont habituellement humectées par une exudation vaporeuse, sécrétée par ses propres vaisseaux; on la nomme le *fluide séreux*. La substance cellulaire est de plus le siége exclusif de la sécrétion appelée *graisse*.

Quand ce tissu est distendu par l'une ou l'autre de ces substances, les cellules sont susceptibles de prendre une dimension double, triple, ou quadruple de celle qu'elles ont quand elles sont vides. La substance cellulaire devient ainsi le siége de cet accroissement dans le volume du corps qui constitue « l'embonpoint »; car dans la personne la plus grasse, comme dans la plus maigre (pourvu qu'il n'y ait pas d'émaciation positive), les structures nerveuses et musculaires sont, toutes choses égales, presque de la même dimension.

La libre communication qui subsiste entre. les cellules, se manifeste par un grand nombre de circonstances : le sérum trop abondant qui s'échappe du tissu cellulaire, dans le cas de l'hydropisie, change de situation toutes les fois que le corps change de position; et il s'accumule toujours dans les parties qui se trouvent les plus basses.

Les sérosités sont plus également répandues sur tout le corps, quand il a gardé long-temps la position horizontale; elles causent alors cette bouffissure de la face qui paraît chez les hydropiques le matin avant de quitter leur lit : vers le soir l'enflure disparaît totalement des parties hautes, et traversant le tissu cellulaire, elle se ramasse dans les cuisses et dans les jambes, qui deviennent d'une grosseur énorme.

La *perméabilité* mécanique de la structure cellulaire, est également démontrée par la facilité avec laquelle le fluide séreux qui constitue l'hydropisie, est épuisé par quelques légères ponctions faites dans la peau.

Les bouchers se servent de cette propriété pour donner à la viande qu'ils débitent une fausse apparence de rondeur, en injectant de l'air dans le tissu; et l'on sait que les mendians ont adopté le même moyen pour simuler un état de maladie, et tirer des aumônes des personnes ignorantes et crédules.

L'énergie vitale modifie très-intimement la perméabilité mécanique du tissu cellulaire. Après la mort tous les fluides se font jour indifféremment à travers les parties basses du corps, et leur donnent un aspect de froissement, de macération qui a souvent été pris par l'inexpérience pour des marques de violence. Pendant la vie, la substance cellulaire n'est perméable pour aucun des fluides naturels, excepté la sécrétion séreuse; et même ce liquide ne paraît pas trouver un passage bien facile, hors dans les cas où la vitalité est en quelque sorte épuisée, ou quand elle est abattue par la maladie.

La graisse n'est pas également distribuée dans toutes les parties du corps, mais elle est surtout accumulée sous la peau, dans les tissus qui servent d'interstices aux organes qui demandent une grande latitude de mouvemens, et autour de certains viscères abdominaux. La graisse subcutanée contribue beaucoup à la beauté du visage en adoucissant les lignes trop marquées, produites par le jeu des muscles, et en donnant à la peau une surface lisse et douce. Cependant pour bien remplir cet objet, l'accumulation ne doit pas être excessive; il ne faudrait pas qu'une distension trop grande du tissu cellulaire confondît tous les muscles, et rendît leur action imperceptible, ce qui détruirait l'expression.

C'est sous ce rapport que la vie molle et volup-

tueuse que mènent les femmes dans les classes élevées de la société, contribue à la conservation de
leurs charmes. L'accumulation de la graisse sous la
peau, l'empêche de se rider, entretient la souplesse
des membres, retarde les maux de l'âge, et joint à
la faculté de plaire celle de pouvoir jouir plus long-
temps des plaisirs de l'existence sociale. Rien de plus
absurde que ce qui est journellement avancé sur les
avantages de la pauvreté et le néant des richesses.
La fortune, comme toutes les autres puissances,
n'est mauvaise que quand on en abuse. La pauvreté,
au contraire, produit un état d'enfance, d'ignorance,
d'imbécillité perpétuelle : la dernière et froide consolation qui suit l'extrême misère, embrasse tous
les biens qu'elle peut procurer,

> Qui procumbit humi non habet undè cadat.

La structure intime du tissu cellulaire n'est pas
moins obscure que celles des autres organisations.
Les lames ne sont probablement rien de plus que
l'expansion des vaisseaux nutritifs, qui paraissent
être rassemblés en faisceaux pour former les filamens
qui croisent ces lames. Dans l'état de santé, le tissu
laisse voir à peine des traces de vaisseaux ; mais dans
l'état d'inflammation, sa nature vasculaire est rendue manifeste, par la distension des vaisseaux capillaires, causée par le sang; et leur nombre et leur
petitesse donnent à la surface une couleur rouge
uniforme. On n'a pas encore découvert de nerfs
dans cette substance, mais on ne peut savoir si cela

procède de l'absence de ces organes , ou de la blancheur générale de la masse qui empêche de les distinguer. Le tissu cellulaire, quand il n'est pas affecté
par la maladie , donne peu de marque de sensibilité ;
il peut être lacéré, ou irrité par des stimulans chimiques, sans que la douleur soit excitée : sa vitalité
est la même, soit qu'il réside dans un organe, ou
dans les interstices de cet organe; et il n'a rien de
commun avec la partie du corps à qui il appartient :
il ne sent pas dans un nerf, il ne se contracte pas
dans un muscle , il ne se sécrète point dans une
glande ; quand il est enflammé , sa sensibilité est
exaltée extraordinairement, comme chacun a pu en
faire l'expérience pendant la suppuration d'un clou,
ou d'un mal d'aventure

La substance cellulaire formant la matrice de
tout le corps est le plus universel des tissus qui contribuent à l'organisation. Chaque organe peut être
regardé comme une réticulation de cette substance
par laquelle sa forme et sa dimension sont déterminées , et qui contient dans chacune de ses plus petites cellules une particule de la substance propre
au caractère et à l'utilité de la partie. Dans l'état le
plus récent où le fœtus puisse être examiné, l'embrion consiste en une masse uniforme de tissu cellulaire noyée dans des fluides; aux derniers périodes
l'organisation devient plus distincte , les autres tissus
sont plus développés, et la substance cellulaire perd
beaucoup de sa prédominance apparente.

Dans cette masse qui paraît d'abord homogène, il est difficile de concevoir et d'expliquer les variations locales de vitalité qui doivent précéder la formation des divers organes. Mais le pas le plus nécessaire, et le plus difficile à faire dans les sciences, est celui qui nous mène à reconnaître la faiblesse des moyens de recherches humains. Isis nous présente à chaque détour son visage voilé, et nous montre du doigt cette sentence humiliante :

ΤΟΝ ΕΜΟΝ ΠΕΠΛΟΝ ΟΥΔΕΙΣ ΠΩ ΘΝΗΤΟΣ ΑΠΕΚΑΛΥΨΕΝ (1).

Dans la structure des muscles, qui par la latitude de leurs mouvemens demandent un arrangement de substance plus lâche, la disposition du tissu cellulaire est plus distincte. La plus petite fibre visible dans ces organes est enveloppée d'un tissu cellulaire très-mince, qui l'unit à d'autres fibres de la même substance. Plusieurs faisceaux de fibres rassemblés de cette manière, sont renfermés dans une quantité un

---

(1) « Nul mortel n'a levé mon voile. »

PLUTARQUE, *Isis et Osiris.*

Ea fere hominum est infelicitas ut omnis ultima rerum physicarum historia parum firma sit, et ut altera illa, rerum gestarum memoratrix, in mythicos fines terminetur.

HALLERI *Elementa,* t. II, p. 176.

« C'est un des malheurs de notre espèce, que tous les résultats des sciences physiques soient peu confirmés, et que leur histoire, comme celle des nations, commence dans une obscurité mythologique. »

peu plus grande de tissu cellulaire, par qui ils sont liés à des faisceaux correspondans. L'organe est complété par une série ascendante de ces aggrégations, et il est couvert d'une enveloppe du même tissu qui le sépare nettement des autres parties.

C'est le long des interstices ainsi formés par la substance cellulaire que sont distribués les artères, les veines, les nerfs et les vaisseaux absorbans qui se partagent pour suivre les plus petites divisions formées par le tissu cellulaire, afin que chaque particule ait ses vaisseaux et ses nerfs.

Cet arrangement, qui est plus ou moins applicable à toutes les structures animées, leur donne un caractère d'organisation commun. Les différences de forme, de dimension, de densité, de couleur, et les autres traits distinctifs de chaque organe, naissent de la nature de leur substance propre, ou de leurs relations mécaniques et physiologiques avec le reste de l'économie.

Ainsi, par les raisons que nous avons déjà données, la structure des muscles est plus lâche et plus flexible que celle des os, ou même des glandes; leur couleur rouge vient de la consommation rapide de vitalité qui suit l'exercice de leurs fonctions, et de l'abondance de sang qui doit pour cela leur être continuellement fournie. La mollesse pulpeuse de la cervelle se rattache de même à la délicatesse de ses fonctions, et sa blancheur tient à l'extrême petitesse de ses vaisseaux sanguins, qui empêche que le sang ne se porte trop impétueusement dans la substance tendre de cet organe.

Les structures organisées sont essentiellement vasculaires. Les fluides nutritifs qui les alimentent sont contenus généralement par l'effet de l'énergie vitale dans des tubes, et les surfaces internes de ces tubes paraissent maintenir et diriger les qualités des fluides. La forme et la distribution des différens systèmes vasculaires sont adaptées à la nature et aux habitudes des espèces, de manière à ce que chaque particule reçoive amplement ce qui lui est nécessaire pour subsister. Dans les plus grandes espèces d'animaux, les systèmes vasculaires ressemblent à un arbre avec son tronc, ses branches et ses rameaux. Ils consistent dans les *artères* qui font circuler cette partie du sang qui a déjà soutenu l'action de l'air; les *veines* qui contiennent le fluide sanguin avant qu'il ait été soumis à aucune influence; et les vaisseaux *absorbans* qui recueillent un fluide formé des *débris* de tout le corps. Les vaisseaux capillaires nutritifs par qui la substance des parties est alimentée, sont des branches du système artériel, et les absorbans peuvent être considérés comme appartenant à l'appareil veineux. C'est une question sur laquelle les physiologistes sont encore dans le doute, que celle de savoir si l'absorption ne pourrait pas être exercée par les veines elles-mêmes. Plusieurs circonstances semblent donner une sorte de probabilité à cette théorie, et on l'a adoptée pour expliquer la transmission rapide du fluide ingesta par l'estomac. Beaucoup de difficultés se présentent d'autre part dans cette manière de considérer l'absorption , et les faits sur lesquels elle est appuyée sont loin d'être concluans. Il est douteux surtout que les veines puissent avoir un pouvoir absorbant sans mettre l'économie dans un danger imminent , par la brusque admission de matières étrangères parmi les fluides circulans.

L'idée la plus simple qu'on puisse se former d'un vaisseau , est celle d'un tube membraneux d'une forme cylindrique , ou légèrement conique , consistant ordinairement en plusieurs couches concentriques , unies par de la substance cellulaire. La dernière couche intérieure , ou celle qui est en contact avec le fluide contenu , est formée par un tissu défini propre à chaque système de vaisseaux ; et particulièrement adapté pour les mettre en harmonie avec le fluide qu'ils sont chargés de distribuer. Au-dessus de ce tissu propre est une autre membrane , quelquefois d'une matière fibreuse et élastique , et qui se rapproche davantage dans d'autres cas de la nature des muscles. C'est par elle que les mouvemens mécaniques produits dans le système particulier , sont effectués en tout ou en partie. Il existe presque généralement sur le tout une forte couche de substance cellulaire condensée , à laquelle une grande partie de la force du vaisseau doit être attribuée.

Toutes les fois qu'un vaisseau se termine par une

bifurcation, les deux branches qui naissent excèdent, dans la somme de leurs diamètres unis, le diamètre du tube qui les a produites. Les systèmes vasculaires des animaux dans lesquels cette forme prédomine, ont été pour cela comparés à un cône dont l'apex est placé dans le cœur, et dont la base est à la circonférence du corps. Si les fluides, suivant l'idée commune, passaient à travers ces tubes comme une rivière coule dans son lit, ils devraient, d'après les lois hydrostatiques, diminuer de rapidité dans leur cours, à mesure qu'ils s'éloigneraient du centre du système; mais les battemens du pouls, qui sont isochrones dans toutes les parties du corps, démontrent que la circulation a un mouvement universellement égal. L'élasticité des vaisseaux les maintient constamment pleins, et la résistance étant égale dans tout le système, la propulsion doit être partout dans la même proportion.

Les différens systèmes de vaisseaux, les artères, les veines, les absorbans, sont entrelacés d'une manière très-serrée dans la substance des solides, et ils se subdivisent presque à l'infini. La structure des solides animaux est tellement élaborée, que si un des ordres de vaisseaux est injecté avec une liqueur colorante, toute la masse prend la couleur de cette liqueur, comme si elle était composée d'une seule espèce de vaisseaux. Si les artères sont injectés, l'organe paraît être une réunion d'artères; si les veines sont distendues, elles paraîtront également occuper toute la substance.

Ce mélange de vaisseaux et de substance cellulaire forme la base de toutes les structures organiques ; il faut y ajouter les nerfs dans quelques organes des animaux. Ces vaisseaux, ces nerfs, ce tissu cellulaire, sont les instrumens qui composent, animent et nourrissent un organe ; mais ils ne sont point l'organe lui-même qui paraît consister principalement dans la substance qui forme le tissu approprié, par lequel ses fonctions sont essentiellement remplies, et qui lui donne son caractère individuel.

La substance propre du tissu varie dans chaque organe, et se trouve toujours très-exactement adaptée à la fonction qu'il doit exercer. Il y a un rapport très-évident entre les propriétés physiques des tissus et leurs fonctions mécaniques. Les fibres des tendons et des ligamens sont flexibles sans être élastiques. Si ces qualités n'existaient pas dans les tendons, la force de contraction des muscles serait perdue, et si elles manquaient dans les ligamens, les os seraient sujets à la dislocation. Les couches du milieu dans les artères sont éminemment élastiques, et cette propriété leur donne la faculté de régler la circulation du sang. Les os sont durs au contraire ; ils n'ont ni flexibilité ni élasticité, et il faut qu'ils soient ainsi pour remplir l'office de levier dans les mouvemens du corps. Un muscle qui aurait ces mêmes qualités serait gêné dans son action, parce qu'elles sont visiblement incompatibles avec la contractilité.

Les relations des propriétés physiques des tissus avec leurs fonctions vitales sont entièrement incon- nues, parce que la nature intime des fonctions étant elle-même hors de la portée de l'observation, le mode de leurs opérations ne peut être conçu ; mais on ne peut douter que cette relation n'existe, puisque un changement dans la structure visible des organes est suivi d'une altération proportionnée dans leurs fonctions. L'endurcissement du foie, par exemple, produit toujours un changement dans la sécrétion de la bile.

Le tissu propre des nerfs est pulpeux ; celui des muscles est fibreux ; dans les glandes, il est le plus souvent *granulaire* : ce dernier tissu varie en sub- stance dans les différens organes. Le tissu propre des muscles consiste presque entièrement en une matière appelée *fibrine* ou *gluten*. Dans les os, c'est un sel terreux appelé *phosphate de chaux*. Dans les parties blanches des animaux c'est de la *gélatine*. La base de la fibre du bois est le *carbone*, et celle des parties plus molles des végétaux est le *mucilage*. On peut conclure de ces faits que chaque tissu individuel a des caractères chimiques, qui, s'ils pouvaient être exactement déterminés, ne les distingueraient pas moins clairement que leurs propriétés vitales.

Les tissus ne sont point combinés en nombre égal dans chaque organe. Les tissus nutritifs et ab- sorbans, et la substance cellulaire peuvent être pré- sumés dans tous les composés organisés ; puisque

leurs fonctions sont essentielles à l'idée de la vie ; après
ceux-ci, les artères et les veines se trouvent le plus
fréquemment, et enfin les nerfs, qui paraissent être
exclus des tissus blancs et fibreux qui concourent à
l'exercice des fonctions mécaniques du corps, et
peut-être encore de quelques autres organes. Ces
parties, qui se présentent plus ou moins généralement dans tous les composés organiques, sont pour
cela nommées *tissus communs*, pour les distinguer
de ceux qui ne paraissent que dans une seule espèce
de structure, tels que les tissus musculaires, fibreux,
osseux, etc.

Dans l'explication de la constitution organique que
nous essayons de donner ici, les faits ont été principalement tirés de l'anatomie animale ; comme
étant plus manifeste par sa nature, et comme ayant
été jusqu'à présent examinée avec plus de succès.
Ces doctrines s'appliquent cependant à toutes les
espèces organisées en général.

Le tissu cellulaire des végétaux ressemble beaucoup en fonction et en structure, à celui des animaux. L'absorption est exercée par leurs racines et
leurs feuilles, et les vaisseaux qui contiennent leur
sève, sont analogues aux artères et aux veines. La
théorie de la nutrition, et conséquemment celle de
la structure intime, est la même dans les deux
règnes. Les produits huileux, résineux, émulsifs des
végétaux, sont des sécrétions glandulaires, qui impliquent la présence de tissus correspondans. Les
fibres boiseuses et carbonacées se rapportent au sque-

lette osseux des animaux. Plusieurs végétaux ont aussi des mouvemens spontanés qui, sans être soumis à une volonté, font supposer l'existence d'un tissu, semblable à quelques égards au tissu musculaire, quoiqu'il n'ait jamais été distingué dans l'anatomie végétale.

Il est impossible de douter, d'après la ressemblance générale du mécanisme des organes, et l'identité de leurs fonctions, que la nature intime de l'organisation ne soit la même dans tous les êtres vivans, et qu'il n'y ait une force, une loi unique pour animer et gouverner le tout. On doit inférer partout où la fin est semblable, une analogie dans les moyens ; car le caractère des ouvrages de la nature est de faire naître plusieurs effets d'un petit nombre de causes, et non de déployer une grande variété de moyens pour arriver à un seul résultat.

Les fluides qui font partie des structures organisées, peuvent être divisés en deux classes ; ceux qui sont accumulés comme matériaux pour l'action vitale, et ceux qui ont subi le procédé de la sécrétion. Les premiers consistent en un petit nombre de substances particulières, que les chimistes appellent *principes prochains* (1), qui sont tenues en solutions aqueuses, et mêlées avec une petite partie de matière saline. Ces principes, qui se ressemblent infiniment

----

(1) Principes prochains ; secondaires, principiés.

FOURCROY, Analyse, etc.

entre eux, existent de plus avec quelques légères modifications, comme constituans des solides. C'est pour
cela que l'acte de la nutrition pourrait être considéré
comme la simple précipitation de ces matières ; et
sous ce point de vue, on a pu, avec quelque apparence de raison, appeler le sang « chair coulante. »

Les fluides sécrétés sont d'une nature plus variée,
parce qu'ils subissent des changemens pendant la
sécrétion, qui détruisent plus ou moins leur analogie, et leur rapport avec le système vital : ils sont
en conséquence rejetés en plusieurs cas hors du système, aussitôt qu'ils ont rempli l'office pour lequel
ils ont été formés.

Toutes les substances destinées à faire parties des
fluides des êtres organisés, sont d'abord modifiées
par l'action des solides. L'eau seule paraît entrer
dans le système sans changer de nature, afin d'y
agir comme un dissolvant général. La sève des végétaux qui est parfaitement analogue en fonction au
sang des animaux, est toujours susceptible de fermentation quand elle est recueillie dans des vases,
quoiqu'elle soit en apparence semblable à de l'eau
pure. Elle a donc déjà acquis du mucilage et du
sucre, par le moyen de l'action vitale. La sève de
l'érable donne à peu près un vingtième de cette dernière substance.

Le sang des animaux est un fluide d'une nature
plus relevée ; le procédé de la digestion ayant assi-
milé la nourriture au caractère de l'individu, d'une

manière plus intime. Tant que le sang circule dans le corps vivant, il conserve son apparence homogène, et sa forme fluide ; mais quand il est séparé du système et laissé dans un état de repos, il subit un changement spontané : il se divise lui-même en une substance rouge et solide, appelée *crassamentum*, et un fluide léger, transparent et jaunâtre, appelé *serum:* en même temps un principe odorant et piquant, généralement inaperçu, s'exhale et s'échappe.

La cause de cette *coagulation* du sang n'est pas connue : elle ne dépend exclusivement ni du repos, ni du changement de température, ni de l'exposition à l'atmosphère. L'opinion de John Hunter qui attribue ce phénomène à l'action vitale, donne l'explication la plus satisfaisante. La vigueur du procédé de l'action est proportionnée à l'énergie vitale du sujet de qui le sang a été tiré. La coagulation n'a pas lieu quand l'animal a été détruit par la foudre, ou par d'autres moyens qui épuisent à la fois toute l'irritabilité du corps.

On découvre dans le sang, par des procédés chimiques, certaines compositions animalisées, appelées *fibrine*, *albumen*, et quelques auteurs y ajoutent la *gélatine*. Toutes ces substances sont des combinaisons d'oxigène, d'hydrogène, de carbone et de nitrogène, qui diffèrent entre elles par les proportions du dernier de ces élémens : l'azote abonde dans chacune d'elles, suivant l'ordre dans lequel elles viennent d'être nommées.

On distingue principalement ces différens principes par la manière dont ils sont affectés par l'eau. La fibrine est insoluble même à la température de l'eau bouillante ; mais quand elle est échauffée au-dessus de ce point, dans le digesteur de Papin, elle cède au pouvoir dissolvant de la menstrue ; sans doute à cause de quelque changement qui arrive alors dans sa constitution chimique : c'est, de tous les composés organiques, le plus fortement animalisé, et il semble spécialement formé pour alimenter les structures musculaires dont il constitue la plus grande partie.

L'albumen existe presque pur dans le blanc des œufs, et son nom lui vient de ce fait : il est soluble dans l'eau, dont il peut être ensuite séparé par la chaleur, les acides minéraux et les alcools : ce procédé change assez sa nature pour le faire devenir insoluble, excepté par une longue ébullition. Outre les élémens ordinaires de la matière animale, l'albumen contient du soufre, ce qui est familièrement prouvé par la décoloration des cuillers d'argent dont on s'est servi pour manger des œufs. L'albumen prédomine dans la structure des parties blanches, dans les cheveux, les cornes et les cartilages ; et c'est aussi un des constituans des muscles, des nerfs, etc., etc.

La gélatine, suivant quelques auteurs, est un produit de la nutrition, et n'existe pas primitivement dans le sang. Ce principe est la base des gelées,

des colles, des glus; il peut être mêlé avec l'eau
dans toutes les proportions, et la chaleur ne le coagule point. Une partie de cette substance dissoute
dans cent cinquante parties d'eau, prend, quand
elle est refroidie, cette forme solide et tremblante
particulière à la gelée.

La partie saline du sang consiste principalement
en soude, et en muriate et phosphate de cet alcali.

La couleur rouge du sang dérive d'une substance
dont la constitution n'est pas bien connue. L'observation microscopique nous la montre sous la forme
de corps globulaires, ou plutôt discoïdes, qui ont,
suivant Haller, un diamètre égal à la cinq millième
partie d'un pouce (1). Ces corps, quoique solubles
dans l'eau, s'en séparent cependant encore par la
déposition. Quand ils sont recueillis et brûlés,
leurs cendres contiennent beaucoup de fer. Des opinions très-différentes subsistent sur l'histoire chimique de ces corps. Fourcroy soutenait que le fer
y existe en combinaison avec l'acide phosphorique,
et qu'il est suspendu dans le fluide par le moyen de
la soude; mais si cela était, il y serait reconnais-
sable par les procédés chimiques, ce qui est démenti
par le fait. Aucune explication satisfaisante n'a été

---

(1) Haller, *Élémens*, t. III, p. 56. Désaguliers donne au
diamètre des globules rouges $\frac{1}{79100}$ de pouce. Lieuwenhoeck
les estime à $\frac{1}{2500}$. Tout cela est très-vague, très-peu satisfaisant, et heureusement très-inutile.

donnée à la place de la théorie de Fourcroy par les auteurs qui l'ont réfutée. Il existe dans les globules rouges, outre le fer, une petite partie d'albumen.

Les globules rouges semblent avoir une attraction marquée pour la fibrine ; ils s'unissent avec elle pendant la coagulation spontanée du sang, et ils y adhèrent très-fortement dans les muscles des animaux à sang rouge ; ils peuvent cependant toujours en être séparés par la simple ablution.

Les fonctions de ces corps sont obscures comme leur constitution ; le fer a été considéré comme un moyen d'attraction pour produire le changement chimique qui est effectué dans le sang pendant la respiration ; mais comme tous les animaux respirent, et que quelques familles seulement ont des globules rouges dans leur sang, cette supposition doit être abandonnée comme mal fondée. Ces corps paraissent se rattacher à un plus grand développement de puissance vitale, puisqu'ils abondent exclusivement dans les animaux à sang chaud, qu'ils sont en moindre quantité dans les reptiles et les poissons, et qu'ils n'existent que très-rarement dans les fluides des classes d'animaux sans vertèbres (1).

---

(1) Quand l'inflammation a lieu dans les tissus blancs des animaux à sang chaud, leurs plus petits vaisseaux éprouvent un changement dans leur pouvoir vital qui permet l'admission du sang rouge ; la présence des globules rouges semble essentielle à ce procédé.

Une question assez curieuse sur la constitution du sang pendant sa circulation dans le corps, naît de ces faits : on peut demander si le sang est un fluide homogène d'une constitution uniforme, ou si c'est un mélange de ces principes élémentaires qui se découvrent par la coagulation ; en d'autres termes, si la coagulation est une *formation* de fibrine, d'albumen, etc., ou si c'est purement la *séparation* de ces substances.

L'insolubilité de la fibrine n'étant pas favorable à son existence dans le fluide sanguin, est un fort argument pour la dernière hypothèse. Si cette manière de considérer le sujet est exacte, l'azote, qui paraît si inégalement distribué parmi les principes élémentaires du sang coagulé, serait également répandu dans la masse entière du fluide circulant, et la coagulation consisterait seulement alors en un arrangement nouveau des constituans chimiques.

La constitution du sang paraît la même dans tous les animaux à sang rouge, et ne diffère pas beaucoup dans le même individu aux diverses époques de son existence, à moins qu'il ne soit influencé par la maladie. Sa pureté est cependant attaquée, et par les canaux d'absorption et par ceux d'assimilation ; mais la balance des fonctions organiques maintient presque toujours la constitution du fluide circulant. Les virus contagieux qui pénètrent dans la circulation par l'absorption des surfaces externes ou internes du corps, existent dans le sang en si petite quantité, qu'ils ne peuvent y être reconnus par des expériences. Le sang d'une personne affligée de la petite-vérole ne diffère pas sensiblement de celui qui serait tiré dans toute autre maladie inflammatoire.

Certains articles de diète changent, il est vrai, matériellement la constitution du sang. Le scorbut des gens de mer est ainsi produit par l'usage exclusif d'alimens salés ; mais ce résultat semble procéder de l'action de ces alimens sur les solides vivans, et non de l'altération préalable des fluides eux-mêmes, puisque le sérum, ou partie aqueuse du sang, ne contient pas une plus grande quantité de matière saline dans les personnes atteintes du scorbut, que dans les autres. Les préjugés vulgaires sur la pureté ou l'acrimonie du sang sont donc presque entièrement dénués de fondement, aussi-bien que ceux qui concernent l'existence de certaines humeurs dans la circulation, qui tendent à produire des maladies.

Pour renforcer cette assertion, on peut observer que tous ces dépuratifs du sang que les bonnes dames *empiriques* (voire même *docteurs en cornettes*) administrent si libéralement, sont absolument inertes et sans effet, excepté sur la bourse de l'apothicaire qui les prépare.

La perte soufferte par le sang pendant l'exercice des fonctions est réparée par deux sources ; par le chyle, ou produit de la digestion, et par les résul-

tats de l'absorption qui se fait dans la substance intérieure et sur les surfaces de tout le corps. La première de ces sources peut être seule considérée
comme fournissant de la matière pour l'accroissement positif du corps. Quoique beaucoup d'eau
puisse être absorbée par les poumons et la peau
quand l'atmosphère est dans un état de grande humidité, il ne paraît cependant pas probable qu'aucune substance nutritive soit jamais obtenue par ces
surfaces. Des bains de lait et de bouillon ont été souvent employés pour entretenir la vie dans les cas
d'obstruction de l'œsophage ; mais ces remèdes n'ont
jamais empêché l'étisie et la mort de se succéder
aussi rapidement que si l'on n'y avait pas eu recours.

Le chyle paraît toujours à peu près le même,
quelle que soit la nourriture dont il provient (1).
C'est un fluide laiteux qui, lorsqu'il est séparé des
absorbans et exposé à l'air, se coagule et se teint
légèrement de rouge. Cette dernière circonstance
fait conjecturer que le chyle se convertit en sang
pendant l'action de la respiration.

Le chyle paraît contenir tous les principes prochains du sang, mais dans un état de dilution un

---

(1) M. Astley Cooper affirme que le chyle, produit par de
la nourriture végétale, participe de la nature de la substance
dont il procède, et se putréfie moins vite que celui qui a été
formé par des matières animales. D'autres physiologistes lui
disputent cependant ce point.

peu plus grande : son apparence laiteuse dépend de la présence de globules blancs qui semblent identiques avec ceux qui produisent la couleur rouge du sang, quand l'air, en agissant sur eux, leur a fait perdre leur blancheur.

La lymphe, ou produit commun de l'absorption, ressemble à la partie séreuse du sang par sa constitution. C'est une eau transparente qui se coagule quand elle est séparée du corps : c'est uniquement un mélange des principes prochains obtenu par la décomposition des divers tissus.

La théorie de la formation de tous ces fluides est très-imparfaite. L'organisation des élémens chimiques se fait par un procédé extrêmement lent et prolongé. Les végétaux peuvent bien être nourris par l'eau et l'acide carbonique ; mais ils ne peuvent ni croître rapidement ni se multiplier sans l'admission de matières obtenues de corps qui ont déjà été organisés. L'économie végétale est cependant constamment employée à former de la décomposition de l'eau et de l'acide carbonique ces triples composés d'hydrogène, d'oxigène et de carbone, qui constituent les principes prochains des plantes.

La nourriture de tous les animaux se trouve directement ou indirectement dans ces triples composés ; et leur digestion consiste dans leurs conversions en combinaisons quadruples par l'addition du nitrogène. On ne connaît point la source de ce dernier élément. Les composés animaux offrent, outre le nitrogène, d'autres principes, tels que le phosphore, la chaux et le fer, qui n'existent point dans les matières végétales en assez grande quantité pour les besoins de l'organisation animale.

Le nitrogène existe en assez grande abondance dans l'atmosphère; mais il a été positivement prouvé qu'il n'est pas introduit dans le sang pendant la respiration; et l'on peut observer en confirmation de ce fait que le chyle des animaux herbivores contient déjà du nitrogène avant d'avoir été mis en contact avec l'air.

On a imaginé que la prédominance du nitrogène dans les composés animaux dérive des très-petites quantités de cette substance élémentaire qui se trouve dans quelques végétaux, par l'élimination des trois autres principes pendant les divers procédés de l'animalisation. Si ce fait était vrai, les fluides des animaux carnivores contiendraient plus de nitrogène que ceux des herbivores; cette proposition est positivement démentie par l'expérience. Feu sir B. Harwood démontrait la transfusion du sang en vidant les veines d'un chien et en les remplissant ensuite avec le sang d'un mouton. Le chien, qui est un animal carnivore, se portait parfaitement bien pendant que le sang d'un animal herbivore circulait dans ses veines; et l'expérience ne lui faisait souffrir aucune autre peine que la fatigue et la douleur de la piqûre.

On peut conclure d'après ces considérations que

le nitrogène existe comme ingrédient dans l'hydrogène ou le carbone (ce qui est très-peu probable), ou qu'il est lui-même un composé de quelques-uns des élémens des combinaisons végétales. L'une ou l'autre de ces hypothèses doit être admise pour expliquer le phénomène de l'animalisation, puisque aucune autre source n'existe, à notre connaissance, pour ce quatrième principe qui entre dans le chyle pendant la digestion des substances végétales.

Les mêmes observations s'appliquent au soufre, au phosphore, et aux autres constituans des corps organisés qui ont jusqu'ici échappé à la décomposition chimique (1). Le soufre se dégage pendant certaines actions exercées sur les matières animales et végétales; et cette substance, ainsi que le phosphore, existe assez abondamment dans la structure animale pour attirer l'attention des physiologistes. Non-seulement le squelette osseux est soutenu et nourri pendant la vie par une base composée de phosphore, d'oxigène et de chaux; mais le phosphore peut être obtenu de presque tous les solides; et beaucoup d'acide phosphorique passe journellement dans les urines (2).

La décomposition récemment faite des terres et

______

(1) Un assez grand nombre d'observations me font présumer que la quantité de phosphore qui se développe après la mort est proportionnelle à l'activité du système nerveux pendant la vie.   CABANIS.

(2) *Voyez* Davy, *Elémens de Philosophie chimique*, p. 180.

7

des alcalis a donné encore un plus haut degré de probabilité à cette manière de considérerce sujet. Les plantes monocotyledones offrent beaucoup de terre siliceuse, dans la composition de leur épiderme ; et la coquille des œufs, qui contient une grande quantité de chaux, est formée dans le corps de l'oiseau (1) pendant l'espace de quelques heures. La formation directe du silex et de la chaux par la chimie vitale, est la seule explication satisfaisante de l'un et l'autre de ces faits.

Comme la matière animale est formée de substances végétales, elle peut être réduite à un état analogue à ces dernières par des procédés chimiques. Si une partie de muscle est exposée à l'action de l'acide nitrique, le nitrogène s'échappe, et la masse est convertie en une substance inflammable semblable, par sa constitution, aux huiles végétales. De même en exposant un morceau de chair à un courant d'eau, on obtient, au bout d'un certain temps, une matière particulière qui ressemble beaucoup au *spermaceti*, et à qui l'on a donné le nom d'*adipocire*.

A l'égard des ingrédiens salins du sang, on peut dire que du sel culinaire et quelques sulfates terreux sont pris avec la nourriture, et passent dans la circulation sans être décomposés. La soude,

---

(1) Vauquelin a découvert aussi deux fois autant de *phosphate de chaux* dans les excrémens des oiseaux, qu'il n'en existe dans les graines dont ils se nourrissent.

l'acide phosphorique, la chaux, et peut-être le fer, sont plus probablement dérivés de l'absorption ; le phosphate de chaux étant formé par les vaisseaux nutritifs des os, et la soude pendant la sécrétion de la bile par le foie.

Il y a peu d'observations générales qui puissent s'appliquer aux fluides animaux produits par les sécrétions. Chaque produit ayant un emploi particulier à remplir, a des propriétés adaptées à cette fin. Ils diffèrent tous plus ou moins du sang qui est la matière commune dont ils sont composés ; mais tous offrent quelques traces de leur origine par la présence de l'albumen ou de la fibrine. Ils contiennent encore en général une proportion de matière saline égale à celle qu'on trouve dans le sérum du sang (1). La bile et l'urine qui diffèrent le plus du fluide circulant contiennent des sels particuliers qui se dégagent pendant leur sécrétion.

Berzilius affirmait que les sécrétions qui doivent être éliminées sont acides ;—et que celles qui retournent à la circulation sont d'une constitution alcaline. Cette remarque est tellement fondée, quoiqu'elle ne soit peut-être pas entièrement juste, que les procédés de l'animalisation tendent toujours à la production d'oxides et d'acides à base doubles et triples. On peut donc présumer que la matière suranimalisée offre une prédominance d'acide dans ses combinaisons.

____

(1) Young, *Littérature médicale.*

SOMMAIRE

DU CHAPITRE TROISIÈME.

Le nombre et les combinaisons des organes sont réglés d'après une stricte nécessité. — Uniformité d'organisation. — Les organes assimilans ont deux types; celui des structures animales et celui des structures végétales. — Organes divers de mastication et de préhension. — Dents des animaux herbivores et carnivores. — Résumé des faits liés à la digestion. — Structure muqueuse. — Suc gastrique. — Couche musculaire. — Couche péritonée. — Deux formes dominantes pour le canal intestinal; l'une pour les animaux herbivores, et l'autre pour les carnivores. — Autres variétés. — Le foie; ses rapports avec la digestion. — Bile; ses fonctions. — Raisons pour supposer que le foie est un organe décarbonisant. — Sécrétion pancréatique. — Rate. — Système de la circulation. — Types de ce système pour les animaux et les végétaux. — Propulsion du sang à travers les capillaires. — Variétés dans les structures pour les organes de la respiration. — Action des êtres organisés sur l'air. — Relation de la respiration avec les mouvemens musculaires. — Organes de la respiration des oiseaux, des mammifères, des reptiles, des poissons et des animaux inférieurs. — Variété du mécanisme dans les organes de la respiration. — Histoire et théorie de la respiration. — Hippocrate, Bayle, Willis, Méad, chimistes pneumatiques. — Phénomènes de la fonction pulmonaire. — Phénomènes et théorie de la chaleur animale.

Des Sécrétions. — Remarques générales. — Exhalaisons et sécrétions folliculaires et glandulaires; distinctions mal fondées. — Les sécrétions sont les résultats de la vitalité. —

Glandes sécrétantes et lymphatiques. — Des glandes sécrétantes ; celles qui servent à la vie nutritive existent le plus
généralement. — Membranes muqueuses. — Membranes séreuses. — Organes urinaires. — Urines des animaux herbivores et carnivores. — Acide urique. — Peau ; considérée
comme organe sécrétoire chez plusieurs espèces d'animaux.
— Relations des fluides transpirés avec les sécrétions urinaires et intestinaires. — Causes de la variété dans la structure des glandes qui se rapportent à l'existence relative. —
Appareil nerveux. — Difficultés. — Déductions tirées de
l'anatomie comparée. — Fonctions nerveuses ; les mêmes chez
tous les animaux. — Fonctions subordonnées des divers organes nerveux. — Systèmes sympathique et cérébral. — La
cervelle n'est pas toujours l'organe spécifique de la perception.
— Appareil nerveux ; comment adapté à la nature extérieure.
— Os. — Il existe trois types de structure animale. — Structure de l'os. — Terre osseuse. — Cartilage primordial. —
Ossification. — Moelle des os. — Remarques mécaniques. —
Muscles, modifications, faits mécaniques, tendons, apo-
névrose. — Action combinée des muscles. — Muscles antagonistes. — Relation des nerfs et des muscles. — Du système
génératif. — Ignorance sur ce sujet. — Influence du système
génératif sur l'organisation générale. — Limites des espèces.
— Monstres. — Influence mutuelle des espèces. — Pluralité
des mondes.

CHAPITRE III.

DE LA COMBINAISON DES ORGANES ET DES FONCTIONS.

Ὀυδὲν γὰρ πώποτε ζῷον γεγένηται τοιῦτον, ὅ, τὸ μὲν εἶδος ἔσχεν ἑτέρα ζώȣ, τὴν δὲ διάνοιαν ἀλλȣ ἀλλ᾽ ἀεί τȣ αὐτȣ, τό τε σῶμα καὶ τὴν ψυχὴν, ὥστε ἀναγκαῖον ἔπεσθαι τῳ τοιῳδ᾽ ι σώματι, τοιάνδε διάθεσιν.

ARISTOTE, Hist. nat.

« Il n'a jamais existé d'animal qui ait la forme d'un être et l'intelligence d'un autre; mais l'instinct est toujours analogue à la structure : ainsi telle organisation exige tel arrangement. »

COMME le caractère des tissus et des fluides des êtres organisés, est le résultat des propriétés chimiques de leurs constituans; de même les formes, et les combinaisons des organes, calculées d'après de semblables nécessités, ne peuvent être instituées arbitrairement, et ne sont pas susceptibles d'une variété indéfinie. Les organes de la fonction nutritive sont spécialement fixés, dans leur nombre et leur structure, par des lois qui n'admettent que de très-légères déviations; et si les organes relatifs semblent se varier davantage, cela tient seulement à la série de phénomènes plus étendue, avec laquelle leur existence est liée.

On doit attribuer à la nécessité de relation entre les divers organes, l'uniformité qui règne dans la nature organisée, où les productions les plus bizarres semblent toujours suivre un type originel. La même cause produit l'universalité des systèmes vasculaires dans les êtres organisés : la présence générale des mêmes élémens dans toutes les substances végétales, et la même identité de composition dans les espèces animales. La distribution régulière des végétaux en racines, tiges et branches, et celle des animaux, en tête, tronc et membres, implique aussi l'existence de besoins communs; et dans les familles qui s'éloignent du caractère général, on doit chercher la cause de la déviation dans des circonstances locales et particulières à l'individu.

Les organes assimilans existent chez tous les êtres vivans, mais à des degrés de complications très-variés. Comme la force et l'étendue des fonctions dépendent d'une constitution chimique plus raffinée, qui est toujours accompagnée d'une plus grande consommation de fluides, les procédés nutritifs doivent être plus énergiques et plus compliqués, quand les facultés générales de la machine ont plus de puissance et de latitude. Les appareils assimilans peuvent se réduire, cependant, à deux types généraux, celui des organisations animales, et celui des organisations végétales. Les racines des végétaux absorbent les substances nutritives dont elles sont entourées, et les convertissent en cette substance mucilagineuse et sucrée, qui constitue leur fluide circulant, sans l'intervention d'un organe de digestion local et spécifique. Mais il est évident que les animaux obligés de prendre leur nourriture à des intervalles plus ou moins éloignés, doivent avoir un arrangement intérieur qui fasse l'office de réservoir, pour conserver les matériaux avec lesquels ils se nourrissent, afin de pouvoir vaquer à d'autres nécessités pendant que l'aliment se convertit en chyle : ce réservoir est l'estomac, le plus universel des organes animaux.

La digestion, qui est la fonction de l'estomac et des intestins, est un procédé si intimement lié avec l'existence animale, que la présence de ces organes a été adoptée par les naturalistes, comme le meilleur moyen de distinguer les formes végétales des formes animales. Comme les différentes substances nutritives se rapprochent beaucoup par leurs constituans, et qu'en même temps les principes élémentaires des êtres organisés ont une ressemblance générale, les besoins de tous les animaux, à l'égard des procédés de la digestion, sont à peu près les mêmes : leurs organes assimilans consistent dans les mêmes tissus, et diffèrent seulement par des arrangemens qui se rapportent avec les propriétés physiques, et les circonstances extérieures des matériaux, qui leur servent d'alimens habituels.

Aucune partie de la structure animale n'est plus variée que les organes par lesquels s'opèrent la *préhension* et la *mastication*, qui sont les premiers procédés assimilans ; et ils sont si exactement modelés sur les propriétés de la nourriture de l'animal, qu'ils fournissent les caractères les plus constans par lesquels le genre des animaux les plus compliqués peut être déterminé. Il y a des substances alimentaires de toutes les consistances possibles, dures, molles, solides, fluides; elles sont placées sur la surface de la terre, sous l'eau ou dans l'air. La nourriture peut être aussi ou morte et passive, ou vivante et capable de résister et de s'échapper. La bouche et les dents de chaque espèce animée est adaptée par des particularités correspondantes dans leur mécanisme et leur organisation, à ces diverses circonstances. Les dents des animaux herbivores, par exemple, sont égales et construites pour triturer des substances végétales; tandis que celles des animaux carnivores sont inégales et propres à déchirer et diviser la fibre animale. Les dents de devant des animaux qui broutent leur nourriture, sont aiguës, plates, et placées de manière a imiter dans leur action mutuelle le jeu d'une paire de ciseaux.

Les dents canines, qui sont sur les côtés de la mâ-choire des animaux de proie, s'étendent à une longueur extrême, et deviennent ainsi pour eux des armes offensives. Un arrangement semblable donne à l'éléphant un instrument propre à rompre les troncs des jeunes arbres dont cet animal se nourrit.

Les poissons qui avalent leur proie entière sans la mastiquer, ont des dents adaptées exclusivement à saisir et retenir leur victime. Elles sont rangées en files sur la langue, le palais et la gorge, et recour-bées du côté de l'estomac, pour empêcher le retour de ce qui est une fois entré dans les mâchoires.

Les becs des oiseaux s'adaptent aussi exactement à

leur manière de se nourrir. Forts et crochus dans les familles carnivores et de proie, ils sont propres à la guerre, à la conquête. Dans les petites familles, qui se nourissent de vers et d'insectes, ils sont doux et très-flexibles ; et dans les genres qui subsistent de graines, et qui doivent détacher leurs dures enveloppes, ils sont pointus, et d'une consistance cornée. La largeur de cet organe dans les familles de canards, permet à l'animal de chercher sa nourriture sur la surface des eaux; et sa longueur, dans la bécasse, qui tire sa proie des terrains humides et marécageux, est calculée également pour les besoins de cette espèce d'oiseaux (1).

La mastication n'est pas nécessaire quand la nouriture existe sous une forme pâteuse ou fluide. Cette opération est encore très-souvent suppléée par l'énergie de sucs dissolvans de l'estomac; et dans les gallinacées, les fonctions des dents sont remplies par un estomac musculaire ou *gésier*, qui exerce une très-forte pression sur les alimens, et les prépare à être dissous.

Pour se faire une idée de la force de cet organe, on peut se rappeler les expériences de Spallanzani, qui insérait des pointes de lancettes dans des balles de plomb, et les introduisait dans le gésier d'un

(1) La seiche, poisson qui se nourrit de petits animaux crustacées, a une espèce de bec qui ressemble à celui des oiseaux de proie.

dindon ; le gésier n'était nullement endommagé ; mais, au contraire, il détruisait les lancettes par son action.

La nécessité de la mastication implique chez tous les animaux où elle est reconnue, l'existence de lèvres musculaires, d'une langue flexible et d'une glande ou un système de glandes pour sécréter la *salive* qui doit humecter la nourriture pendant la mastication. Ces animaux sont les seuls chez lesquels ces organes sont parfaits.

Pendant un très-long espace de temps les physiologistes se sont occupés du phénomène de la digestion, mais il a jusqu'ici échappé à leurs recherches. Il serait inutile et peu intéressant de détailler les diverses théories de macération, trituration, fermentation, etc., qui, fondées sur des notions partielles et mal appliquées, ont été successivement abandonnées (1). L'expérience nous apprend seulement, que la nourriture, après la déglutition, est reçue dans l'estomac, où elle est retenue assez long-temps expo-

---

(1) Voltaire, qui n'était point physiologiste, sentit l'absurdité des spéculations des médecins contemporains qui expliquaient les faits physiologiques, tantôt d'après les principes des mathématiques, tantôt d'après ceux de la chimie, suivant que l'une ou l'autre de ces sciences se trouvait plus à la mode. « Je laisse, dit-il, Borelli attribuer au cœur une force de 80,000 livres, que Kiel réduit à 5 onces. Je laisse Hecquet faire de l'estomac un moulin, et Van Helmont un laboratoire de chimie ». *Dialogues.*

sée à l'action des sécrétions naturelles de cet organe, par qui elle est lentement dissoute et réduite à une masse grisâtre, uniforme et pâteuse, appelée *chyme*. Aussitôt que ce changement a eu lieu, l'orifice inférieur du pilore, qui était d'abord resté fermé, est ouvert par le relâchement de son muscle contractant (1), et le chyme passe dans la partie supérieure de l'intestin appelé *duodenum*. Dans le *duodenum* le chyme est exposé à une copieuse sécrétion de bile et de suc pancréatique, dont l'action est totalement inconnue. Son effet cependant est une précipitation de la partie nutritive des alimens ou chyle, qui se sépare ainsi du résidu fécal. Le chyle ne se mêle point avec le reste de la masse, mais il adhère aux parois de l'intestin, et l'on peut suivre sa marche dans les vaisseaux absorbans sous l'apparence d'un fluide laiteux. Dans la partie inférieure du tube alimentaire, que son plus grand diamètre a fait appeler le grand intestin, un troisième changement se fait sur le résidu de la masse alimentaire, qui se trouve alors entièrement dépourvue de son chyle ; en conséquence de quoi elle prend ses qualités fécales. L'ex-

---

(1) Les muscles sphincters ou contractans sont ceux qui forment les orifices : ils sont formés par un arrangement circulaire de fibres musculaires placées de manière à oblitérer la cavité de l'orifice sur lequel elles sont posées. L'état naturel d'un vrai muscle sphincter est de se contracter, tandis que l'état naturel des autres muscles est la condition opposée. Le mot *sphincter* dérive du grec σφιγγω.

périence n'a jeté aucune lumière sur cette fonction des intestins. Les physiologistes ignorent également le chemin qui est parcouru par les fluides purement délayans. La rapidité avec laquelle certaines sub-stances pénètrent dans les excrétoires, fait penser que les fluides aqueux passent de suite dans la cir-culation; mais la route qu'ils parcourent est restée jusqu'à présent inconnue.

Les théories établies sur un si petit nombre de faits doivent être extrêmement incertaines. Quel-ques observateurs sont disposés à considérer le phé-nomène de la digestion comme un effet électrique : le docteur Wilson Philip a réussi à continuer ce pro-cédé après qu'il eut été suspendu par la section des nerfs de la huitième paire, en faisant passer un cou-rant galvanique à travers la région de l'estomac. Cette expérience, qui rend probable à quelque degré l'iden-tité de l'action nerveuse et de l'action galvanique, prouve seulement, à la rigueur, que cette dernière est un des plus puissans stimulans des tissus vivans. Mai tant que l'électricité ne sera pas conduite à donner ces mêmes résultats dans des vaisseaux chimiques, on sera toujours obligé de les attribuer à cette force inconnue qui gouverne toutes les opérations de la vie, à l'énergie vitale.

Les zoophytes, qui sous tant de rapports tiennent le milieu entre les végétaux et les animaux supérieurs, paraissent subsister des sucs assimilés des espèces dont ils se nourrissent, sans opérer sur elles aucun changement considérable. Leur organe digestif consiste en un simple estomac ou sac musculaire avec un seul orifice pour le passage de la nourriture et de l'egesta. Dans toutes les autres espèces, le tube alimentaire est très-long; il a une et souvent plusieurs dilatations ou estomacs, et il affecte certaines formes particulières dans différentes parties de sa longueur, qui correspondent à des fonctions diverses. Il y a toujours aussi deux orifices distincts pour la réception des alimens et pour le passage du résidu fécal.

La couche intérieure du canal intestinal, comme toutes les autres surfaces internes qui sont mises en contact avec des substances étrangères, est de cette sorte de tissu à qui on a donné le nom de *membrane muqueuse*. Ces tissus offrent plusieurs modifications dans les différens organes où ils se trouvent, mais ils conservent toujours un caractère général qui leur est propre; et ce caractère a beaucoup d'analogie avec celui de la peau. Certains polypes, quand ils sont retournés comme des doigts de gant, continuent de vivre et de digérer avec la surface qui était auparavant à l'extérieur de leurs corps. Les membranes muqueuses qui doublent la surface du canal alimentaire, des poumons, des reins, du nez, etc., paraissent avoir des propriétés qui varient suivant leur différent degré de vitalité, mais qui ont toujours un certain degré de ressemblance par l'identité de leur structure; et, à cet égard, ils ne diffèrent pas plus de la peau qu'ils ne diffèrent les uns des autres; ils sont tous capables d'absorber par leur surface, quoi-qu'avec plus ou moins d'intensité : ils paraissent tous altérer l'atmosphère quand ils sont en contact avec lui en changeant son oxigène en acide carbonique ; et ils sécrètent tous un fluide qui exerce un pouvoir dissolvant sur les substances alimentaires. Mais quoique ces propriétés soient communes jusqu'à un certain point à tous les tissus muqueux, dans les classes d'animaux à vertèbres, la membrane muqueuse des poumons est seule capable de soutenir la vie par la respiration ; et celle de l'estomac possède exclusivement les pouvoirs dissolvans nécessaires à la nutrition.

Les membranes muqueuses sont des parties d'une très-grande énergie vitale et très-vasculaires. Elles abondent en vaisseaux exhalans et absorbans, et sont largement pourvues de nerfs. Elles sont encore fournies d'un grand nombre de petits corps glandulaires appelés *follicules*, qui sécrètent le fluide particulier dont la membrane tire son nom. La sécrétion muqueuse a généralement un certain degré de ténacité qui sert à garantir la membrane du choc trop rude ou trop violent des substances qui sont mises en contact avec elle. Cette ténacité varie cependant suivant les organes et leurs fonctions. La sécrétion muqueuse de l'estomac est visqueuse, et ne donne aucune marque sensible de sa force dissolvante, qui a beaucoup d'intensité dans tous les animaux, mais surtout chez les carnivores où elle est capable de dissoudre même le tissu osseux. On a trouvé dans l'estomac d'un malheureux qui avait avalé plusieurs couteaux fermés, les manches de corne de ces couteaux tous plus ou moins corrodés (1). Les fluides gastriques ont encore la propriété singulière de coaguler l'albumen ; et c'est à cause de cette propriété que les estomacs de veaux, imprégnés de leurs sucs, se salent et se conservent pour faire cailler le lait et le convertir en fromage. En macérant cette substance dans de l'eau chaude, on obtient une matière capable de coaguler une quantité de lait qui aurait six ou sept mille fois son poids (2). Les fluides albumineux, quand ils sont pris dans l'estomac, se coagulent d'abord et se dissolvent ensuite par les sucs gastriques. Telles sont les circonstances générales de la membrane muqueuse de l'estomac. Dans tout le reste du canal alimentaire la sécrétion n'a pas une faculté dissolvante et coagulante aussi intense. La vitalité des intestins paraît aussi moins développée que celle de l'estomac ; leurs fonctions, bien plus limitées, consistent peut-être uniquement dans l'absorption du chyle, et contribuent probablement très-peu à la coction de l'aliment.

Le passage de la nourriture à travers ce tube com-

---

(1) Ce fait est arrivé à l'hôpital Saint-Thomas, à Londres.
(2) Anatomie de Bell.

pliqué est dirigé par une couche de fibres musculaires qui adhèrent extérieurement à la membrane
muqueuse, et diffère en différens endroits suivant
les besoins de la partie. Les muscles qui opèrent au
commencement du tube sont sous l'empire de la volonté, la déglutition étant exercée au choix de l'animal; mais quand la nourriture est entrée dans le
canal alimentaire, son progrès ultérieur est réglé par
les propriétés stimulantes que les divers changemens
qu'elle subit lui font acquérir. Les fibres musculaires
de cette couche sont placées de manière à diminuer
la cavité du canal par leur contraction. Elles n'agissent pas toutes simultanément, mais les unes après
les autres, en sorte que l'intestin prend un mouvement semblable à celui d'un ver qui rampe. Outre
ce mouvement, qu'on appelle *péristaltique*, les fibres
musculaires exercent dans l'estomac une contraction
constante et graduée qui donne à cet organe la faculté de se replier sur ses contenus, quelle que puisse
être leur dimension, et de se conserver sous toutes
les conditions sans aucun vide ou cavité inoccupée.
Pour réagir contre cette force et retenir la nourriture dans l'estomac jusqu'à ce qu'elle ait éprouvé
toute l'action des sucs dissolvans, l'orifice inférieur
de l'estomac ou pilore est fermé par un muscle contractant; et cet arrangement refuse le passage aux
contenus de l'organe, excepté quand ce muscle est
dans un état de relâchement.

Toute la partie du canal intestinal qui réside dans

8

la cavité abdominale est doublée, à l'extérieur de sa couche musculaire, par une membrane séreuse appelée le *péritoine*, dont les fonctions ne sont pas immédiatement liées avec la digestion.

Le canal alimentaire consiste donc essentiellement, dans tous les animaux, en une membrane muqueuse qui possède une force d'action vitale, et qui sécrète des sucs adaptés à la solution et à l'assimilation de la nourriture ; et une couche musculaire superposée sur la membrane muqueuse, calculée d'après sa structure, pour diriger le passage des alimens aux différentes époques de leur descente.

Cet arrangement général n'admet que deux modifications principales qui tiennent à la nature des substances sur lesquelles les organes doivent agir. Chez les animaux qui se nourrissent de matières végétales, quel que soit leur rang dans la chaîne des existences sous d'autres rapports, les organes digestifs sont compliqués et volumineux ; et chez les espèces carnivores ils sont toujours plus simples et moins étendus.

Tous les arrangemens, dans les animaux carnivores, sont calculés pour donner à la nourriture un court et libre passage ; les deux orifices de l'estomac sont placés en face l'un de l'autre, et presque dans l'axe du canal alimentaire, tandis que dans les espèces herbivores, ces parties sont situées plus près l'une de l'autre, de manière à faire de l'estomac un *cul-de-sac*. La longueur des intestins des animaux carnivores excède rarement cinq fois celle de l'individu. Elle est beaucoup plus considérable chez les herbivores ; dans le bélier, par exemple, elle a près de vingt-sept fois la longueur de l'animal. Le canal alimentaire, outre ce grand accroissement longitudinal, s'élargit latéralement dans plusieurs familles herbivores, par certains arrangemens particuliers. Les familles ruminantes ont trois grands sacs ou estomacs surnuméraires, sans compter celui dans lequel se fait la véritable digestion. Dans quelques autres familles, l'accroissement de surface est effectué par une dilatation des grands intestins. Le canal intestinal des animaux qui subsistent indifféremment des productions des deux règnes, tient le milieu entre celui des carnivores et celui des herbivores. Les intestins de l'homme ont six ou sept fois la longueur de son corps.

Cette relation entre l'organisation du canal alimentaire et la nouriture sur laquelle il doit agir, est de la dernière évidence. La totalité des changemens qui doivent être effectués pour convertir de la matière animale en chyle, est nécessairement plus petite que celle qui est nécessaire pour animaliser des matières végétales ; d'ailleurs les fibres dures et rétives des plantes résistent bien davantage à l'action vitale de l'estomac. La proportion de chyle donnée par une certaine quantité de nourriture végétale, est aussi moins grande que celle qui est donnée par la même quantité de matière animale.

Ces diverses raisons ont rendu un plus long séjour dans les intestins, nécessaire pour la nourriture végétale; et demandent de plus l'existence d'un réservoir capable de contenir à la fois une plus grande quantité d'alimens.

La nécessité de ces différens arrangemens influe considérablement sur l'apparence des divers animaux mammifères. Les animaux carnivores n'ayant que peu d'intestins, sont minces vers les lombes, et ont moins de protubérance de l'abdomen; et comme ils doivent avoir beaucoup de légèreté et de vigueur pour s'élancer sur la proie et la saisir, ils sont remarquables par la largeur et la profondeur comparative de leur poitrine. Les animaux herbivores sont caractérisés par des corps larges, et à très-peu d'exception près, par une poitrine moins développée.

Ces observations sur la structure des intestins (1), s'appliquent également à tous les ordres d'animaux, et les habitudes d'une espèce inconnue peuvent être inférées de sa dissection, de même que son anatomie pourrait être présumée d'après ses mœurs. Les insectes qui, sous la forme de chenilles, se nourrissent des feuilles d'une plante, et qui sucent le miel des

---

(1) La longueur du canal intestinal est proportionnellement plus grande chez les mammifères que dans les autres classes, et diminue graduellement dans les oiseaux, les reptiles et les poissons. Quelques familles rapaces parmi ces derniers, ont cet organe plus court que leur corps.

fleurs quand ils sont parfaits (1) , subissent pendant leurs métamorphoses des changemens analogues dans leur canal intestinal. Ils donnent ainsi une preuve bien forte de la vérité de cette proposition ; savoir : que les phénomènes de la vie sont des déductions des lois physiques de la matière, et que les variétés de structure dans les divers organes sont des conséquences des propriétés des corps avec lesquels ils doivent être en rapport immédiat.

Les recherches des physiologistes pour s'assurer des circonstances qui déterminent l'existence et le développement des organes , sont nécessairement bornées aux parties dont les fonctions et l'utilité sont clairement reconnues. Toutes les fois que l'usage d'une partie, dans l'économie générale, est

____

(1) La métamorphose des insectes est un fait bien curieux, quoiqu'il soit devenu familier. Dans la première condition de leur existence animale, qu'on appelle larve ou chenille, les insectes sont extrêmement voraces, et croissent rapidement. Les organes alimentaires dominent alors dans le système ; « tout est estomac dans une larve, dit Tigny, depuis l'œsophage jusqu'à l'anus » : dans le dernier état, ou état parfait, les insectes prennent peu ou point de nourriture, et leur canal intestinal diminue, et fait place aux organes de la génération qui l'emportent sur tous les autres, et influent presque exclusivement le moral de ces animaux. Dans les classes d'animaux plus élevées, il se fait un changement dans les fonctions des organes, et une révolution d'instincts à l'époque de la puberté qui a quelque analogie avec la métamorphose des insectes.

imparfaitement compris, les relations de cette partie avec le monde extérieur et le reste de la machine, restent également obscures. Cette remarque peut s'appliquer particulièrement au foie, organe d'une assez grande dimension, et d'une influence majeure dans la constitution, et qui cependant remplit des fonctions dont l'utilité n'est pas encore bien entendue. L'importance de ce viscère dans l'économie animale peut être inférée de son développement précoce dans le fœtus; et de l'universalité de son existence chez tous les animaux qui ont un cœur. Les insectes mêmes, qui sont dépourvus d'autres glandes, sécrètent par la surface interne de certains sacs membraneux, un fluide jaune qui a une ressemblance apparente avec la bile.

La constitution chimique de la bile a été soigneusement étudiée; elle est parfaitement connue : mais les relations de ses constituans élémentaires avec son opération, qui est de précipiter le chyle, n'en sont pas devenues plus intelligibles. La bile est un composé huileux ou savonneux, d'un jaune verdâtre, d'une consistance visqueuse et d'un goût très-amer. La matière huileuse qu'elle contient approche beaucoup du *spermaceti* par ses propriétés; elle est tenue suspendue dans le fluide par une très-grande quantité de soude, et par un peu de matière albumineuse qui a une forte tendance à la putréfaction (1). Il est impossible

––––––––––––––––

(1) Fourcroy.

même de conjecturer comment ce produit alcalin
contribue à la formation du chyle. Quoique les
fonctions digestives soient dérangées par les obstructions des conduits du fiel , quoique la flatuosité et
la dyspepsie soient des effets concomitans de la jau-
nisse ; il est cependant vrai que l'absence de la bile
dans les intestins ne produit pas constamment une
suspension absolue de l'action digestive. Cependant
les physiologistes, d'après les effets cathartiques des
savons artificiels, ont été portés à considérer la bile
comme le stimulant naturel des intestins ; et cette supposition paraît assez raisonnable, puisque la présence
d'une quantité extraordinaire de ce fluide dans le
canal alimentaire accroît à un degré désordonné la
force du mouvement péristaltique. Le prompt développement du foie dans le fœtus, quand les fonctions digestives ne sont pas encore exercées, a fait
imaginer aux physiologistes français qu'il a quelque
relation avec la constitution particulière du sang.
La grande dimension de cet organe ajoute à la probabilité de cette hypothèse, car il est beaucoup plus
grand qu'il ne le faudrait pour la simple formation
de la bile , qui est peut-être inférieure en quantité
à la salive. Le foie (spécialement dans les poissons) est un viscère abondant en huile , et la quantité de carbone et d'hydrogène contenue dans cette
substance aussi-bien que dans les constituans de la
bile, semble appuyer la supposition que ces élémens
passent du sang dans cet organe. Nous établirons

dans un autre endroit de cet ouvrage, que la fonction immédiate des poumons est l'abstraction du carbone du sang, et que cette fonction est momentanément essentielle à la vie. Le procédé décarbonisant n'a pas encore été commencé par les poumons dans le fœtus, et il n'est pas impossible que la grande dimension du foie tienne, dans cet état, de l'économie animale à l'activité de ce viscère, comme suppléant des organes de la respiration. Au reste, quoiqu'il ne soit réellement pas prouvé que le foie opère ce changement sur le sang, il y a cependant encore un argument en faveur de cette supposition ; c'est que cet organe est la seule glande qui soit alimentée par le système veineux, dont le sang est caractérisé par une surabondance de carbone. Les médecins grecs attribuaient au foie une grande part dans la formation du sang, et son influence extensive dans la constitution n'est certainement pas compatible avec son action limitée, comme l'un des viscères digestifs. Mais avant d'admettre la théorie des Français autrement que comme une simple conjecture, il serait nécessaire de prouver que cette sécrétion est formée par une *selection* des élémens du sang, et qu'elle ne consiste point en changemens effectués dans la totalité des fluides sur lesquels les glandes agissent.

L'utilité du fluide pancréatique, pour la digestion, est encore moins évidente que celle de la bile. C'est un liquide transparent qui ressemble beaucoup à la salive, et qu'on a pris assez légèrement, à cause de cette ressemblance, pour un moyen de délayer la bile. Ils existe chez l'homme et la plupart des mammifères, une appendice du foie, appelée *la vessie du fiel*, qui est expressément formée pour accumuler et concentrer la bile, en absorbant ses parties aqueuses pendant le temps que l'estomac et le duodénum se trouvent vides, et qui pousse son contenu dans l'intestin, quand celui-ci est distendu par le chyme. La co-existence d'un organe pour concentrer la bile, et d'un autre pour la délayer, serait d'une absurdité manifeste.

Le pancréas n'est pas une glande qui se trouve universellement. Elle n'existe en forme dans aucune famille de poissons, excepté les requins et les raies. Il y a cependant une réunion d'organes compliqués dans les autres poissons. On nomme ces organes les *cecum piloriques* : ils sécrètent un fluide que les naturalistes ont jugé analogue à la sécrétion pancréatique.

La rate est un organe lié avec l'appareil digestif par sa position, mais ses fonctions sont entièrement inconnues. Elle ne montre aucune irritabilité, elle n'a point de conduit excrétoire, et l'on n'a rien découvert de positif par l'analyse de sa structure intime. Cet organe existe exclusivement chez les animaux mammifères, et varie beaucoup parmi eux, en dimension, en forme, en situation et en couleur. Comme de telles bases n'admettent pas des conclusions bien exactes, les hypothèses sur les fonctions de la rate ont été extrêmement nombreuses ; car les explications d'un phénomène abondent toujours en proportion de son obscurité , comme les spécifiques sont plus nombreux pour les maladies les moins intelligibles. ,

La rate était considérée par les anciens , comme sécrétant l'*atra bilis*, cette humeur imaginaire qui jouait un si grand rôle dans la médecine galénique : les modernes l'ont regardée comme un coussin pour reposer l'estomac, et on l'a prise aussi, avec un peu plus de probabilité , pour un réceptacle qui conserve pendant l'état de repos de l'estomac, la quantité de sang nécessaire à l'accroissement de sa vitalité, quand ses fonctions sont en activité. Quelques auteurs ont pensé que cet organe servait à la circulation hépatique plutôt qu'à la circulation gastrique. On a fait récemment des expériences pour prouver que la rate est le siége de l'absorption par laquelle les contenus fluides de l'estomac sont portés dans le système ; mais aucun résultat satisfaisant n'a été obtenu par ces tentatives. On a encore essayé d'enlever la rate du corps, afin de découvrir ses fonctions véritables : quelquefois l'animal a paru souffrir peu de son absence, d'autres fois la digestion a été dérangée par cette opération ; cependant aucune de ces expériences n'a été suivie de conséquences constantes.

De la Circulation et de la Respiration.

LES fluides chez tous les êtres organisés, paraissent être contenus dans des vaisseaux ; et sauf un petit nombre d'exceptions, ils sont maintenus dans un état de mouvement plus ou moins rapide. Le mouvement dans les organisations les plus simples, dérive exclusivement de l'irritabilité des vaisseaux eux-mêmes. La séve des végétaux circule par cette force que le stimulant d'une atmosphère chaude met en action. Comme la permanence de leur organisation permet des suspensions occasionnelles dans les fonctions, leur circulation peut être confiée à une cause accidentelle et intermittente. La séve afflue pendant les jours chauds de l'été ; elle est retenue durant les nuits ; elle est entièrement suspendue l'hiver, sans danger pour l'existence de la plante.

La circulation animale doit être au contraire incessamment continuée, depuis les premiers instans de l'existence du fœtus jusqu'à la dernière pulsation. Chez les animaux les plus parfaits, une suspension de quelques minutes dans la circulation, détruit l'individu. La nature compliquée des organisations animales, la variété des positions dans lesquelles leurs parties peuvent se trouver, sont de puissans obstacles au libre passage des fluides à travers les vaisseaux ; et ces deux causes nécessitent l'existence d'un *cœur*, organe dont l'énergie exaltée donne au sang l'impulsion nécessaire pour le faire circuler avec une égale rapidité dans toutes les parties du système.

Les organes de la circulation, dans les animaux des classes supérieures chez lesquels ce système est le mieux développé, consistent en artères, veines, et vaisseaux lymphatiques : les deux dernières espèces peuvent être considérées comme formant un système, tandis que les artères en font un autre. Si pour faciliter la démonstration, chacun de ces systèmes est regardé comme un seul vaisseau, l'appareil de la circulation peut être représenté comme un réservoir composé d'un cœur, d'une veine et d'une artère, qui se joignent continûment, et forment tous ensemble un cercle. Le sang se meut, dans ce cercle, en successions infinies; et à chaque révolution, il abandonne du côté de l'artère une certaine quantité de sa substance aux vaisseaux sécrétans et nutritifs, et il reçoit du côté de la veine les produits de l'absorption et de la digestion. Le cœur est placé entre la fin de la veine, et le commencement de l'artère. C'est un muscle creux, contenant au moins deux cavités, nommées *auricule* et *ventricule*, et pourvu d'un appareil valvulaire, pour empêcher le sang de refluer au moment de la contraction.

Dans cet arrangement, l'auricule répond à la veine, et le ventricule à l'artère. Quand la veine a fait fluer assez de sang pour distendre l'auricule, elle se contracte et force son contenu de passer dans le ventricule ; et celui-ci , distendu à son tour , se contracte de même , et renvoie le sang dans l'artère : les mouvemens des deux cavités sont donc alternatifs.

L'impulsion donnée au sang par la contraction du ventricule, distend doucement le système artériel jusque dans ses branches les plus éloignées : la couche élastique de ces vaisseaux cède à la pression ; mais elle reprend son premier diamètre aussitôt que la pression a cessé. Des valvules placées à l'orifice de l'aorte , ou tronc du système artériel , empêchent la régurgitation dans le cœur , et la quantité de sang poussée dans les plus petites divisions des artères est égale à celle qui a été reçue du ventricule.

Les causes de propulsion qui envoie le sang au-delà de ce point de la circulation , ne sont pas exactement reconnues. Il semble probable , cependant , que quand ce fluide arrive dans les petits vaisseaux capillaires , il n'est plus dominé par l'action du cœur , puisque le battement du pouls n'est pas perceptible dans ces organes. Il paraîtrait plus conforme à l'analogie d'attribuer le progrès ultérieur du sang à l'énergie des capillaires exercée en partie par des mouvemens de leurs parois , qui se rapprocheraient de la nature des mouvemens musculaires ; et en partie peut-être, par une faculté absorbante, dans les orifices des veines. Quoi qu'il en soit , les grandes veines sont parfaitement passives , et le sang coule

dans leurs canaux par un effet de *vis à tergo*, occasionné par de nouvelles quantités de sang qui entrent
sans cesse dans leurs orifices. C'est par cette raison
que les veines sont pourvues de doublures valvu-
laires à leur couche intérieure, pour éviter que le
sang formant de trop longues colonnes, son poids
ne devînt un obstacle à la circulation. Tel est, sous
l'aspect le plus simple, le système de la circulation
animale ; mais il admet quelques modifications très-
curieuses qui tiennent au rapport de cette fonction
avec celle de la respiration.

C'est un fait général que tout être vivant demande
à être placé directement ou indirectement en contact
avec l'air atmosphérique, dont l'action sur les animaux les plus nobles est d'une urgence continue;
puisque son absence pendant quelques secondes seulement peut suspendre la vie. La nature des changemens effectués sur les tissus organisés par cet agent
n'a pas été complétement examinée; mais il paraîtrait
que chaque solide vivant, quand il est mis en contact avec l'air atmosphérique, est susceptible d'altérer plus ou moins sa constitution, et d'en être réci-
proquement affecté. Plusieurs des espèces animales
les plus simples agissent sur l'air par toute leur surface, et n'ont point d'organe spécialement approprié à la respiration. Mais les végétaux et les animaux des classes les plus élevées respirent par des
organes spécifiques, qui sont les feuilles dans les
plantes, et les poumons et les ouïes dans les ani-

maux. Il a été prouvé, par des expériences, que les mêmes changemens qui résultent de la respiration sont produits à un moins haut degré par les surfaces extérieures des animaux à peau molle ; et Spallanzani a trouvé que les reptiles, privés de leurs poumons, opéraient encore une altération sur l'atmosphère. On pourrait peut-être inférer de là que l'existence d'un organe local pour la respiration dépend de la nécessité d'une plus grande quantité d'air, et ne fait pas une différence essentielle.

Le procédé respiratoire dans tous les êtres organisés consiste en une action que l'air exerce sur les fluides circulans, par laquelle un changement mutuel a lieu dans leur constitution. Ce changement est perceptible aux sens dans les animaux à sang rouge. La plus légère attention suffit pour faire apercevoir une différence matérielle entre le sang qui coule d'une artère et celui qui procède d'une veine. Le premier, sans parler des autres distinctions, est d'une couleur de vermillon brillante ; et le second est d'un pourpre foncé approchant du noir. Une inspection plus exacte montre que les changemens que cette différence implique se font pendant l'exercice des fonctions dans les petits vaisseaux capillaires qui unissent les systèmes artériels et veineux ; le sang pourpré devenant vermeil dans les capillaires des poumons et reprenant sa couleur plus foncée dans ceux du reste du système.

Il est prouvé, par des faits et des expériences

nombreuses, que si le sang pourpré et veineux s'introduit par un moyen quelconque dans le côté artériel de la circulation, il y fait l'effet d'un poison mortel, et frappe de paralysie l'organe dans lequel il pénètre. L'anatomie démontre aussi que les poumons ne sont pas nourris par le sang qui circule en eux pour la respiration ; mais qu'ils ont, comme les autres organes, des artères nutritifs qui leur sont propres (1). Les poumons peuvent donc être regardés comme en opposition avec le reste du corps, et formant avec lui deux systèmes dont les fonctions servent de complément l'une à l'autre. En considérant de cette manière l'appareil vasculaire des deux systèmes, ils se distinguent par rapport à leur contraste en système pulmonique et système systémique. L'urgence plus ou moins grande de cette nécessité de l'aération du sang détermine toutes les relations de la circulation et de l'appareil respiratoire. Chez tous les êtres doués d'un centre commun de circulation, la respiration est exercée par un organe local placé, par rapport au cœur, de manière à pouvoir aérer le sang entièrement ou partiellement à chaque circulation ; l'utilité de cet organe dépendant immédiatement de la possibilité de porter successivement tout le sang à un point central de la circulation. Ainsi les feuilles des végétaux qui n'ont pas un centre

---

(1) Les bronches.

de circulation sont attachées indifféremment à chaque tige ou branche, et les insectes dont les fluides
peuvent être considérés comme stagnans sont pourvus de trachées qui traversent toutes les parties de
leur corps : les fonctions respiratoires et circulantes
se trouvent à l'inverse dans ces animaux.

Le degré d'aération que demandent les fluides nutritifs des différens animaux est lié à la quantité et à
l'activité de leurs fonctions générales; plus spécialement à celle du mouvement des muscles (1). Les
tissus nerveux et musculaire étant de toutes les parties celles qui abondent le plus en sang, la somme
totale du sang doit être accrue en proportion du
développement de ces systèmes; et la nécessité d'un
organe de la respiration plus volumineux et plus
puissant devient en même temps plus urgente.

Parmi toutes les créatures animées, les oiseaux
ont les facultés locomotrices les plus étendues; étant
plus pesans que l'air, ils ne pourraient rester sus-
pendus dans ce fluide sans exercer une force musculaire bien supérieure aux plus grandes énergies
des animaux terrestres. Les organes de la respira-

(1) « L'histoire des rapports qu'on observe dans les divers
animaux, entre les quantités de leur respiration et l'énergie
de leurs forces motrices, est une des plus belles démonstra-
tions que l'anatomie comparée puisse fournir à une théorie
physiologique; en même temps qu'elle est une des plus belles
applications de cette anatomie comparée à l'histoire naturelle. »
CUVIER, *Leçons*, t. 4, p. 5o1.

tion chez les oiseaux sont donc les plus parfaitement développés. Ils sont pourvus, outre leurs poumons, de cellules aériennes qui occupent les grandes
cavités de leur corps ; et leurs os, au lieu d'être remplis de moelle, contiennent de l'air. Cet arrangement contribue non-seulement à diminuer la pesanteur spécifique de l'animal, comme quelques auteurs
l'ont affirmé ; mais il facilite la respiration et prévient la nécessité d'inspirations trop fréquentes pendant la rapidité du vol.

Après les oiseaux, l'homme et les quadrupèdes
vivipares jouissent de la plus grande puissance musculaire. Leur organe de respiration est parfait ; mais
ils n'ont rien dans leur structure qui soit analogue
aux cellules aériennes des oiseaux.

Ces deux classes d'êtres embrassent tous les animaux à sang chaud dont la température est toujours
au-dessus du milieu où ils vivent : la perfection de
leur organe respiratoire consiste en ce qu'il est lié
avec le système vasculaire de manière à recevoir
toute la masse du sang à chaque circulation.

Pour cet effet, ils sont pourvus d'un cœur dont
la fonction et la structure sont doubles ; et la circulation dans les poumons est distincte de celle qui
passe dans le reste du corps. Il y a en effet deux cir
culations, la pulmonaire et la systémique. La circulation pulmonaire est placée entre la fin des veines
systémiques et le commencement des artères systémiques ; elle est gouvernée par le côté droit du cœur.

Le sang est reçu des veines systémiques par l'auricule droite ; il est poussé par elle dans le ventricule droit, et de là à travers les artères pulmonaires dans les poumons, où il est soumis à l'influence de l'air. Les veines pulmoniques reçoivent le sang ainsi aéré, et le conduisent à l'auricule gauche. Le système systémique commence à l'auricule gauche, continue à travers le ventricule gauche jusqu'aux artères systémiques ; et de là, par les veines, il revient encore au côté droit du cœur, et recommence un nouveau circuit (1).

Par cet arrangement des organes de la circulation et de la respiration, il ne pénètre pas une goutte de sang dans les artères systémiques qui n'ait été aérée. Dans les cas de suffocation, quand le sang en traversant les vaisseaux pulmonaires ne reçoit plus l'influence de l'air et qu'il retourne dans sa couleur pourprée au côté gauche du cœur, les fonctions vitales sont immédiatement suspendues.

La vitalité des reptiles ne dépend pas autant de la présence de l'air ; leur respiration est donc imparfaite. Le cœur de ces animaux, quoique différemment construit dans les diverses familles, est constitué dans toutes pour remplir les fonctions d'un organe simple. Les artères pulmonaires ne forment

____

(1) Les mouvemens des deux côtés du cœur sont égaux ; les auricules se contractent d'abord, et ensuite les ventricules.

pas une circulation séparée de celle du système général, mais elles naissent de l'aorte. Ainsi donc, au
lieu de recevoir tout le sang à chaque circulation,
les poumons n'agissent que sur une petite portion ;
et cette portion, après avoir traversé le tissu pulmonaire, est renvoyée par les veines pulmonaires dans
le système veineux, où elle se mêle avec le courant
pourpré, et donne à la masse entière un degré d'aération imparfaite, plus ou moins grand, suivant que
les artères pulmonaires sont dans une plus ou moins
grande proportion avec l'aorte d'où ils procèdent.

L'énergie musculaire de ces animaux est, comme
l'aération de leur sang, inférieure à celle des mammifères. Les serpens mêmes, qui ont quelquefois
des mouvemens rapides et violens, sont incapables
d'un exercice continu sans qu'il s'ensuive un épuisement extrême ; et ils ne font qu'une faible résistance quand ils sont attaqués immédiatement après
avoir chassé et englouti leur proie.

Le cœur des poissons est un organe simple ; mais
il diffère de celui des reptiles en ce qu'il correspond
exclusivement avec le système pulmonaire. Tout le
sang qui passe des veines systémiques dans cet organe est renvoyé à travers les artères pulmonaires
dans les ouïes ; et les veines pulmonaires, s'unissant
en un tronc, forment l'aorte, d'où le sang flue par
l'impétuosité qu'il a déjà acquise, et sans l'intervention d'un second cœur, ou côté gauche du cœur.

Le mécanisme de la respiration chez les poissons

est donc parfait, puisque tout le sang traverse les ouïes à chaque circulation ; mais l'aëration qu'il reçoit dans ces organes n'est pas proportionnellement très-extensive. Les ouïes qui sont plongées dans l'eau ne peuvent exercer leur action que sur les petites parties d'air que ce fluide peut tenir en dissolution. L'effet doit donc être beaucoup plus petit que quand les organes de la respiration se trouvent dans un rapport immédiat avec l'atmosphère elle-même. Cette fonction, ne peut avoir par cette raison une grande puissance, et l'énergie musculaire de l'animal répond à cette proportion. La gravité spécifique des poissons étant presque égale à celle du fluide qu'ils habitent, ils n'ont besoin que de peu de force pour exécuter leurs mouvemens ; cependant les plus gros de ces animaux sont bientôt épuisés quand ils sont forcés d'employer toute leur vigueur pour essayer d'échapper à l'hameçon (1).

Les analogies de fonctions ne sont pas si aisément distinguées dans les dernières classes des animaux. Les organes de la respiration des mollusques les plus parfaits ressemblent à ceux des poissons. La respiration des insectes doit être estimée très-grande et mesurée d'après leur pouvoir extensif de mouvement ; puisque les vaisseaux aériens qui traversent

______

(1) On doit se rappeler que la famille des baleines dont la force est si remarquable, appartient à la classe des mammifères, et jouit d'une respiration parfaite.

leur corps mettent presque chaque particule de
leur substance en contact avec l'atmosphère. Spallanzani assure qu'une chenille consomme autant
d'air, dans le même espace de temps, qu'une grenouille; et qu'un papillon en consomme plus que
l'une et l'autre (1).

Le rapport entre la respiration et le mouvement
musculaire peut être observé même entre des individus de la même espèce : les animaux les plus forts
ont généralement les plus larges poitrines. On consomme plus d'air pendant les exercices violens que
quand le corps est en repos; et la mort par suffocation est accompagnée d'un épuisement complet
de l'irritabilité musculaire.

Le mécanisme de la respiration admet encore
quelques autres variétés qui dépendent des relations
de l'animal avec l'air respiré.

La structure des poumons, dans les animaux qui
respirent directement l'air de l'atmosphère, est formée par l'union des *vaisseaux pulmonaires*, des
vaisseaux bronchiels, et des ramifications de la *trachée-artère*. Dans les animaux qui ont des ouïes, le
dernier système manque totalement, parce que les
ouïes, qui flottent dans l'eau et tirent de ce fluide
l'élément de la respiration, n'ont pas besoin d'un
appareil semblable.

---

(1) Rapports de l'air avec les êtres organisés.

SENEBIER.

Chez les animaux qui ont une grande puissance respiratoire, les divisions de la trachée-artère sont très-délicates et très-petites, et les cellules aériennes sont en conséquence très-nombreuses; leur surface aggrégée étant peut-être plus grande que celle de tout le corps. L'apparence générale de l'organe est cellulaire et spongieuse. Dans les animaux à sang froid les poumons sont au contraire vésiculaires, et consistant en divisions plus grandes, donnent une surface proportionnellement plus petite pour le contact de l'atmosphère.

La cavité de la poitrine des mammifères est tout-à-fait exclue de l'air extérieur, et se trouve séparée de l'abdomen par un large muscle appelé le diaphragme, dont les mouvemens tendent à dilater et contracter alternativement la dimension de la cavité. Quand la poitrine est dilatée par la contraction du diaphragme, un vide serait formé si l'air extérieur, en descendant par la trachée-artère, ne donnait pas une expansion aux poumons qui rétablit l'équilibre. Quand le diaphragme se relâche, l'élasticité des parois de la poitrine et la pression des muscles de l'abdomen renvoient le superflu de l'air, et forcent les poumons de reprendre leur première condition déprimée. Ces mouvemens alternatifs apportent continuellement de l'air dans le sang pendant sa circulation dans les vaisseaux pulmonaires (1).

____

(1) « Dans les inspirations ordinaires qui se font doucemen

Pendant certaines maladies et certains exercices violens qui demandent de plus grandes inspirations, la capacité de la poitrine peut être encore plus dilatée par un accroissement de son diamètre depuis l'épine du dos jusqu'à l'os de la poitrine. Cet élargissement est effectué par l'action de tous les muscles qui peuvent élever les côtes. La contraction laborieuse de ces organes en cas d'extrême suffocation, imprime un caractère de souffrance et d'agonie très-marqué sur le patient.

La respiration des oiseaux s'opère par un mécanisme semblable à quelques égards à ce dernier moyen : pour que l'air puisse passer librement dans les cellules aériennes distribuées dans toutes les cavités du corps, les poumons sont percés de plusieurs trous. L'air qu'ils contiennent ne peut donc éprouver aucun changement par la dilatation des cellules ; un diaphragme serait alors inutile ; il n'existe pas en effet, et la respiration s'effectue par un mouvement de la poitrine elle-même, qui est

---

et sans effort, le diaphragme agit presque seul, et sa contraction est suffisante, à peu de chose près, pour augmenter convenablement la capacité de la poitrine. »

Cuvier, Leçons, t. 4, p. 357.

Cuvier enseigne encore que l'expiration est aidée par l'élasticité des tubes aériens, et par une contraction musculaire de leurs parois ; mais ce fait ne peut être prouvé par l'expérience, et ne paraît point nécessaire à l'explication du phénomène.

d'une très-grande dimension. Pendant l'acte de la respiration, le thorax est élevé par ses propres muscles, et la cavité abdominale est proportion-nellement élargie : un vide est ainsi formé, et l'air extérieur pénétrant par la trachée-artère, traverse les poumons, et passe jusqu'aux cellules aériennes de l'abdomen. La subséquente dépression de la poi-trine, en serrant les cellules abdominales, renvoie un courant à travers les poumons ; l'air est perpé-tuellement renouvelé de cette manière, et l'aération du sang est assurée (1).

La respiration des grenouilles se fait par un pro-cédé absolument semblable à celui de la déglutition ; elles avalent une bouchée d'air, et la rejettent en-suite par la pression des muscles de l'abdomen ; cet animal est suffoqué si on le force de rester la bouche ouverte, parce que la déglutition est impossible dans cette position. La grenouille respire donc avec les mâchoires exactement fermées, et inspire seu-lement par les narines.

Nous avons déjà établi que les organes respiratoi-res des insectes sont répandus sur toutes les parties de leur corps. Ils communiquent avec l'air extérieur par des trachées qui s'ouvrent sur les côtés de l'ani-mal, aux différentes jointures de l'abdomen. Quand on bouche avec de l'huile quelques-uns de ces ori-fices, les parties à qui ils fournissaient de l'air se

____

(1) Cuvier, John Bell.

paralysent. Les animaux crustacées ont de véritables poumons ou des ouïes.

Les anciens ont bien senti l'importance de la respiration ; mais la nature de ses résultats spécifiques ne pouvait être appréciée qu'à l'aide des recherches expérimentales des modernes. Les physiciens de l'antiquité paraissaient fortement imbus d'une philosophie dans laquelle l'air jouait le rôle principal. Hippocrate observe que cet élément forme une partie de la nourriture du corps, et qu'il est l'aliment du feu. Il suppose aussi sa présence dans l'eau, comme nécessaire à (1) l'existence des animaux aquatiques. Bayle a vérifié ce fait en se servant de la machine pneumatique, et il a trouvé par le même moyen, que la même partie d'air ne pouvait pas servir indéfiniment à la respiration, mais que les animaux mourraient si elle n'était pas promptement renouvelée ; ce qu'il attribuait à un changement dans les propriétés mécaniques de l'air, qui le rendait impropre pour la respiration. D'autres découvertes ont conduit à référer cet effet à une altération inconnue, qui aurait lieu dans la constitution chimique de l'atmosphère ; et cette conjecture a été confirmée par des expériences ultérieures (2).

____

(1) Ὄυ γὰρ ἄν ποτε τά πλωτά ζᾶα ζωείν ἐδυνάτο, μὴ μετεχοντα πνεύματος.   HIPPOCR. *de Flat.*

« Les animaux aquatiques ne pourraient pas exister sans le mélange de l'air avec l'eau qu'ils habitent. »

(2) Willis ; Meade sur la peste ; Mayow, etc.

Depuis le temps de Willis et Mayow, quoique cette période comprenne les travaux de Haller et de Boerhaave, on n'a obtenu aucune connaissance de plus sur la respiration, jusqu'au moment où Priestley et Scheele, par leurs immortelles découvertes chimiques, jetèrent une si grande clarté sur l'horizon des sciences, et causèrent une révolution qui s'étendit presqu'à toutes les branches de la philosophie naturelle. On découvrit par les expériences de ces savans, et de leurs coopérateurs, Lavoisier, Black, Bertollet, etc., que l'atmosphère contenait deux fluides élastiques invisibles, dont un seul (l'oxigène) est capable de soutenir la vie, et d'entretenir le feu. L'autre partie (le nitrogène ou l'azote) produit, quand elle est respirée seule, une suffocation immédiate (1). Cette analogie entre la vie et le feu, si long-temps employée métaphoriquement, s'est trouvée ainsi parfaitement juste, puisque dans l'une et l'autre action, l'oxigène se combine avec le carbone, et forme de l'acide carbonique.

Après ces découvertes, ce sujet a été plus intimement examiné. Un grand nombre de chimistes et de physiologistes s'en sont occupés ; mais le succès de leurs travaux n'a pas été proportionné à leur zèle et à leur habileté. Tout ce qui concerne

____

(1) Outre l'oxigène et l'azote, l'atmosphère contient environ $\frac{1}{100}$ d'acide carbonique, qui, dans cet état de dilution, n'affecte point la respiration.

l'action vitale offre tant de points à considérer, qu'il faut beaucoup de temps et de peine pour obtenir un résultat net et précis des expériences; c'est pour cela que chaque observateur arrive en général à des conclusions différentes. Le chimiste peut ne pas être bon physiologiste; le physiologiste n'est pas toujours bien exact dans ses expériences chimiques. Il est très-rare de trouver une personne généralement bien qualifiée pour ces sortes de recherches; mais comme chacun se fie à ses propres observations, toutes les théories qui ont été offertes sur ce sujet ont été fondées sur de fausses inductions ou des vues trop partielles. Ainsi, plus cette matière a été travaillée, plus la nécessité de recommencer l'examen fondamental est devenue évidente. Il a fallu un temps très-considérable pour déblayer seulement le terrain, afin de pouvoir y rebâtir de nouveaux édifices.

Tous les auteurs s'accordent à dire que la fin principale de la respiration, est la séparation du carbone, du sang; et qu'il est expiré en combinaison avec l'oxigène de l'atmosphère, sous la forme d'acide carbonique. Mais on ne sait pas encore si l'oxigène est absorbé dans le sang, et si la combinaison avec le carbone s'effectue dans les vaisseaux, ou bien si le carbone est sécrété, et la combinaison effectuée dans les trachées (1).

---

(1) Ellis, sur la respiration.

On a encore fait des recherches pour découvrir si d'autres combinaisons chimiques de l'organisation, ne pourraient pas aussi avoir lieu dans les poumons.

Les premiers chimistes qui ont traité ce sujet (1), ont pensé que plus d'oxigène était absorbé pendant la respiration, qu'il ne serait nécessaire pour la formation de l'acide carbonique, qui résulte de cette opération; et ils supposaient que l'excédant de ce gaz s'unissait avec l'hydrogène, et formait de l'eau qui s'exhalait en forme de vapeur humide. Quoique nos derniers auteurs ne s'accordent point sur la proportion d'oxigène et d'acide carbonique, ils sont disposés à douter qu'il y ait aucune combinaison entre l'oxigène de l'air, et l'hydrogène du sang (2); mais les Français, et Cuvier à leur tête, soutiennent toujours les opinions de Lavoisier sur ce point.

Une autre question s'élève sur cette formation supposée, de l'eau dans les poumons, par l'union chimique de l'oxigène et de l'hydrogène : elle se rapporte à la disparition d'une partie de l'air respiré, dont on se rendrait compte par la diminution que produirait l'humidité ainsi formée. Cette perte imaginaire, confirmée par l'autorité de S. H. Davy, a été expliquée dernièrement par la difficulté, ou plutôt l'impossibilité de remettre les poumons à la

____

(1) Crawford, Lavoisier, Davy.
(2) Bostock, sur la respiration.

fin du procédé, dans le même état d'expansion où ils étaient en le commençant. Ce qui prouverait la justesse de cette explication, c'est qu'on a trouvé que la diminution de volume n'est point du tout proportionnée à la durée de l'expérience, ni à la quantité d'air passée dans les poumons.

Davy et Priestley affirment, quant à la partie azotique de l'atmosphère, qu'il en disparaît une quantité, que le dernier évalue à quelque chose de plus que cinq pouces cubiques par minute; mais d'autres chimistes de grande réputation (1) soutiennent que cette perte n'est point sensible. Quoique cette partie la plus considérable de l'atmosphère n'exerce pas une influence directe sur le tissu pulmonaire, elle paraît cependant d'une importance matérielle, en ce qu'elle donne le degré de dilution convenable à toute la composition. Nonobstant quelques contradictions dans les expériences de Lavoisier, on ne peut douter d'après elles, que la respiration du gaz oxigène pur, continuée pendant long-temps, ne soit incompatible avec la santé des individus; et l'on peut affirmer, en se fondant sur toutes les analogies, que si une atmosphère de ce gaz était formée autour du globe, les espèces actuelle-

----

(1) Lavoisier, Vauquelin, Spallanzani, Ellis, Allen et Pepys, s'accordent tous à nier la disparition de l'azote, et leur opinion paraît plus analogue avec le résultat des raisonnemens généraux.

ment existantes périraient, ou subiraient un changement qui détruirait leur caractère identique.

Le principal changement souffert par le sang dans les poumons, est donc la perte du carbone, et il semblerait, d'après cela, que l'opération faite sur ce fluide dans les capillaires systémiques, est l'addition de cette substance : mais ce fait, quand il serait admis, ne pourrait pas être suffisamment expliqué. Pour éclaircir cette difficulté, on a imaginé que l'oxigène passe dans la circulation, et traverse les artères simplement mêlé avec le sang, et qu'il ne se combine intimement avec le carbone que lorsqu'il arrive au système capillaire. D'après cette théorie, la respiration consiste en deux procédés distincts : l'absorption de l'oxigène, et l'*exhalation* de l'acide carbonique formé pendant la conversion du sang vermeil en sang pourpré (1). Cette explication, ainsi que beaucoup d'autres qui ont été données sur les phénomènes de la respiration, est sujette à la grande objection d'être tout-à-fait chimique, l'agence de la vitalité n'étant comptée pour rien dans ces suppositions. L'air, dans ce cas, n'agit pas sur des élémens purement chimiques, mais sur les composés vivans dont la constitution est inconnue. Le changement du sang artériel en sang veineux est un procédé enveloppé d'une profonde obscurité. Il est certain que rien n'est ajouté à la masse dans la partie de la circu-

(1) Hassenfratz, etc.

lation ou ce changement est effectué ; l'on ne peut même deviner si des élémens simples se séparent alors, ou si l'altération dépend d'une disposition différente de tous les élémens entre eux.

D'autre part, on sait que certaine quantité d'acide carbonique s'échappe des capillaires pulmonaires, et qu'il disparaît une quantité d'oxigène à peu près proportionnée. Au-delà de ce fait rien ne peut être affirmé avec certitude, et les diverses théories qui ont été offertes sur ce sujet ne doivent être considérées que comme des explications plausibles propres à calmer l'imagination plutôt qu'à satisfaire le jugement.

On a estimé qu'un peu plus de six onces et demie de carbone (1) sont consumées en vingt-quatre heures par la respiration, et que trois grains d'humidité sont exhalés en une minute, ce qui fait 4,320 grains, ou un peu moins de dix onces dans le jour et la nuit (2); mais l'application des nombres à toutes les actions vitales, ne peut jamais être regardée que comme une approximation de la vérité ; puisque la portée des fonctions varie suivant l'intensité de leurs stimulans. On consomme plus d'air pendant un exercice quelconque, et après un repas abondant, que dans un état de repos et d'abstinence.

D'autres phénomènes relatifs à la conservation de la température animale ont été liés à la théorie de

---

(1) Bostock.
(2) Murray, Abernethy.

la respiration, et l'on a cherché également à les expliquer par les principes de la chimie moderne.

Tous les êtres vivans ont des degrés de température prescrits, sous lesquels seuls ils peuvent remplir les fonctions nécessaires à leur existence; et comme ils sont plus ou moins exposés aux variations accidentelles de froid et de chaud qui tiennent aux climats et aux saisons, ils sont doués d'une faculté qui leur permet de résister à ces changemens, et qui est toujours proportionnée à leurs besoins respectifs.

Les degrés de température dans lesquels les êtres organiques peuvent conserver la vie et le mouvement, sont plus étendus pour les végétaux et les animaux inférieurs que pour les familles animales qui se rapprochent davantage de l'homme. Les organisations de la première espèce suivent plus immédiatement les variations de l'atmosphère. Cependant, si l'on examine les arbres dans les grandes gelées, ils offrent une température un peu au-dessus de glace, et les plantes de la famille des *arum*, au moment de l'épanouissement de leurs fleurs, émettent de la tige qui supporte les organes de la fructification, un degré de chaleur beaucoup au-dessus de la température humaine : cet effet n'est pas moins singulier par sa promptitude que par son peu de durée (1).

____

(1) Hubert a examiné l'*arum cordifolium* dans le moment de sa floraison. Les spadices, qui s'étaient épanouies le soir

La température des oiseaux est ordinairement un peu plus haute que celle des mammifères. L'intérieur du sujet humain est habituellement au-dessous du 100ᵉ degré du thermomètre de Farenheit, quoique dans certaines maladies fébriles il puisse monter jusqu'au 109ᵉ (1).

La chaleur des animaux inférieurs est rarement de plusieurs degrés au-dessus du milieu dans lequel ils vivent ; on les nomme à cause de cela animaux *à sang froid.*

Dans l'état de vigueur et de santé, la saison et le climat n'apportent qu'un degré de variation très-léger à la température humaine. La chaleur animale n'est altérée que très-faiblement, et par le soleil brûlant de l'Afrique, et par les rigueurs de l'atmosphère polaire. Duhamel a fait des expériences qui ont prouvé que le sujet humain placé dans un four suffisamment chauffé pour cuire du pain, n'éprouvait qu'un très-petit accroissement de température.

---

précédent, étaient à une température de 25 degrés au-dessus de celle de l'atmosphère ; dans la matinée du jour suivant, elles étaient tombées à 20 degrés, et le soir à 7. Le siége de l'organe mâle avait 13 degrés de plus que celui de l'organe femelle. La surface extérieure du spadice est le théâtre de cette action qui exige la présence de l'air, et pendant laquelle il se dégage de l'acide carbonique.

Lamarck a découvert le même phénomène dans une plante de haies très-communes, nommée *arum maculatum.*

(1) Dans les fièvres scarlatines.

Tous ces faits n'ont jamais été expliqués d'une manière satisfaisante. L'ignorance où nous sommes de la nature réelle et de l'origine du phénomène du feu, est une barrière qui s'oppose aux recherches sur les affections produites par cette cause dans les êtres organisés.

Le docteur Crawford est le premier qui ait fait faire un pas véritable à la science sous ce rapport. En raisonnant d'après les lois nouvellement découvertes de la température des gaz, il a été conduit à référer le phénomène de la chaleur animale à la respiration. Il est prouvé que tous les corps sont généralement affectés dans leur température, comme par l'agence d'une cause matérielle particulière, qui produirait un effet proportionné à la quantité dans laquelle cette cause pourrait exister actuellement. Cette substance supposée est appelée *calorique*.

Les phénomènes de la température indiquent de plus la présence de cette cause sous deux modifications distinctes. Dans l'une, elle paraît être chimiquement unie au corps dans lequel elle existe, de manière à n'offrir aucun effet sensible ; elle a été nommée dans cet état *calorique latent*. Dans l'autre, elle subsiste librement, mêlée simplement avec les corps étrangers ; de manière à pouvoir toujours exercer son activité, et communiquer à ces corps les propriétés qui la distinguent elle-même. Cette dernière modification s'appelle *calorique sensible*.

La chaleur latente en se combinant avec des

corps étrangers à différentes doses, détermine leur existence sous une forme solide, fluide ou gazeuse. Les différens corps demandent des quantités de caloriques très-variées pour être altéré par lui d'une manière définie. La faculté d'absorber, et de receler ainsi une quantité de calorique déterminée, se nomme *capacité pour la chaleur*. La chaleur sensible tend à se répandre également parmi toutes les substances qui se trouvent dans la sphère de son action, et en passant de l'une à l'autre elle produit en elle des changemens qui sont perceptibles à nos sens, et qui peuvent être démontrés par le thermomètre. Il faut des quantités de calorique très-diverses pour élever plusieurs sortes de substance à la même température. Les corps qui ont le moins de capacité pour la chaleur étant plus aisément affectés par une dose déterminée.

Les corps solides au point où ils deviennent fluides, et les fluides quand ils prennent la forme de gaz, acquièrent un grand accroissement dans leur capacité pour le calorique, et tous les changemens de densité d'un corps sont accompagnés d'un changement correspondant de capacité. Le même poids d'eau bouillante, et d'eau au degré de glace mêlées ensemble, prendront une température qui tiendra à peu près le milieu entre les deux extrêmes, et qui est représentée par le 122e degré du thermomètre de Farenheit. Mais un mélange d'eau bouillante et de glace sera réduit à 32 degrés; la glace fondra, et toute la chaleur additionnelle de l'eau bouillante disparaîtra pour se combiner avec la glace, et satisfaire l'accroissement de capacité que celle-ci aura acquis en prenant la forme fluide.

Il suit de ce fait que quand les corps passent d'une forme solide à une forme fluide ou gazeuse, les substances qui les entourent sont refroidies ; et que de même, quand une substance fluide ou gazeuse devient solide, la chaleur dégagée produit une élévation de température.

Le docteur Crawford, en procédant d'après ces bases, a découvert que le volume de gaz, acide carbonique, etc., expiré par les poumons, a une plus petite capacité pour la chaleur, et qu'il contient conséquemment beaucoup moins de calorique que l'oxigène qui a été aspiré. Suivant ses calculs, deux tiers du calorique de l'oxigène sont dégagés dans la respiration, et il a conclu que ces deux tiers devaient être communiqués au sang pendant l'aération, et tendre nécessairement à élever sa température.

Il a trouvé, d'autre part, que le sang vermeil a une plus grande capacité pour la chaleur, que le sang pourpré, dans la proportion de onze et demi à dix. D'après les calculs fondés sur ces faits, il paraît que si le sang, pendant l'aération, ne recevait pas le calorique de l'air, il subirait une diminution de température qui le réduirait au 104ᵉ degré au dessous de zéro du thermomètre de Farenheit. Ces deux circonstances s'accordent parfaitement entre elles. La chaleur tirée de l'air dans l'intérieur des poumons suffirait pour détruire le sujet, si par quelques moyens elle n'était pas promptement détournée; et si la chaleur absorbée par le sang aéré cessait de lui parvenir dans la quantité convenable, ce changement deviendrait immédiatement fatal à l'individu.

Ainsi la théorie de Crawford peut être exprimée en peu de mots. Le gaz oxigène, en se convertissant en acide carbonique, perd deux tiers de sa capacité pour la chaleur latente, tandis que le sang, pendant l'aération, prend une plus grande capacité pour le calorique; il y a conséquemment un transport de cet agent entre les deux substances, *avec peu ou point de changement dans la température sensible des poumons* (1). Mais le sang vermeil, en reprenant sa couleur pourprée, souffre une diminution de ca-

---

(1) Il est singulier, comme Murray l'observe dans son Système de Chimie, que ce point ait été si souvent négligé par les physiologistes. « Si la chaleur vitale avait sa source unique dans les poumons, elle devrait être, dans ces organes, incomparablement plus intense qu'elle ne l'est dans toutes les autres parties, et l'activité de l'embrasement nécessaire pour échauffer tout le corps détruirait la substance de la partie qui en serait le foyer. »

DAMAS, *Principes, etc.* p. 558.

La même objection a été faite par Lagrange et Hassenfratz, qui auraient dû mieux entendre la doctrine de la chaleur spécifique.

pacité ; le calorique ainsi acquis dans les poumons, est alors rendu sensible, et se trouvant distribué sur tout le corps, donne à chaque particule la chaleur nécessaire pour la maintenir au degré qu'exige l'action vitale. Les capillaires du système nutritif sont donc, suivant cette théorie, le siége immédiat de la chaleur animale.

La simplicité de cette explication, l'exactitude des raisonnemens, qui paraissent fondés sur des expériences et des calculs dûment pesés, ont fait prévaloir universellement cette théorie qui a été long-temps enseignée dans les principales écoles de l'Europe. Depuis ces dernières années on l'a cependant vigoureusement attaquée. M. Brodie, en particulier, ayant continué artificiellement la respiration dans un animal récemment tué, sans maintenir la température, a fait penser à quelques personnes que la doctrine de Crawford était entièrement fausse. Cette conclusion n'est cependant pas tout-à-fait juste, puisqu'il est impossible d'estimer la proportion qui existe entre la quantité d'air forcée d'entrer dans les poumons, et la quantité qui se consomme dans la formation de l'acide carbonique ; ainsi, quand l'air froid est surabondant, il ne peut se décomposer entièrement, et beaucoup de calorique se dissipe en échauffant les parties non décomposées. L'objection la plus importante qui ait été faite sur la doctrine de Crawford, est fondée sur des expériences assez solides, qui tendent à prouver que la chaleur se dégage par l'effet d'une action exercée par le système nerveux ; mais cette théorie renforcerait plutôt l'hypothèse chimique qu'elle ne l'affaiblirait, et prouverait simplement que la chaleur latente est absorbée dans les poumons, et dégagée par tous les capillaires ; pendant qu'on admet généralement que la quantité de calorique délivrée de cette manière à chaque organe, est proportionnée à l'intensité de l'énergie vitale, et que les phénomènes calorifiques sont concomitans avec certains changemens que les solides produisent sur les fluides circulans. Les seules différences que ces nouveaux faits apportent à la doctrine de Crawford, sont une plus grande précision dans l'estimation des forces vitales, et la certitude que le calorique se dégage non-seulement pendant le changement de couleur du sang, mais dans tous les changemens que subissent les fluides par l'opération du système vasculaire.

Selon Crawford la chaleur surabondante se dégage par l'évaporation des fluides transpirés, qui produiraient sans cela une réduction considérable de température ; mais c'est peut-être là un des côtés les plus faibles de sa doctrine, parce qu'il est sujet à plusieurs objections. Le pouvoir que les animaux possèdent pour résister à des excès de calorique, est tout-à-fait inexplicable.

Cette doctrine ne doit être admise sur ce point que pour ce qu'elle vaut ; et l'on doit se rappeler que les animaux qui ne transpirent pas beaucoup,

ont les mêmes facultés pour supporter une température élevée. On peut attribuer une certaine diminution de l'excessive température à l'épuisement de
l'énergie vitale que l'excès du calorique produit dans
le système ; épuisement qui doit ralentir ou suspendre les actions capillaires par qui la température animale est élevée au-dessus de celle de l'atmosphère environnante : mais le pouvoir qui maintient la chaleur d'un animal dans le degré convenable pour son existence saine, quand il se trouve
exposé à la température d'un four, doit être beaucoup trop grand pour que toutes ces causes réunies
ou séparées puissent le produire seules; et il semble
indiquer une loi d'action calorifique, qui nous est
encore inconnue.

La grande et universelle analogie entre les facultés
respiratoires des animaux et leur température habituelle, ne peut être oubliée quand on considère
cette question, et doit paraître d'un grand poids
pour renforcer les raisonnemens de Crawford. Cependant les lois par lesquelles la chaleur est propagée sont trop peu entendues pour garantir aucune
affirmation décidée. Beaucoup de gens dont l'autorité est très-respectable, nient l'existence d'une cause
matérielle pour le phénomène du calorique, qu'ils
expliquent par certaines motions ou vibrations inconnues et indéfinissables dont toutes matières sont
supposées susceptibles. Sans entrer dans cette discussion, on peut observer qu'outre les cas de cha-

leur latente et sensible dont nous avons déjà parlé, le calorique est dégagé par friction et percussion (comme dans l'expérience commune de faire rougir un clou à force de coups de marteau), et qu'il est développé par l'électricité et le galvanisme dans une quantité qui ne permet pas de supposer qu'il ait été latent dans les sujets des expériences. Le calorique s'échappe également en rayons des corps chauffés par l'effet d'une faculté mobile qui lui est particulière, et il se gouverne peut-être par des modes d'excitation jusqu'à présent inconnus, qui peuvent se rattacher à l'exercice de l'énergie vitale (1).

Ainsi à tout prendre la théorie de Crawford, quoique imparfaite et insuffisante, n'est pas nécessairement fausse, et conservera toujours l'estime due à la justesse de ses inductions, au nombre et à l'exactitude des expériences et des observations sur lesquelles elle est fondée.

La relation qui existe entre la vie et la respiration est totalement obscure ; on conçoit qu'elle ne consiste pas seulement dans le dégagement du carbone ; puisque les plantes, quand la lumière agit sur elles, absorbent des quantités considérables de cette substance qu'elles tirent de l'air par la décomposition de l'acide carbonique. En sorte que les

---

(1) La production de la chaleur par friction et percussion est parfaitement analogue avec le développement de l'électricité par l'appareil électrique ordinaire.

animaux convertissent une partie de l'oxigène contenu dans l'atmosphère en acide carbonique, pendant que les végétaux, par un procédé contraire,
rendent l'oxigène (1) à l'air et détruisent l'acide
carbonique.

Ceux qui admettaient une cause matérielle de la
vie ont supposé que cet élément existait dans l'air
en dissolution, ou qu'il était l'air lui-même. Il
est cependant plus probable que l'influence de la
respiration ne consiste pas dans l'addition d'aucun
principe inconnu dans le système, mais dans une
altération de la constitution des fluides. Le rapport
manifeste de l'énergie vitale avec la température et
avec le développement de la fonction respiratoire,
mène à croire que la chaleur est le lien spécifique
par lequel ces phénomènes sons unis. Plusieurs substances qui contiennent de l'hydrogène et du carbone, qui sont des élémens très-inflammables, sont
remarquables par la faculté qu'elles ont d'exalter la
sensibilité des tissus animaux, et en général les élémens les plus mobiles et les plus actifs, l'oxigène,
l'hydrogène, le carbone, le nitrogène, la lumière

---

(1) Cette harmonie ne paraît cependant pas nécessaire pour
entretenir la pureté de l'atmosphère, qui semble résulter de
phénomènes météoriques d'un ordre plus relevé. Les existences
animales sont dans une trop petite proportion sur la terre
pour influencer à un très-haut degré la constitution atmosphérique.

et l'électricité prédominent dans les combinaisons vitales. La coopération de la chaleur regardée comme essentielle à la vie, est une idée si universelle et si ancienne qu'elle semble instinctive. Au reste, toutes ces spéculations ne sont que de pures rêveries, et l'influence immédiate de la respiration sur la vie est encore à trouver.

Des différentes Sécrétions.

LE terme générique de *sécrétion* peut renfermer tous les cas dans lesquels une partie du sang est séparée de la circulation pour l'usage de l'économie, soit que ses propriétés chimiques se trouvent changées ou non par cette opération. En prenant ce mot dans un sens aussi étendu, il embrasse tous les phénomènes de la nutrition, qui ont autant de variétés qu'il existe de différens tissus qui doivent être nourris.

On donne cependant plus habituellement le nom de sécrétion à la formation des substances fluides, qui tantôt remplissent des fonctions distinctes dans la machine, et qui d'autres fois sont séparées pour la seule fin de l'élimination.

Les anatomistes et les physiologistes ont divisé les sécrétions en trois principales variétés, 1°. *l'exhalation* dans laquelle les parties les plus fluides du sang sont éliminées sans aucun changement matériel dans leurs propriétés ; 2°. *la sécrétion des follicules mu-*

queuses ; et 3°. *la sécrétion glandulaire.* Ces distinctions ne paraissent cependant pas bien fondées. Pour qu'elles puissent subsister , il faudrait nécessairement établir une différence dans le mode d'action de chaque division. Mais comme la nature intime des sécrétions n'est pas connue , on peut encore bien moins connaître les différences génériques qui les distinguent entre elles. Toute sécrétion est le produit de son tissu particulier, et il n'existe aucunes parties de l'économie qui offrent de plus grandes différences que les tissus glandulaires.

Les follicules muqueuses sont de petits corps glandulaires insérés dans les substances des membranes muqueuses, et qui sécrètent le fluide particulier qui lubréfie ces surfaces. Ils sont en effet plus simples que les autres glandes dans leurs arrangemens; mais leur structure intime et leurs fonctions semblent précisément les mêmes. La distinction entre l'exhalation et la sécrétion n'est pas mieux fondée. Quelques auteurs pensent que l'exhalation est un procédé purement mécanique (1), une exsudation poreuse produite entièrement par le *vis à tergo*, et dans laquelle les solides sont absolument passifs. Les phénomènes des maladies prouvent cependant que ce fait n'est pas bien avéré. Dans l'hydropisie non-seulement la quantité du fluide exhalé est accrue, mais sa qualité est matériellement altérée; cette altération

---

(1) Magendie établit distinctement cette proposition.

ne peut être attribuée qu'à un changement dans la vitalité des vaisseaux d'où ce fluide procède, et il doit être indépendant des causes purement mécaniques.

Malpighi et les plus anciens anatomistes étaient portés à attribuer les différences dans les fluides sécrétés à des variétés mécaniques dans la structure des glandes, et ils croyaient avoir découvert l'existence de follicules dans ces organes, par le moyen du microscope. Mais les derniers auteurs s'accordent avec Ruisch à ne trouver dans les structures glandulaires rien de plus que ce qui se trouve dans le parenchyme nutritif des autres organes : c'est, à savoir, une artère, une veine et un vaisseau sécrétant. La nature particulière de chaque sécrétion, loin de dépendre des causes mécaniques, tient à la vitalité spécifique de la partie, et varie à un très-haut degré avec la sensibilité des organes, dans l'état de maladie ou dans l'état de santé. Les glandes sont des parties extrêmement sensibles; elles sont par ce motif spécialement sujettes aux maladies; leurs sécrétions diffèrent presque toujours en qualité et en quantité, et leur substance est particulièrement assujettie à des changemens morbides qui produisent les maux les plus difficiles à traiter.

On comprend sous le nom de glande (terme encore imparfaitement défini), des parties qui n'ont aucun rapport apparent avec la sécrétion ; telles sont le thymus, organe d'une grande dimension pendant

la première enfance , et qui dégénère à mesure
qu'on avance dans la vie, la rate, etc., etc. Il existe
encore une classe considérable de corps qui se rattachent au système absorbant, et diffèrent à tous
égards des instrumens de la sécrétion, quoiqu'ils
aient reçu le nom commun de glandes ; ces corps
sont les *glandes lymphatiques*; ils se rencontrent en
diverses parties du corps, sur la route des vaisseaux
absorbans , et quelques auteurs les ont regardées
comme de pures circonvolutions de ces vaisseaux ;
mais leur structure et leur usage sont également
obscurs. Cette absurde application du mot glande à
des corps qui n'ont point de rapport entre eux, est
une source d'erreurs très-dangereuses pour le grand
nombre des lecteurs, et n'est pas sans inconvéniens
dans les descriptions de l'anatomie professée.

Parmi les différentes structures glandulaires ,
celles qui servent aux fonctions nutritives se retrou-
vent plus généralement dans les organisations , et
suivent plus exactement un même type dans leur
formation.

Toutes les cavités qui peuvent être en contact avec
la matière inorganique, sont doublées par des membranes muqueuses, dont la sécrétion est destinée
à défendre les solides vivans des impressions nuisibles qu'ils pourraient recevoir des corps étrangers.
Ces sécrétions produisent cet effet, en enveloppant
les matières trop stimulantes dans le mucus, ce qui
les empêche de se trouver trop immédiatement en

contact avec le tissu sensitif. C'est une loi générale,
qu'un certain degré d'accroissement dans les stimulans excite les surfaces sécrétantes à décharger plus
copieusement leurs fluides particuliers, qui, très-
souvent, deviennent en même temps égers, aqueux
et imparfaits. Leur action dans ce cas est de nettoyer
la partie en entraînant mécaniquement les irritans
dont ils ne peuvent pas annuller le pouvoir stimulant. Un grain de poussière dans l'œil produit un
flot de larmes soudain, par lequel le corps étranger
est chassé de la prunelle. Le tabac produit le même
effet dans le nez des personnes qui n'ont pas l'habitude de ce stimulant. De même les cantharides appliquées à la peau excitent une sécrétion de fluide
séreux, qui, en élevant l'épiderme, s'interpose entre
l'irritant et la vraie peau. Les drogues émétiques et
cathartiques agissent d'une manière analogue. Cette
loi si utile quand la cause de l'irritation est présente
en substance, devient d'un très-grand inconvénient
quand l'exaltation de l'énergie vitale de ces parties,
dépend d'un changement dans leur sensibilité, et
non de la présence d'un stimulant inaccoutumé. L'hydropisie, l'asthme humoral, la diarrhée, et plusieurs
autres maladies hideuses et destructives, sont produites par des affections de ces organes.

Les cavités intérieures qui n'ont pas de communication avec la nature extérieure, sont lubréfiées
par une exsudation séreuse qui, dans l'état de santé,
est presque aussitôt absorbée que formée.

De toutes les sécrétions qui servent aux fonctions nutritives, l'urine est celle qui se rencontre le moins généralement; elle ne se trouve que chez les animaux à vertèbres, et elle n'est abondante que dans les espèces mammifères. Ce fluide est d'un caractère simplement excrémenteux; car il est non-seulement inutile, mais nuisible dans l'économie. Les constituans de l'urine étant unis par des affinités très-faibles, elle se décompose immédiatement en quittant la sphère de l'action vitale. Quand elle vient de sortir du corps, elle est d'une acidité très-marquée, mais elle prend très-vite une qualité alcaline, par la décomposition du quatrième élément des composés animaux, qu'elle tient en solution, le nitrogène et l'hydrogène formant de l'ammoniaque qui supersature le reste des ingrédiens acides.

L'appareil de la sécrétion et de l'élimination de ce fluide est très-compliqué. Comme c'est un des derniers efforts de l'organisation, il partage l'imperfection qui dans les combinaisons organiques, aussi-bien que dans les combinaisons mécaniques, suit ordinairement les arrangemens les plus élaborés.

Les reins (1) ou les glandes par lesquelles ce fluide

---

(1) Auprès des rognons se trouvent deux corps d'apparence glandulaire, nommés *capsules atrabilaires*, *glandes des reins*, *renes succenturiari*. Ils n'ont point de conduits excrétoires visibles, et ils ne paraissent avoir de relation avec le système urinaire que celle de leur situation qui en est voisine.

est sécrété, se trouvent placés, par un caprice inconcevable de la nature, très-haut dans les lombes; et ils communiquent avec la vessie par des tubes longs et étroits, nommés *les urètres*. Le jeu délicat d'affinités qui forme cette sécrétion, la rend singulièrement sujette au dérangement; et quand la substance nommée *gravelle*, est formée, cette position des reins fait que cette infirmité est beaucoup plus pénible et plus dangereuse que si les passages étaient autrement arrangés. On ne peut se le dissimuler, la gravelle et la pierre sont des maladies qui sont les conséquences immédiates d'une *faute* dans le mécanisme de l'organe : cette faute est sans doute *nécessaire*, puisqu'elle existe; mais aussi loin que s'étend son opération, elle est incompatible avec le bien-être de l'individu, et détruit souvent son existence.

Tout le système urinaire est doublé d'une membrane muqueuse qui n'a aucune connexion de continuité avec celles du canal alimentaire et du thorax, mais qui exerce toujours une influence sympathique très-considérable sur la dernière.

Les différences de l'urine dans les diverses circonstances de la constitution, fournissent encore un argument contre la division de sécrétions et d'exhalations. Elle ne contient quelquefois que les constituans aqueux et salins du sang dans leur état pur : d'autres fois sa constitution est élaborée et compliquée; dans certains cas même, le sang passe en substance par les rognons sans aucune rupture de vaisseaux sanguins.

Ces variétés se remarquent surtout pendant le jeûne et la réplétion : les violentes agitations mentales produisent aussi une sécrétion abondante d'urine blanche et aqueuse qui se forme avec une rapidité inconcevable. Dans ses relations avec l'économie générale, cette sécrétion paraît coïncider avec de très-grandes facultés d'animalisation (1); car elle est destinée à repousser la matière sur-organisée qui, en restant dans la circulation, nécessiterait la décomposition du sang.

Il y a une différence matérielle entre l'urine des animaux carnivores et celle des herbivores. La prédominance de l'azote dans la première, produit une substance particulière nommée *urée*, qui avec l'acide urique qui en est formé, existe abondamment dans cette sécrétion. L'acide benzoïque domine dans l'urine des animaux herbivores, et l'acide urique y est à peine perceptible.

Le caractère particulier de ce fluide explique et le danger accidentel de son extravasion dans la substance cellulaire, ou la cavité abdominale ; et les suites de symptômes violens qui surviennent quand sa sécrétion est suspendue. De toutes les sécrétions naturelles, l'urine est celle qui s'éloigne le plus par sa nature de la constitution du sang et des solides vivans. Sa présence, quand elle est extravasée, agit comme un irritant de la plus grande acrimonie ; et

(1) Fourcroy.

la gangrène et la mortification suivent promptement son action dans une situation qui ne lui est pas naturelle.

La suppression de cette sécrétion même pendant un court espace de temps, charge les fluides circulans de matières sur-animalisées, qui portent les solides à une action désordonnée, et tendent à la décomposition en altérant la constitution chimique du sang, et en excitant des mouvemens fébriles.

Les sécrétions qui sont liées avec la vie animale sont plus variées que celles qui appartiennent aux fonctions nutritives. Ainsi quoique les membranes muqueuses de tous les animaux sécrétent presque les mêmes fluides dans les organes analogues, la peau au contraire qui ressemble tant au tissu muqueux en structure et en fonction, montre des différences dans ses sécrétions qui correspondent aux habitudes particulières à chaque espèce.

Les animaux qui sont dans une enveloppe dure pour être garantis des violences extérieures auxquelles leurs habitudes de vie les exposent, ont la sécrétion de la peau très-peu marquée, et souvent elle manque totalement chez eux.

La sécrétion de la peau des poissons et des animaux qui vivent habituellement dans l'eau est plus ou moins huileuse, ou bien elle se rapproche beaucoup de la vraie sécrétion muqueuse.

Les animaux à peau molle, qui transpirent, sécrètent un fluide qui varie en caractère suivant les diverses circonstances. Les expériences de Sanctorius ont d'abord prouvé la transpiration d'une immense quantité de fluide en forme de vapeur invisible. Quand la peau est stimulée par la chaleur, par l'exercice ou par l'action de quelque drogue, cette sécrétion peut être recueillie sous la forme fluide. C'est alors un liquide aqueux légèrement acide et mêlé avec de petites parties d'huile sécrétées par des corps glandulaires presque imperceptibles qui sont placés dans le tissu cuticulaire. La quantité de fluide transpiré varie suivant la quantité des sécrétions des membranes muqueuses des intestins et des reins. La dernière (1) influe plus spécialement sur la transpiration. Dans les appartemens très-chauds, où un grand nombre de personnes se trouvent renfermées, la transpiration condensée émet une odeur sensiblement urinaire ; et il est assez probable que dans ces circonstances les fluides sécrétés par les reins sont réabsorbés et éliminés par la peau. On a vu des exemples de la sécrétion du bleu de Prusse par cette surface (2) : le bleu de Prusse est composé de fer et d'un acide animal particulier analogue par sa constitution à l'*urée*. Les fluides transpirés subissent,

---

(1) Dans la consomption pulmonaire, les transpirations excessives et les diarrhées qui tourmentent alternativement le malade, sont les symptômes les plus destructeurs et les plus difficiles à combattre.

(2) Abernethy.

comme l'urine, des changemens dans les diverses affections maladives, et ces changemens sont généralément indiqués par l'odeur.

On peut conclure de ces faits que la transpiration est une fonction qui supplée à la sécrétion des reins; et sous ce rapport elle pourrait peut-être se classer parmi les sécrétions qui dépendent du système nutritif.

Plusieurs sécrétions qui appartiennent aux organes relatifs sont liées avec le mécanisme des parties où elles se forment; comme la cire des oreilles, le fluide lacrymal des yeux. L'existence des glandes par lesquelles ces fluides sont sécrétés, tient à celle de l'organe auquel ils sont utiles.

Quelques autres sécrétions dérivent encore des besoins moraux ou physiques de certaines espèces : telles sont le poison de la vipère qui lui sert pour attaquer, et l'exhalaison fétide de la fouine qu'elle emploie à se défendre. La première de ces sécrétions se rapporte aux habitudes carnivores de l'animal; et la seconde convient à son habitation. Une poche de venin serait inutile au serpent s'il se nourrissait de végétaux, et la sécrétion fétide de la fouine et des autres espèces qui ont cette propriété ne pourrait pas être disséminée si elle était formée par des animaux marins. La sécrétion de la seiche, qui ressemble à de l'encre, et que cet animal emploie pour échapper aux poursuites, tire son utilité de la qualité particulière qui la rend diffusible dans l'eau.

Un petit insecte (1) nommé le *bombardier*, émet avec détonnation quand il est poursuivi, une vapeur âcre et bleuâtre très-virulente pour les sens de son ennemi, qui est un insecte de la même famille, mais trois ou quatre fois plus grand que lui. Ce singulier appareil s'adapte aux circonstances de l'animal, ainsi que les sécrétions huileuses du croupion des oiseaux aquatiques avec lesquelles ils oignent leurs plumes ; et tant d'autres semblables qui se rapportent toujours à des besoins particuliers aux espèces, et qui ne pourraient pas exister universellement. Si ces particularités se retrouvaient chez tous les animaux, elles seraient souvent incompatibles avec le reste de l'organisation. Quand le sein fertile de la nature pourrait faire naître des combinaisons incohérentes, les organes superflus seraient effacés après une longue suite de générations par le manque d'usage, ou les espèces disparaîtraient totalement. Cette loi est prouvée par les mamelles des animaux mâles, qui ne se trouvant pas en rapport avec les impulsions instinctives qui naissent de l'organisation femelle, ne sont jamais pleinement développées ou jetées dans cet état d'orgasme qui accompagne la sécrétion du lait. Dans le sujet femelle les fonctions de cet organe sont excitées par une condition particulière de la matrice ; et comme cette condition ne peut exister chez le sujet mâle, les

---

(1) *Carabus crepitans.* Bingley, *Biographie des Animaux.*

histoires d'hommes qui ont allaité leur enfant sont tout-à-fait improbables. Le sein de l'homme paraît avoir souffert une diminution graduelle par l'absence de ce stimulant.

Les limites de l'histoire sont trop peu étendues pour qu'on puisse estimer le temps nécessaire pour opérer les changemens qui ont pu avoir lieu dans les espèces organisées ; mais il n'est pas impossible que par la suite des temps cet organe ne finisse par disparaître entièrement de l'économie masculine.

De l'Appareil nerveux.

Les circonstances qui nécessitent un organe nerveux ne sont pas très-évidentes. On ne peut découvrir aucune trace de structure semblable ni dans tout le règne végétal, ni dans plusieurs familles d'animaux des dernières classes.

La fonction qui dépend le plus directement du système nerveux, est la perception, qui est universellement plus exaltée chez les espèces dont l'appareil nerveux a le plus grand développement. Cependant une portion considérable de ce tissu (le plexus sympathique) est étrangère à la fonction de perception ; et d'autre part, les os et les organes fibreux qui paraissent hors de l'influence nerveuse, sont, dans certains cas de maladies, les siéges d'une douleur aiguë.

La nature spéciale de l'action fonctionnelle du

tissu nerveux est trop obscure pour qu'on puisse juger d'après elle les besoins auxquels se rapporte cette action. Presque tous ceux qui ont offert des théories sur ce sujet s'accordent à regarder les nerfs comme les purs véhicules d'un agent subtil et mobile ; et quelques expériences récemment publiées par le docteur Wilson Phillip pourraient faire conclure que cet agent est l'électricité galvanique. Les premières expériences de Galvani, qui démontraient la capacité du fluide galvanique pour imiter l'action des nerfs sur le système musculaire, sont connues de tout le monde. Le docteur Phillip a fait un pas de plus, en montrant que l'influence des nerfs sur la sécrétion peut être suppléée également par le courant galvanique. Il conclut de là que l'agence du système vasculaire est bornée à la distribution des fluides, et que les changemens chimiques qui se rattachent à la sécrétion sont produits par des chocs électriques transmis dans les fluides par les nerfs.

Mais si l'on admet comme proposition générale, que le système nerveux est une simple batterie galvanique, il faut chercher quelques autres agens qui expliquent la grande variété de substances produites par le même sang dans les divers organes sécrétoires ; il faut encore se rendre compte des sécrétions qui ont lieu dans le règne végétal, où il n'existe aucun appareil qui ressemble à un système nerveux.

Si l'on examine la série entière des espèces animales, on trouvera qu'il existe certaine proportion entre le développement du tissu nerveux et la complication et l'étendue des fonctions de l'organisation générale. La moelle épinière chez l'homme et les animaux des classes les plus élevées, est beaucoup plus volumineuse que les nerfs auxquels elle se rapporte ; et la cervelle est encore plus grande que la moelle épinière. Dans les animaux inférieurs, la cervelle devient graduellement plus petite, et la moelle épinière se trouve alors relativement plus développée. Ce dernier organe chez les insectes n'est plus qu'un cordon très-mince noué de distance en distance par des épanouissemens de sa substance, appelés *ganglions*. Le ganglion supérieur qui tient la place de la cervelle, n'est guère distingué des autres que par sa situation.

Il n'y a pas de différences de fonctions correspondantes à ces variétés dans les tissus nerveux. La plupart des animaux ont les sens de la vue, de l'ouïe, du goût, de l'odorat et du toucher ; quelques-uns mêmes peuvent avoir d'autres organes de sens dont l'homme ne saurait se former aucune idée. Ils ont tous également la conscience des impressions des sens, et ils réagissent sur elles d'une manière congrue. Il est vrai qu'en examinant les divers organes des sens, nous trouvons que leur arrangement mécanique n'est pas toujours bien adapté dans chaque espèce pour recevoir les impressions physiques de leurs stimulans spécifiques. De là nous sommes

obligés de conclure que les animaux les moins parfaits
reçoivent des impressions du même genre, mais
moins variées et moins nombreuses que celles qui
affectent les animaux plus compliqués. Leur volonté
doit donc être influencée par moins de causes, et ces
causes, par leur simplicité, se trouvant plus rarement en opposition entre elles; ils n'ont pas aussi
souvent besoin de cette espèce d'examen comparatif
de choix d'une chose préférablement à une autre,
que nous appelons *raison*. Les impressions chez de
tels animaux sont plus fortes, vont plus directement
à leur but que celles qui sont ressenties par des êtres
que leur organisation soumet à l'influence d'une
plus grande variété de causes; mais hors cette différence, la série entière des phénomènes, depuis l'impression extérieure jusqu'à la conscience de l'impression, et de là à la volonté et à l'action musculaire, paraît exactement la même dans toutes les
organisations.

On peut conclure de ces considérations que l'existence et le développement du système nerveux sont
réglés sur la quantité et la continuité des actions nécessaires à la permanence des diverses espèces, plutôt que sur aucune particularité dans leur condition,
et que sa fin principale est l'exaltation de l'énergie
vitale dans la machine entière.

L'action fonctionnelle de la totalité de l'appareil
nerveux n'étant pas bien entendue, il devient encore
plus difficile d'assigner des fonctions spécifiques à ses

différentes parties. Les anatomistes divisent ainsi le système nerveux : le cerveau (qui comprend la cervelle et le cervelet), la moelle allongée, la moelle épinière et les nerfs ; mais comme on ne peut assigner généralement des fonctions séparées à chacune de ces parties, cette division doit être considérée comme très-arbitraire. La perception qui constitue la fonction la plus immédiate du tissu, étant une action vitale d'une grande intensité, exige un plus haut degré d'énergie vitale, non-seulement dans son propre appareil, mais encore dans les divers instrumens de nutrition par lesquels toute l'économie est entretenue. Le tissu nerveux paraît donc exercer deux actions ; l'une se rapporte seulement au monde extérieur, et l'autre est liée avec l'organisation intérieure ; et l'on peut alors le diviser plus physiologiquement en tissu cérébral et *plexus sympathique*. Ces parties offrent en effet autant de différences dans leur anatomie que dans leurs phénomènes fonctionnels.

La partie du système nerveux qui sert à la perception devient plus concentrée en proportion du plus grand développement que doivent avoir ses fonctions, et ses actions dérivent alors plus précisément d'un centre commun. Dans les animaux mammifères, où le cerveau est plus parfait, l'énergie fonctionnelle des nerfs dépend de leur libre communication avec cet organe. Si un nerf est divisé ou comprimé par une ligature, toutes les parties influencées par ce nerf se paralysent sur-le-champ. Elles n'aperçoi-

vent plus les impressions faites sur elles , et la volonté ne peut plus exciter leur action. Des conséquences semblables s'ensuivent des mêmes lésions
faites sur la moelle épinière. Mais chez les reptiles,
dans lesquels le cerveau est dans une plus petite
proportion , en comparaison de la moelle épinière,
l'influence du premier est moins essentielle. Ces
animaux et ceux des classes inférieures donnent des
marques évidentes de perception et de volonté, long-
temps après la séparation de leur tête. Ainsi donc
cette proposition tirée de la physiologie humaine ;
savoir : que la perception est une fonction qui dérive
de la structure particulière du cerveau, n'est point
du tout soutenable. Il semblerait, au contraire, que
la concentration de cette faculté sur un point particulier de l'appareil nerveux , est déterminée par une
loi analogue au magnétisme polaire. Chaque frag-
ment d'une pierre d'aimant prend une nouvelle vertu
magnétique ; de même les parties divisées du système nerveux sont obligées de prendre un nouveau
centre d'action (1). Il s'ensuivrait de cette manière
d'envisager ce sujet, que la perception est le résultat
d'une plus grande intensité de la même cause qui
produit les autres phénomènes nerveux , et qui préside aussi sur la sensibilité organique, dont les mouvemens ne dépendent point des nerfs. Dans cette
hypothèse, la moelle épinière des plus grands ani-

____

(1) Cuvier, *Leçons II* , 95.

maux ne pérçoit plus après la décollation, non parce
qu'elle n'a pas la structure nécessaire, mais parce
qu'elle n'a pas la force suffisante.

La partie la plus embarrassante de l'histoire de
l'appareil nerveux est assurément la séparation de ses
diverses fonctions. L'anatomie de ce tissu nous montre
les nerfs de sensation, ceux de volonté, le cerveau,
et la moelle épinière, parfaitement semblables en
substance et en arrangement ; et les physiologistes
s'accordent généralement à référer les différentes
sensations propagées par ces organes à des particularités qui résident seulement dans la terminaison
des nerfs ; mais malgré cette identité de structure
apparente, et quoique la perception puisse avoir lieu
en certains cas dans la moelle épinière ; la propriété
exclusive des nerfs est celle de sentir, et les fonctions
principales du cerveau sont la perception et la volonté. Une légère pression de ce dernier organe jette
l'animal dans un sommeil profond, oblitère ses facultés de perception et de volonté ; cependant la surface de ce même organe peut être écorchée ou ir-
ritée par des stimulans chimiques, sans exciter l'attention de l'individu. Si la théorie galvanique pouvait être admise, on aurait peut-être la solution de
ce problème. En effet, si l'appareil nerveux dans
son entier est une batterie galvanique, chaque paire
de nerfs peut être considérée comme une paire de
plateaux séparés, et les phénomènes sont alors susceptibles de se diviser suivant qu'ils résulteraient de

l'action d'une partie de la batterie ou de toutes les forces réunies. On ne découvre aucunes divisions mécaniques réellement analogues aux plateaux galvaniques; mais il ne semble pas non plus que le courant galvanique soit produit dans les nerfs par les mêmes moyens que dans la machine artificielle. Cependant, Cuvier a remarqué que les différentes paires de nerfs, quoique semblables dans leur structure apparente, ne peuvent pas servir également au même objet. Le nerf optique ne sert jamais à entendre, ni le nerf acoustique à voir, et les nerfs des parties qui ont des fonctions analogues dérivent de la même source, quel que soit l'éloignement où elles se trouvent l'une de l'autre. D'après cette hypothèse, la perception et ses différens modes, la volonté, l'influence des passions sur les divers organes, les effets des fortes lésions du cerveau sur le système général, et (suivant Phillip) l'agence du plexus sympathique doivent être regardés comme résultant de la machine entière; et les actions individuelles de chaque muscle et de chaque organe comme procédant de la fonction de leurs propres nerfs.

Cette théorie mérite d'autant plus d'être considérée attentivement, qu'elle s'accorde avec les apparences anatomiques. Les parties qui sont sous l'empire de la volonté, et qui reportent à l'organe de la perception les impressions qu'elles reçoivent de l'extérieur, sont pourvues de nerfs qui naissent à des

places déterminées dans le cerveau et la moelle épinière : entre ces parties du cerveau et l'organe à qui
elles correspondent, il y a une communication simple
et directe ; chaque nerf particulier étant un faisceau
de plus petites cordes nerveuses qui suivent une
direction parallèle, et communiquent distinctement
d'une extrémité à l'autre. Chacune des fibres du
corps qui sont sous l'empire de la volonté se trouve
ainsi en rapport avec un point déterminé du cerveau ou de la moelle épinière; et l'on peut concevoir que la volonté agit sur elle par une action
concentrée exclusivement sur ce point.

Mais les nerfs du plexus sympathique, qui influence les organes qui ne sont point du domaine
de la volonté , sont construits d'une autre manière.
Le plexus sympathique est une espèce de filet de
nerfs qui s'entrelacent ensemble de mille manières
différentes : on y trouve aussi de nombreux ganglions ou nœuds de substance cérébrale qui paraissent remplir la fonction de centres nerveux distincts.
Ce système de nerfs se rattache au cerveau et à tous
les points de la moelle épinière par de nombreuses
communications. On peut donc le considérer comme
recevant des impulsions de ces divers points, et
comme susceptible d'être affecté par l'influence réu-
nie de tous, sans être soumis à l'action spécifique
d'aucun. On trouve en conséquence de ce fait, que
les parties dans lesquelles ces organes sont distribués , quoique exemptes de l'empire de la volonté,

sont soumises pleinement à l'influence des passions et des autres causes qui agissent sur la totalité du système nerveux.

Dans l'état présent de la science, il est évident qu'on ne doit accorder qu'un très-léger degré de confiance à toutes les suppositions qui concernent le tissu nerveux, quand elles ne sont pas fondées sur des expériences décisives : le proverbe espagnol *de las cosas mas seguras, la mas segura es dudar*, est particulièrement applicable à ce sujet. Il paraît cependant démontré que l'appareil nerveux ne conduit directement dans les autres tissus aucun principe immédiatement nécessaire à leur vie, qu'il n'est ni le siége ni le *sécréteur* d'un fluide vital. Les structures musculaires existent non-seulement dans une totale indépendance du système nerveux; mais elles sont capables d'exercer leurs contractions sans son interposition. Les nerfs de volonté agissent sur les muscles volontaires, uniquement comme les stimulans qui leur sont appropriés ; et ceux du plexus sympathique affectent les muscles involontaires d'une manière encore plus éloignée : c'est peut-être là tout ce qui peut être affirmé sur ce sujet.

La structure et l'arrangement des organes nerveux ont occupé l'attention des anatomistes de tous les temps ; et les faits les plus minutieux ont été fidèlement recueillis ; mais les physiologistes ne sont jamais parvenus à lier les apparences qu'ils observaient à des mouvemens correspondans, ni à trouver enfin des résultats. Le tissu propre de ces organes a été considéré comme glandulaire par quelques personnes, et par d'autres, comme une pure masse de pulpe (1) ; mais M. Gall a réussi à démontrer que cet arrangement est fibreux, et que les fibres des diverses parties du cerveau suivent une direction différente. Cependant la théorie promulguée par cet observateur, qui assigne des fonctions distinctes aux diverses parties du cerveau, et qui attribue à chacune d'elles une propension définie, doit être actuellement regardée comme une *assertion gratuite*, contredite même par les faits métaphysiques les plus avérés.

Malgré l'obscurité des relations qui existent entre la structure et les fonctions dans les organes nerveux, on voit que l'appareil de la sensibilité relative est évidemment adapté aux propriétés physiques de la nature extérieure, par l'intermédiaire des organes des sens. On sait que l'œil est un instrument d'optique qui ressemble à une chambre obscure, par le moyen duquel une image des objets placés dans la sphère de la vision est tracée sur le nerf optique. Il y a aussi une autre propriété de ce nerf qui s'adapte à la subtilité et à la rapidité de la lumière; car la rétine ou extrémité sensitive du nerf optique, est une expansion de matière nerveuse, molle, pulpeuse et dépouillée de ses membranes accoutumées,

---

(1) Cuvier, *Leçons.*

afin de pouvoir se trouver en contact immédiat avec les rayons lumineux.

De même que la structure de l'œil est adaptée aux propriétés de la lumière, le mécanisme de l'oreille est construit pour correspondre avec l'élasticité vibrante de l'air, et des autres corps par lesquels le son est propagé. Les substances savoureuses et odorantes sont mises en contact avec les organes du goût et de l'odorat par leur solubilité dans les sécrétions muqueuses, qui exsudent des surfaces de ces organes. Les impressions du toucher sont purement mécaniques, et la différence de sensation qui suit l'attouchement des corps dans les diverses parties de la surface organisée, tient au plus ou moins de ténuité de l'épiderme, ou peau de dessus interposée entre le tissu sensitif et la substance palpée, et au degré de développement du tissu lui-même. La sensibilité exaltée du bout des doigts dépend principalement de cette dernière cause.

Outre ces différences mécaniques dans les organes des sens, d'autres particularités vitales inconnues, peuvent peut-être se rapporter à des variétés de structures inconnues dans les terminaisons des nerfs. Si un léger coup d'électricité passe à travers l'œil, quoique l'appareil mécanique de l'organe ne soit pas intervenu dans l'opération, une sensation de lumière est produite : le même procédé exécuté sur les nerfs dégustateurs ou olfactiques, produit les sensations du goût et de l'odorat. L'anatomie comparative confirme cette manière de concevoir le sujet, en nous apprenant que nonobstant les différences de structures qui portent sur le mécanisme des or--ganes des sens, et qui rendent les impressions faites sur eux dans les animaux inférieurs, moins délicates et moins distinctes, les sensations attachées à chaque nerf des sens, sont toujours essentiellement les mêmes chez tous les animaux, et produisent dans les dernières classes, aussi-bien que dans les plus élevées, des actions conséquentes à leurs causes.

Les besoins qui demandent l'existence des différens sens ne sont pas moins manifestes. La nécessité du toucher est évidente; aucun animal destiné à se mouvoir sur la terre ne pourrait subsister sans cette faculté. L'utilité du goût, comme moyen de distinguer les objets alimentaires, et comme moyen d'excitation pour prendre la nourriture, n'est pas moins intelligible. Le sens de l'odorat sert aussi à la même fin; et il est plus développé chez les animaux carnivores qui ont besoin de reconnaître leur nourriture quand elle se trouve placée à des distances considérables. Il n'est pas nécessaire de parler de l'utilité indispensable de la vue (1) pour la conservation des individus; et l'ouïe, qui est adaptée à la même fin, supplée à la vue pendant l'absence

---

(1) Des individus privés de la vue subsistent quelquefois; mais il est évidemment impossible que des sociétés puissent exister dans cet état.

périodique de la lumière , èt sèrt encore à prévenir des dangers qui ne sont pas susceptibles de se manifester par des formes ou des couleurs.

Les besoins étant communs à toutes les classes supérieures d'animaux, à divers degrés, les organes des sens plus ou moins développés doivent être également universels. Quand les habitudes d'une espèce sont défavorables à l'exercice d'un sens, l'organe de ce sens, chez ces animaux, paraît avoir souffert une altération correspondante. L'usage fréquent d'un sens favorise au contraire son développement. L'ouïe des animaux timides est remarquablement fine. La vérité de cette proposition devient sensible par les différences qu'on peut observer entre individus de la même espèce. Les sens d'un sauvage sont bien plus fins que ceux d'un homme civilisé. Le sauvage a conservé la faculté de mouvoir ses oreilles, qui est perdue pour les nations policées ; ses narines sont aussi plus dilatées. La délicatesse du toucher, qui s'accroît chez les personnes privées de la vue, est un autre fait qui confirme cette doctrine.

A mesure que la structure des animaux s'éloigne davantage de celle de l'homme, la difficulté de déterminer l'analogie de leurs sens avec les nôtres, devient plus grande. En examinant cependant les diverses espèces, nous apercevons qu'elles sont influencées ou qu'elles ne le sont point par certaines impressions, et nous inférons de là la présence ou l'absence des organes correspondans. On découvre dans quelques cas d'importantes différences dans le mécanisme général des organes des sens ; c'est ainsi que l'œil de certains insectes est connu pour avoir la faculté de multiplier plusieurs milliers de fois les objets ; mais l'influence de cet arrangement sur leur mode de vision est évidemment impossible à déterminer (1).

Si quelques animaux peuvent avoir des sens que nous ne concevons point, c'est une proposition dont la possibilité abstraite n'est pas douteuse ; mais comme le pouvoir de comprendre les sensations concomitantes, ou les besoins avec lesquels ces sens peuvent être liés, est hors de la portée de notre organisation, on ne peut établir aucune base sur laquelle ce fait puisse être déterminé affirmativement.

---

(1) La surface des yeux compliqués des insectes offre une série de facettes hexagones et légèrement convexes, séparées l'une de l'autre par de petits sillons qui sont très-souvent bordés de poils courts. Mais une circonstance encore plus singulière est l'existence d'une couche de matière noire analogue au *pigmentum nigrum* de l'œil humain, qui couvre les surfaces inférieures de ces cornées multipliées, et qui empêche apparemment la lumière de passer outre. Il est évident que les relations de cette machine avec les rayons lumineux ne sont pas les mêmes que celles des yeux ordinaires ; et il semblerait que les sensations qu'elle propage sont d'une nature différente, puisque certains insectes ont les deux espèces d'instrumens visuels.

Muscles et Os.

LES organes de locomotion sont influéncés par tant de causes extérieures, que là nécessité d'un type général qui distingue les fonctions nutritives, est manifestement impossible pour ces parties. Les productions de la nature abondent dans toutes les situations où la vie peut être soutenue. L'air, la terre dans toutes ses régions, la mer et les eaux douces, l'intérieur des animaux vivans et des végétaux, leurs restes désorganisés après la mort, tout est rempli d'existences animales; et les facultés de chacune d'elles sont adaptées au milieu dans lequel elles sont destinées à vivre, et aux exercices nécessaires pour leur conservation.

L'immense variété de structure que ces diverses nécessités comportent, peut se réduire cependant à trois formes primitives : — Celle où la structure osseuse est placée *extérieurement*; celle où cette structure est *cachée sous la fibre molle* et *mouvante*; et une troisième, où la *structure osseuse manque absolument.* L'appareil de locomotion consiste ordinairement en trois espèces de parties : 1°. un arrangement mécanique d'organes, fermes, denses, résistans, d'une sensibilité très-peu marquée, et d'une vitalité obscure; 2°. une structure musculaire par laquelle le mouvement est immédiatement opéré, et 3°. des nerfs par lesquels les impulsions de la volonté agissent, en déterminant les actions des muscles.

Il existe une harmonie nécessaire entre ces parties. Un squelette compliqué fait supposer des muscles nombreux, et un degré de sensibilité relative, capable d'être influencé par des motifs, et d'exercer une volónté proportionnée à l'étendue et à la variété des facultés mouvantes.

Les animaux qui ont la faculté de se mouvoir *par sauts*, exigent un squelette formé de plusieurs pièces, liées par de nombreuses articulations; chez les espèces destinées à se traîner sur une surface, ce mécanisme manque totalement. Dans les familles d'insectes, les léviers et les points fixes du mouvement, se trouvent placés dans un squelette extérieur, ou boîte formée par une condensation et un endurcissement de la peau; tandis que les quatre premières classes d'animaux, les mammifères, les oiseaux, les reptiles et les poissons, se soutiennent et se meuvent sur un assemblage d'os qui se trouve placé dans les parties molles par lesquelles les mouvemens sont exécutés (1).

Le modèle général sur lequel cet appareil est formé

---

(1) L'os unique de la seiche dont on use dans les manufactures de ponce, peut être considéré comme le rudiment d'un squelette intérieur. Sous cet aspect, et sous beaucoup d'autres, le genre *sœpia* paraît être à la tête des familles d'animaux sans vertèbres, et se rattacher aux classes supérieures qui ont des épines articulées.

est le même pour tous les animaux ; mais il admet des différences de détail qui dérivent des besoins de chaque espèce. Le squelette, dans sa forme la plus simple, consiste en une colonne épineuse composée de plusieurs petites pièces appelées *vertèbres*, qui sont percées dans leur centre de manière à former, par leur jonction, un canal continu destiné à renfermer la moelle épinière ; une boîte osseuse à l'extrémité antérieure du corps qui contient la cervelle, et qui se joint à la structure inférieure osseuse de la face ; au milieu, les côtes et le sternum qui forment la cavité de la poitrine ; et enfin, quatre combinaisons de léviers osseux qui constituent les extrémités antérieures et postérieures. Ces dernières parties manquent dans les serpens et dans quelques poissons. Les pieds de derrière manquent aussi chez les cétacées mammifères (les baleines) et chez les poissons apodes. Les extrémités antérieures n'existent point dans une seule espèce de lézard. Aucun animal à vertèbres n'a plus de quatre membres, excepté le reptile nommé dragon volant (*draco volans*), qui a des espèces d'ailes soutenues par six rayons cartilagineux, articulées avec l'épine (1).

Parmi les os qui composent le thorax, le sternum ou os de la poitrine manque dans les serpens et les poissons, et les côtes n'existent pas non plus dans quelques espèces de cette dernière classe et dans la

____

(1) Cuvier, *Histoire des Animaux.*

famille entière des grenouilles. La tête et les vertèbres existent universellement, quoique ces dernières
diffèrent en nombre suivant la longueur de l'animal
et en construction suivant les mouvemens qu'exige
la partie où elles sont placées.

La raison de ces différences est très-évidente. Les
os de la tête et de l'épine dorsale étant adaptés à recevoir et à défendre la cervelle et la moelle épinière,
sont liés aux organes les plus importans et les plus
indispensables de l'économie animale ; ils doivent
donc exister constamment. Le thorax, au contraire,
qui appartient à la fonction respiratoire, doit être
soumis à des modifications fondées sur les différens
modes par lesquels cette fonction est exercée ; des
côtes mobiles, par exemple, seraient inutiles à une
grenouille qui respire par la déglutition. Quant aux
extrémités ou membres, comme ils sont calculés sur
le milieu où l'animal habite, et sur ses besoins de
locomotion, ils doivent être plus variables et en
nombre et en disposition.

En comparant les squelettes de différens animaux,
on trouvera que les plus imparfaits ne diffèrent des
plus parfaits que par défaut, et que chez les animaux
intermédiaires les parties manquantes existent souvent encore, mais dans un état de dégradation,
comme pour servir de lien aux deux extrêmes.
Ainsi la structure osseuse des ailes des oiseaux a de
l'analogie avec celle du poignet et de la main ; et les
membres informes des baleines offrent la même res-

semblance, sans pouvoir toutefois exécuter les mouvemens pour lesquels ces parties sont construites dans les animaux plus parfaits. L'avant-bras de quelques animaux est un autre exemple de ce fait. Ce membre consiste en deux os dans les animaux des classes les plus élevées ; mais dans un petit nombre d'espèces, où il est composé d'une seule pièce, l'os qui leur manque est toujours rappelé par une élévation ou division, qui indique un effort vers la forme complète. L'orteil, chez l'homme, est une sorte de pouce avorté. D'après ces faits et plusieurs autres semblables, il semblerait qu'à la période où l'organisation a commencé, il existait dans la nature une tendance vers un mode de combinaison donné , qui a été plus ou moins fortement combattu par des causes qui ont agi en sens contraire. Quelques spéculateurs ont regardé cette similitude de structure comme une preuve que l'organisation a commencé par les espèces les plus simples, et que par un développement progressif et spontané, les animaux les plus parfaits ont tiré leur origine des moins parfaits , comme le papillon procède de la chenille ; l'organisation de chaque genre étant modifiée de plus par les circonstances particulières dans lesquelles il se trouvait accidentellement placé (1).

----

(1) Les théoristes qui pensent que la terre a été dans le commencement couverte d'eau , croient que les espèces terrestres proviennent des espèces aquatiques ; *velut ægri somnia !*

La structure de l'os est analogue à celle des autres tissus, c'est-à-dire qu'elle consiste en une réticulation de substance cellulaire dans laquelle est déposée la matière particulièrement appropriée au tissu osseux. Cette matière est le sel terreux nommé *phosphate de chaux* ; sa formation demande un développement considérable de force vitale, qui n'a pas lieu dans les premiers instans de l'existence du fœtus. Avant que les os soient formés, leur place et leurs fonctions sont remplies par les *cartilages*, espèces de substances élastiques (1). Le premier pas vers la formation de l'os est indiqué par l'apparence sur le cartilage d'un vaisseau qui contient du sang rouge ; il est bientôt suivi de l'absorption d'une parcelle de la matière originelle, et de la sécrétion d'une parcelle de phosphate de chaux, autour de laquelle de nouvelle matière osseuse s'étend en rayons dans tous les sens, par l'action continue d'autres vaisseaux successivement formés.

L'ossification commence dans chacun des os de plusieurs centres semblables, et continue jusqu'à ce que les différentes formations se rencontrent, se lient et se consolident pour composer une seule pièce. Dans quelques cas, cependant, ces jonctions ne se font que lorsque la vie a déjà commencé, et la ligne de séparation est alors nommée suture. La loi

----

(1) Cette circonstance s'accorde parfaitement bien avec la pression que le fœtus doit supporter en venant au monde.

qui gouverne ce procédé est très-obscure. Il se fait très-rapidement pendant les dernières périodes de l'existence du fœtus ; et il continue dans tout le cours de la vie : mais à un certain âge ses effets ne sont plus sensibles sur le squelette osseux, et il n'empiète jamais assez sur le tissu cartilagineux pour le faire disparaître entièrement. L'existence du cartilage paraît au contraire d'une nécessité fondamentale dans toutes les parties du squelette, où deux os se trouvent articulés de manière à effectuer un mouvement ; car, sans l'interposition de cette substance élastique et compressible, les mouvemens ne s'exécuteraient pas avec aisance, et ils pourraient offenser les tissus délicats qui sont essentiels à la vie. Dans l'âge avancé, le procédé ossifique semble acquérir un accroissement d'intensité ; mais les cartilages n'en sont plus alors le siége. L'ossification de ces parties est rarement poussée assez loin (comme nous venons de le dire) pour empêcher le mouvement, quoiqu'il y ait eu des exemples de maladies semblables. Le siége particulier de l'action ossifique dans la vieillesse, est la couche intérieure des artères. Suivant Bichat, sur dix sujets qui ont passé leur soixantième année, sept au moins offrent des traces de cette infirmité (1).

---

(1) C'est un des effets de cette solidification déjà mentionnée, qui résulte de l'action vitale. Les valvules du côté artériel du cœur sont très-souvent le siége de cette maladie, et

L'exercice vigoureux de l'action vitale qu'exige la sécrétion du phosphate de chaux, rend accidentéllement l'effort trop grand pour la constitution. Un léger degré de ce vice constitue la maladie nommée rachitisme, dans laquelle les os n'étant pas assez forts pour soutenir le poids du corps, parce qu'ils manquent de matières terreuses, se courbent et prennent de mauvaises conformations qui deviennent quelquefois permanentes. Plus rarement, le défaut de phosphate de chaux est total, et rend le squelette entier d'abord friable, ensuite flexible; le patient meurt alors par le manque de support de ces organes. Le tissu osseux des poissons est moins solide que celui des animaux terrestres, et il existe parmi eux une famille nombreuse chez laquelle le squelette est toujours cartilagineux; cette condition est supportable, à cause de la densité du milieu dans lequel ces espèces habitent.

La forme et la position des différens os qui constituent le squelette suivent les lois de la mécanique, et composent une série de leviers, de poulies et de gonds analogue à celle qui existe dans les machines artificielles. Cependant l'influence de la vitalité se fait sentir dans ce cas comme dans tout ce qui con-

---

il s'ensuit un dérangement considérable dans la circulation. L'endurcissement osseux des artères détruit leur élasticité, et produit un désordre analogue; mais il suffit rarement pour causer la mort.

cerne l'organisation, et modifie plus ou moins les détails des arrangemens.

Dans les combinaisons du mécanisme artificiel, le grand objet de l'inventeur est d'obtenir un accroissement de force. Les diverses parties sont placées de manière à pouvoir agir l'une sur l'autre avec un avantage mécanique. Le levier, ce grand instrument des mouvemens animaux, n'effectue cet accroissement de force que par un excès de longueur de la branche mouvante par laquelle elle décrit autour de son soutien le segment d'un très-grand cercle. Les conséquences de cet arrangement, s'il existait dans la structure animale, peuvent être aisément imaginées. Supposons que les os des jambes soient attachés à ceux des cuisses par le milieu de ceux-ci, au lieu de l'être par leur extrémité; quand le membre serait tout-à-fait étendu, la moitié la plus élevée avancerait sur la cuisse, et quand il serait plié il formerait avec elle un angle droit : cette condi-tion serait entièrement incompatible avec la conser-vation des artères et des nerfs, et détruirait totale-ment la grâce et la forme du membre. Dans la plu-part des animaux les mouvemens des leviers sont donc mis en jeu à leur désavantage, et ce défaut est contrebalancé par une augmentation d'énergie dans les muscles. On gagne, par cet arrangement, une grande célérité de mouvement. Si les branches d'un levier sont égales, un des membres ne traverse pas dans un temps donné un plus grand espace que celui qui y est mesuré par l'autre ; mais quand une force est appliquée à la branche la plus courte d'un levier inégal , elle oblige la plus longue à parcourir dans un temps égal un espace proportionné aux cercles dont les deux branches sont respectivement le diamètre.

Les rapports des jointures séparées qui composent les membres , se règlent aussi sur cette même loi mécanique. Les os qui sont placés le plus près du corps dans les membres , sont longs, et articulés de manière à permettre une grande latitude de mouvement ; parce que tous ceux qui sont communiqués à ces os doivent être donnés ensuite avec plus d'intensité à ceux qui sont dans les parties plus éloignées du levier. Les jointures placées plus loin du centre ne sont pas calculées pour former des mouvemens très-étendus, mais elles les reçoivent des articulations les plus voisines, et sont plutôt arrangées pour en faire de compliqués et multipliés. Les observations qui naissent de ce sujet pourraient remplir des volumes , car la grande variété de mouvemens que nous voyons dans les animaux , nécessite des particularités correspondantes dans les instrumens qui les exécutent. Mais ces recherches doivent faire un sujet d'étude séparé , et forment une branche distincte des sciences naturelles.

L'existence du tissu musculaire est modifiée par

deux nécessités ; il est influencé dans sa substance par ses relations avec la vitalité , et dans sa forme et son arrangement, par des lois mécaniques. La première de ces causes est totalement inexplicable. Certains végétaux ont des mouvemens sans l'intervention de la fibre animale, et les muscles des animaux des quatre classes les plus élevées varient en propriétés sensibles à un degré qui a toujours empêché de déterminer les conditions essentielles de la contractilité musculaire. La différence évidente qui existe entre la chair et le poisson, ne peut être liée à aucune différence précise et bien marquée dans la vitalité des animaux aquatiques et terrestres, ou dans leurs facultés mouvantes ; on sait seulement que l'énergie musculaire des derniers est plus intense et moins susceptible d'un prompt épuisement.

L'arrangement des muscles dépend absolument des lois de la mécanique. Toutes les fois qu'il est nécessaire de déployer une grande puissance musculaire, les fibres mouvantes sont insérées dans un cordon ferme, sans élasticité, de structure fibreuse qu'on appelle *tendon*. Par son moyen, un plus grand nombre de fibres mouvantes peuvent agir sur un point donné ; ce qui ne pourrait se faire aussi bien si elles étaient immédiatement en contact avec l'os. Le tissu des tendons prend des formes très-variées, suivant les différentes parties ; il ressemble quelquefois à une corde, plus souvent à une surface étendue ; mais sa structure se rapporte toujours au besoin de l'organe dans lequel il est placé.

Rarement les fibres se trouvent insérées dans la direction du mouvement qu'elles doivent produire; mais elles forment avec lui un angle plus ou moins grand; elles conduisent ainsi le point de mouvement jusqu'à un espace donné, avec un degré de contraction moins considérable. En poussant, par exemple, le point A au point B—

A————————————B

le muscle A B perdrait toute sa longueur, ce qui est évidemment impossible; mais si le même effet est

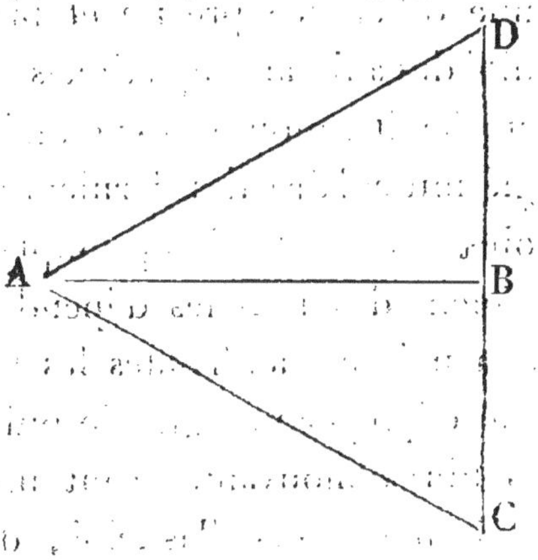

obtenu par les muscles A C , A D , ils conserveront respectivement les longueurs C B et C D dans le moment de leur plus grande contraction.

Les muscles sont fréquemment enveloppés dans des gaînes de la nature des tendons, qu'on appelle *aponévroses*; leur emploi est de lier et contenir les fibres musculaires pour qu'elles ne s'écartent point de la ligne de direction pendant leur contraction;

elles servent aussi de point d'appui dans l'exercice de leurs fonctions.

Les mouvemens des animaux sont rarement exécutés par un seul muscle; mais ils dépendent de l'action combinée de plusieurs; car, dans les divers changemens de position qui varient les rapports mutuels des membres entre eux, pendant le progrès d'un mouvement quelconque, un seul muscle pourrait gagner ou perdre beaucoup en avantages mécaniques; ce qui occasionnerait un manque de fermeté, d'aplomb dans l'action des membres mouvans. En général, dans chaque changement de position, à mesure qu'un muscle perd de son avantage, un autre muscle, opérant sur le même point, gagne proportionnellement; et le mécanisme continue d'agir également sur le même point. L'action simultanée des muscles antagonistes, ou de ceux qui poussent dans une direction contraire, empêche de même les mouvemens soudains et saccadés; car l'un des deux appareils musculaires ne se relâchant que lorsque l'autre se contracte, un mouvement brusque doit arriver plus difficilement.

La philosophie des mouvemens musculaires dont ce petit nombre d'exemples peut donner une idée générale, est, comme celle de la structure osseuse, un sujet de recherches indépendant. Il suffit, pour notre objet actuel, d'observer que, dans tous ces détails, les lois de la mécanique prédominent, et que l'énergie vitale des muscles n'influence leur forme et leur arrangement que lorsqu'un résultat différent des convenances mécaniques doit être obtenu.

Le rapport des systèmes nerveux et musculaire est purement vital, et par conséquent enveloppé de la plus profonde obscurité. Quand il serait reconnu que la contractilité des muscles est provoquée par la transmission de l'électricité à travers les nerfs, on ignorerait encore ce qui détermine la décharge électrique. Il paraît maintenant très-positivement prouvé que les muscles ont en eux-mêmes les principes de leurs mouvemens, et que les nerfs ne remplissent auprès d'eux que l'emploi d'excitant. La nature de l'influence exercée sur les muscles involontaires par le système nerveux, est tout-à-fait incompréhensible; leurs nerfs dérivent principalement du plexus sympathique, et sont entièrement indépendans de la volonté.

Suivre les petits détails de circonstances nécessitées par la forme des différens instrumens de mouvemens, ou déterminer la raison de l'existence des différentes armes d'attaque et de défense dont les animaux sont pourvus, serait une tâche infinie, et qui offrirait peut-être d'insurmontables difficultés. Nos idées sur la nature sont trop bornées, trop imparfaites, pour que nous puissions assigner avec certitude des causes à tous les effets. Nous dirons seulement qu'une loi immuable impose à chaque espèce une combinaison d'organes, et une sphère d'actions définies. Mais il nous reste encore à parler des distinctions qui tiennent aux particularités des fonctions génératives.

Ce sont les plus obscures de toutes les fonctions organiques; elles paraissent avoir au premier aspect une sorte de ressemblance avec les fonctions assimilantes, en ce que les unes créent des tissus, et les autres des organes : mais cette analogie est trop éloignée pour conduire à des conclusions bien exactes. A l'époque la plus récente où les animaux nouvellement formés peuvent être examinés, les différens organes existent déjà. Il est donc impossible de déterminer si l'individu est modelé *de toutes pièces*, ou seulement développé par sa mère.

Les animaux des classes inférieures peuvent se multiplier par la division; mais leur mode naturel de reproduction est l'apparence d'un nouvel individu sur quelque point de leur surface ; il y reste attaché et continue de faire partie de l'animal générateur jusqu'à ce qu'il ait acquis un certain développement : il se sépare alors, et prend une existence indépendante. Ce mode d'accroissement est celui des *gemmipares*.

Dans les classes supérieures, la faculté de se reproduire est bornée à un organe défini ; et souvent elle exige le concours de deux systèmes d'organes divers qui se trouvent quelquefois réunis dans le même individu, mais qui existent plus fréquemment chez différens animaux à qui ils impriment la distinction sexuelle. Les espèces hermaphrodites sont, en quelques cas, individuellement capables de se reproduire; d'autres fois elles ont besoin d'une fécondation mutuelle. Chez un très-petit nombre d'espèces, la fécondation est nécessaire une fois seulement pour une suite de générations données (1); et chez quelques autres, le même acte suffit pour un certain nombre de productions successives : mais dans la grande majorité des cas, chaque individu est la conséquence d'une fécondation spécifique. Une autre division importante de ce sujet résulte de l'état dans lequel l'embryon est séparé de la mère qui a donné lieu à la distinction de vivipares et d'ovipares.

Les causes de ces différences sont absolument inconnues; et l'on n'a jusqu'à présent obtenu aucune lumière sur l'influence de chacun des sexes dans la production du nouvel animal. On pourrait recueillir un grand nombre de conjectures et de théories, et faire un étalage d'érudition proportionné à l'obscurité du sujet; mais l'information positive se réduirait toujours à rien, et cette tâche serait aussi fastidieuse pour le compilateur que pour le lecteur.

L'influence des conditions qui tiennent aux différens modes de reproduction, sur l'organisation et les facultés des individus, est extensive et curieuse. L'existence des mamelles est liée à la naissance vivipare; car bien qu'il y ait quelques individus qui paraissent appartenir à cette classe, et dont les pe-

----

(1) Les aphides ou pucerons, etc.

tits sont capables de chercher leur propre subsistance en naissant, ces espèces sont en réalité ovipares, le jeune animal étant produit par un œuf qui se brise avant sa séparation du corps de la mère.

Dans les différentes familles d'insectes qui sont ovipares, il existe des instrumens variés qui sont adaptés à la déposition des œufs dans les situations qui peuvent fournir la nourriture convenable pour le petit animal, à l'époque où il sort de sa coquille. Les procédés qui tiennent à la fabrication du miel et de la cire, et les singuliers instincts qui se rattachent à cette sorte d'organisation dans les abeilles, sont tous destinés à remplir cet objet.

Plusieurs espèces d'insectes paraissent changer d'élément, et prendre des ailes uniquement pour la reproduction. La sécrétion lumineuse de la femelle du ver luisant supplée à ces organes qui manquent à son organisation, ce qui l'empêche de pouvoir chercher le mâle dans les régions de l'air.

L'influence des organes de la génération sur l'économie générale est remarquable dans les différentes distinctions sexuelles, qu'un examen attentif découvre jusque chez les derniers des quadrupèdes vivipares, et même dans la plupart des autres espèces. Les facultés intellectuelles, les dispositions, les appétits, les habitudes, changent avec l'altération du mécanisme et de la vitalité dans ces importantes parties. Il n'est donc point surprenant qu'elles modifient à un très-haut degré les conditions de la structure animale, et contribuent puissamment à déterminer les combinaisons des organes relatifs.

Les organes générateurs de tous les êtres vivans offrent une particularité qui mérite l'attention, c'est que l'intensité de leurs fonctions n'est pas coordonnée avec les moyens que la nature fournit pour le soutien des individus. La semence des harengs est si prolifique, que leur multiplication comblerait l'immensité de l'Océan, si ces animaux n'étaient pas détruits presque aussi vite qu'ils sont formés. L'accroissement des embrions des végétaux est encore plus rapide.

Cette loi est essentielle pour assurer la continuité des espèces, et fournir en même temps la quantité de nourriture organisée, nécessaire au soutien des différentes familles vivantes. *Mangez et soyez mangés,* telle est la loi commune de l'existence organique. L'homme a particulièrement échappé à cette loi par les facultés qui dérivent de son intelligence; mais ayant su se garantir des attaques des animaux inférieurs, son accroissement rapide l'assujettit à celles de sa propre espèce. La race humaine se multiplie plus vite qu'il n'est compatible avec le bien-être des individus; de là naissent la pauvreté et le crime dans *l'intérieur des sociétés,* et la guerre *entre les nations,* et ces maux deviennent indispensables pour rétablir la balance. C'est un fait bien triste, mais c'est un fait. Il est absurde d'imaginer que l'homme seul soit dispensé de cette loi universelle. M. Malthus

se serait peut-être épargné beaucoup de calomnies
et un travail considérable, s'il avait pris la proposition générale au lieu de la proposition particulière,
pour servir de base à son très-savant système philosophique (1).

D'après la totalité des causes extérieures, le caractère et l'identité de chaque espèce est fixé par
une immuable nécessité. Si les conditions changent,
l'organisation doit s'altérer, ou l'espèce doit périr.
Ainsi le nombre des organisations possibles est li-
mité. Le plumage d'un oiseau uni aux ouïes d'un
poisson composerait un être embarrassé dans ses
fonctions, et incapable d'une existence continue.
C'est par la connaissance de cette loi de convenance,
que l'anatomiste peut juger sur les traces les plus légères, les habitudes, le caractère et la conformation
générale d'un animal. De fortes dents canines impliquent nécessairement un arrangement carnivore
du canal intestinal, des mâchoires fortes, des
muscles denses, des nerfs marqués, un corps élancé
et flexible, un pied muni de griffes, et des mœurs
sanguinaires et féroces. Ainsi un seul os donne l'indication d'un squelette entier, et l'on en peut déduire la nature de l'action de l'animal, les muscles
et les nerfs qui lui sont nécessaires pour l'exercer, et
les sens et les appétits qui doivent motiver sa volonté.

Les combinaisons inventées par l'imagination poé-

---

(1) Malthus, *Essai sur la Population.*

tique, les centaures, les hypogriffes, les hommes volans, les hydres et les chimères ne pourraient donc pas subsister dans la nature.

Elle produit, il est vrai, parfois, des combinaisons incompatibles, qu'on appelle vulgairement naissances monstrueuses; mais de semblables êtres périssent nécessairement, et les distinctions constantes des espèces continuent sans interruption (1).

On ne sait pas bien encore, et il serait très-curieux d'examiner jusqu'à quel point les combinaisons qui naissent des productions hybrides, ou des variétés imprimées par les circonstances physiques, peuvent devenir permanentes.

Les vues développées dans ces pages (2) pourront

---

(1) Lawrence, *Transactions médicales.*

(2) « Le soleil faisant éclore, par l'action bienfaisante de sa lumière et de sa chaleur, les animaux et les plantes, qui couvrent la terre, nous jugeons par analogie, qu'il produit des effets semblables sur les autres planètes ; car il n'est pas naturel de penser que la matière, dont nous voyons l'activité se développer en tant de façons, soit stérile sur une aussi grosse planète que Jupiter, qui, comme le globe terrestre, a ses jours, ses nuits et ses années, et sur lequel les observations indiquent des changemens qui supposent des forces très-actives. Cependant ce serait donner trop d'extension à l'analogie, d'en conclure la similitude des habitans des planètes aux habitans de la terre. L'homme, fait pour la température dont il jouit, et pour l'élément qu'il respire, ne pourrait pas, selon toute apparence, vivre sur les autres planètes. Mais ne doit-il pas y avoir une infinité d'organisations relatives aux

décider peut-être la question si long-temps agitée de la pluralité des mondes habités, en démontrant que les familles animales et végétales qui existent dans notre planète doivent lui être particulières. Chaque espèce a une organisation qui lui est propre en raison des circonstances physiques où elle se trouve placée, et si la terre était éloignée ou rapprochée du soleil de quelques degrés seulement, toutes ces circonstances seraient altérées. La constitution chimique de cette planète ne peut ressembler à celle d'une autre; leurs productions organisées ne peuvent donc être les mêmes. Supposer que les innombrables corps célestes qui roulent dans l'immensité de l'espace sont exactement calqués l'un sur l'autre, et que notre monde renferme dans ses étroites limites des exemples de toutes les choses créées, est une idée qui ne s'accorde ni avec les faits, ni avec les notions généralement adoptées sur la grande cause première.

diverses constitutions des globes de cet univers? Si la seule différence des élémens et des climats met tant de variété dans les productions terrestres, combien plus doivent différer celles des diverses planètes et de leurs satellites? L'imagination la plus active ne peut s'en former aucune idée; mais leur existence est très-vraisemblable. »

La Place, Essai sur les Probabilités.

SOMMAIRE

DU CHAPITRE QUATRIÈME.

Limites des recherches. — Sensation et réaction. —Leurs différentes variétés. — Conditions de l'action vitale ; présence du fluide nutritif ; durée du stimulant. —Permanence de réaction après la cessation de l'action du stimulant. — Relations de quantité dans les stimulans. — Stimulans excessifs. — Sensibilité accumulée ou épuisée. — *Ratio recipientis*. — Théorie des catarrhes. — Stimulant insuffisant. — Appétits. — Danse de Saint-Guy. — Habitude. — Son influence sur la fibre sensitive, sur les fonctions nutritives, sur la perception et le jugement. — Stimulans alternatifs. — Spectre oculaire. — Théorie des couleurs agréables. — Stimulans régulièrement appliqués. — Sympathie. — Instinct. — Explication de quelques cas de sympathie apparente. — Fantômes. — Sympathie entre individus. — Mesmerisme. — Association. — Stimulans locaux et diffusibles. — Orgasme. — Frisson après le repas. — Résistance à la douleur. — Critique de Bion sur un vers d'Homère. — Déchirer les habits dans les chagrins violens. — Médecine de Brown. — Ivresse. — Stimulans toniques. — Phénomène de la contraction. — Fatigue, spasme, contraction nutritive. — Sommeil. — N'est point une fonction. — Sommeils partiels. — Songes. — Somnambulisme. — Animaux nocturnes. — Délire. — Influence de la température sur le sommeil. — Hybernation. — Sommeil des plantes. — Affections des fonctions nutritives pendant le sommeil.

CHAPITRE IV.

DES LOIS DE L'ACTION VITALE.

« Les vrais ressorts de notre organisation ne sont pas ces muscles, ces
artères, ces veines, ces nerfs, que l'on décrit avec tant d'exactitude et
tant de soin. Il réside, comme nous l'avons dit, des forces intérieures,
dans les corps organisés, qui ne suivent point du tout les lois de la
mécanique grossière que nous avons imaginée, et à laquelle nous
voudrions tout réduire. »

BUFFON, tome II, p. 485.

LES précédentes pages ont été consacrées à l'examen
de la loi qui gouverne la forme et l'existence des
différentes combinaisons vivantes. La connexion
entre la structure et les fonctions de toutes les espèces, et la constitution élémentaire de leur substance,
a été démontrée ; et l'on a prouvé que ces particularités caractéristiques étaient les résultats d'une nécessité qui détermine les qualités intellectuelles les
plus élevées, aussi-bien que les plus simples des
impulsions de la nutrition végétale ; qui opère enfin
aussi despotiquement en produisant un César, un
Newton, qu'en faisant naître un polype ou une
mousse.

On découvre dans ces faits qu'il existe un lien qui
rattache les règnes organique et inorganique ; ce qui
mène à supposer, par anticipation, que ces deux classes de corps tirent leur origine de la même source.
Le point d'union a jusqu'ici échappé à toutes les
recherches ; mais il semble que lorsqu'on infère

(comme on le fait si communément) de notre ignorance à cet égard, que les phénomènes de la vie sont d'un ordre différent de ceux de l'existence inanimée, on adopte bien légèrement des conclusions décisives. Toutes espèces d'analogies sont au contraire en faveur de l'opinion opposée ; celle d'une loi universelle qui régit la nature entière, et sous la puissance de laquelle toutes choses subsistent dans une mutuelle dépendance.

Cependant on est obligé, dans l'état actuel de la science physiologique, de considérer les phénomènes de l'existence organisée, comme séparés des autres phénomènes naturels ; et les faits les plus généraux doivent être référés à des forces inconnues qui résident dans les divers tissus. L'existence de ces forces, quoique leur nature réelle demeure inconnue, est toujours prise comme l'*ultimatum* des raisonnemens. Les théories vagues et incertaines qu'on a cherché à établir pour expliquer ces puissances mystérieuses, n'ont contribué en rien à l'avancement des connaissances ; et la philosophie dirige plus utilement ses recherches, en essayant de reconnaître les conditions sous lesquelles la vitalité se manifeste dans les divers tissus et les différentes espèces.

La tendance à la dissolution, comme nous l'avons déjà dit, n'est pas la même dans toutes les combinaisons organiques. L'influence des affinités chimiques domine dans quelques compositions, et le développement des facultés vitales devient alors moins nécessaire pour leur formation et leur durée. Ainsi les forces vivantes se montrent sous une grande variété de modifications dans les tissus organisés, et l'on peut établir des distinctions utiles d'après ces variétés. Tous les phénomènes de la vie peuvent être réduits, en dernière analyse, à deux simples faits : une *sensation* de la présence des corps étrangers, et une *réaction* par laquelle le tissu, et en plusieurs cas le corps étranger lui-même, souffrent une altération correspondante. Il est nécessaire d'observer que le mot de sensation est pris par les physiologistes dans un sens particulier. Pour en comprendre l'application, il faut concevoir que tous les corps n'agissent pas indifféremment sur tous les tissus vivans, chaque organisation distincte étant constituée de manière à se trouver en relation avec des agens appropriés, par lesquels seuls elle peut être congrument affectée. Ces agens ont été nommés les *stimulans* d'une organisation.

· L'action qui résulte de la présence d'un stimulant n'étant ni chimique ni mécanique, on suppose que les tissus sentent ou distinguent les différentes substances qui leur sont présentées. Une sorte d'affection dans le tissu vivant doit résulter de l'attouchement extérieur, pour déterminer son action ou son repos ; cette affection, en ce qu'elle ne dépend point des propriétés inorganiques du tissu, mais de sa vitalité, demande une appellation distincte , et d'après l'analogie on la nomme *sensation.*

Dans tous les tissus qui ne sont pas en rapport avec l'appareil nerveux , ces phénomènes ont lieu indépendamment de la conscience ; et comme ils se montrent chez des êtres tout-à-fait dépourvus de nerfs, ils ne peuvent être regardés comme liés à la perception. Dans ce sens restreint, le mot de sensibilité représente donc purement cette modification inconnue du tissu qui l'oblige à réagir ou à ne point réagir, suivant que la substance qui lui est appliquée est ou n'est pas du nombre de ses stimulans appropriés. On pourrait reconnaître dans ce fait une habitude du tissu à l'égard de ses stimulans, qui se rapprocherait beaucoup de ce qui est appelé en chimie *attraction élective.* Cet usage analogique du mot *sensation* est peut-être difficile à justifier à cause de sa tendance évidente à égarer l'imagination. Sa connexion intime et étymologique avec les organes des sens doit suggérer les notions de conscience, et rend ce terme très-impropre pour exprimer une force indépendante de la perception, une force qui existe dans les végétaux, dans les parties amputées des animaux, dans les œufs et dans les graines.

Mais il est bien rarement au pouvoir du langage de rendre les idées avec une précision parfaite (1).

---

(1) « Ce n'est point aux philosophes, c'est au besoin qu'on doit l'invention des langues. »

HELVÉTIUS.

Non-seulement la corruption des idiomes, mais le progrès même des connaissances tendent à rendre plus incertaine l'application des mots. A mesure que de nouvelles idées naissent, elles se lient insensiblement à de vieilles expressions, dont le sens est conséquemment étendu, varié, souvent entièrement changé (1). Créer de nouveaux termes pour chaque pensée nouvelle est une chose impossible; car ce qui est nouveau ne peut être conçu que par ses analogies et ses relations avec des faits déjà connus, et par conséquent l'introduction d'un langage tout-à-fait technique, isolé, sans rapports d'un objet avec les autres, remplirait mal le but de son inventeur (2). C'est par cette raison que les hommes

---

(1) Ainsi le mot *vertu*, qui signifie étymologiquement *virilité*, implique, chez les moralistes, les obligations de l'homme social; chez les théologiens, il désigne une abnégation du droit de juger, indigne de l'homme; et chez les Italiens, son dérivé *virtuoso* signifie l'opposé de l'homme. Quelquefois les termes prennent un sens directement contraire au premier qu'ils ont eu par une opération mentale très-curieuse; comme *présentement*, qui est employé pour le temps qui n'est pas présent, et *probablement* pour ce qui ne peut être prouvé.

(2) « Nous allons du connu à l'inconnu, c'est-à-dire que nous voyons l'inconnu dans le connu même. L'inconnu qu'on découvre est donc le connu qu'on voyait. Ils se ressemblent, par conséquent ils sont analogues. Si vous voulez donc me faire passer de l'un à l'autre, vous n'avez pas d'autre moyen que de mettre la même analogie dans vos discours. »

Condillac, Traité des Calculs.

14

ont toujours eu recours à des images sensibles, à des combinaisons connues, pour enrichir et augmenter leur vocabulaire ; et qu'ils ont toujours tâché de donner à d'anciennes expressions des significations nouvelles, quand cela se pouvait, comme le meilleur moyen de suggérer universellement leurs idées. Le mot *sensation* est trop usité dans le langage familier pour qu'il n'apporte pas inévitablement une sorte de confusion quand il est employé techniquement ; mais pour obvier un peu à cet inconvénient, on se servira des termes *perception* et *perceptibilité* dans les pages suivantes, toutes les fois que la *sensibilité relative* se trouvera en opposition avec cette variété inférieure de sensibilité que nous venons de décrire, et qui préside exclusivement aux fonctions nutritives.

La sensibilité relative est cette modification de puissance vitale qui est suivie de *conscience*, et qui paraît avoir son siége exclusif dans l'appareil nerveux. On devrait peut-être, par cette raison, la considérer plutôt comme une fonction que comme une force primitive (1) ; mais les distinctions de tissus et d'organes, de propriétés vitales et de fonctions, sont trop arbitraires pour admettre une application stricte et universelle. L'utilité seule doit déterminer leur appropriation individuelle.

Pour exprimer la réaction qui a lieu dans les tis-

---

(1) Magendie, *Précis de Physiologie.*

sus vivans pendant l'application de leurs stimulans ,
les physiologistes ont adopté le mot de *contraction*,
et dans ce cas, comme dans le précédent, l'expression a été choisie par analogie ; elle rappelle les
mouvemens les plus apparens qui ont lieu dans les
tissus des animaux des classes supérieures.

La nature précise du plus simple mode de la réaction organisée, qui constitue les fonctions *nutritives*, *automatiques* ou *organiques*, est tout-à-fait
inconnue. Elle a lieu dans certaines parties des solides vivans , qui sont trop petites pour être soumises à l'observation oculaire. Une particule de
sang peut être suivie, dans sa course, à travers un
vaisseau; on peut la voir entrer dans une glande,
d'où elle s'échappe totalement altérée dans sa constitution, sous la forme d'une sécrétion quelconque.
Mais la nature de l'action que cette particule a soutenue est hors de la portée de nos sens, et reste enveloppée d'une profonde obscurité (1). Ce n'est donc
que par analogie avec les contractions sensibles des
fibres musculaires, que ces mouvemens variés et imperceptibles sont désignés par le terme de contraction.

L'inventeur de cette manière de considérer la vitalité, le célèbre Bichat, reconnaît trois variétés de

---

(1) Le passage d'un courant électrique n'est pas suffisant,
comme on l'a déjà observé, pour expliquer les différentes
sécrétions.

réaction organique. La première, qu'il appelle *contraction* organique insensible, mais qui est mieux désignée par les termes de *contraction automatique ou nutritive* (1), renferme les plus minutieuses des actions vasculaires d'assimilation et d'absorption, qui, n'étant point dépendantes de la volonté, sont dirigées par des causes inhérentes aux organes eux-mêmes. Il nomme la seconde variété *contraction organique sensible*; elle embrasse ces mouvemens visibles des muscles qui ont lieu dans les organes exempts de l'influence de la volonté, tels que le cœur et la couche musculaire des intestins. Il donne à la dernière variété le nom de *contraction animale*, comprenant sous ce terme tous les mouvemens musculaires qui sont dirigés par la volonté.

Cet arrangement est cependant tout-à-fait inadmissible, parce qu'il est fondé sur une distinction étrangère au sujet. Les deux derniers modes de contraction sont parfaitement semblables, et sont compris par Haller sous l'appellation d'*irritabilité*. Qu'un muscle soit lié ou ne le soit point avec l'appareil nerveux, qu'il soit par ce motif soumis ou non à la volonté, c'est une circonstance tout-à-fait étrangère à sa structure comme *muscle*; et si la communica-

---

(1) L'usage du mot *organique*, comme opposé à celui d'*action animale*, est vicieux, parce que toute action vitale est organique. Cela entraîne en même temps la détestable cacophonie d'organes organiques.

tion nerveuse entre le cerveau et un organe de *con-tractilité* est interrompue, les propriétés musculaires de cet organe ne sont point du tout altérées.

Il se trouve cependant quelques légères différences dans l'arrangement mécanique des fibres des muscles par lesquels les mouvemens organiques sont exécutés, et de ceux qui sont sous l'influence de la volonté ; et les physiologistes doivent avoir ces différences bien présentes à l'esprit : sous cet aspect, la distinction de Bichat n'est pas sans utilité ; mais on doit toujours se souvenir que les forces sont pareilles dans les deux cas, et qu'il n'y a pas de bases bien philosophiques sur lesquelles on puisse établir une division des phénomènes en deux ordres séparés et contraires.

Ces distinctions entre les différens modes de contraction et de sensation peuvent donc être regardées comme artificielles à un très-haut degré ; elles sont utiles pour généraliser les idées, mais elles ne paraissent pas philosophiquement exactes.

Chaque tissu distinct possède sa propre vitalité spécifique, et la différence de sensibilité entre la substance qui produit une fleur, ou celle qui produit un muscle, doit être plus grande que celle qui forme la distinction entre les fonctions automatiques et animales. Le développement soudain de la sensibilité *perceptible* pendant l'inflammation des organes qui en sont privés dans l'état de santé, semble prouver que les variétés de sensibilité établies par

Bichat consistent plutôt dans le degré que dans l'espèce (1).

. Quand on suit les phénomènes de la nature depuis les mouvemens de la volonté les plus élevés et les plus compliqués, jusqu'à la simple gravitation de la matière vers un centre commun, il est difficile d'apercevoir les points où l'influence d'une modification de force cesse, et ceux où une autre commence.

On a beaucoup de raisons (sans preuves positives cependant) pour supposer que les phénomènes de la vie dépendent tous d'un principe commun développé différemment dans chaque tissu vivant. Il y a aussi une différence à peine sensible entre les exercices les plus simples dérivant de ce principe, et les cas de pure affinité chimique; et la ressemblance de l'affinité chimique à la force attractive des masses est encore plus frappante.

Le mode d'opération de toutes ces forces diverses est d'une similitude si évidente, qu'on emploie un terme commun pour exprimer les sollicitations sympathiques d'amour et d'amitié, et l'action mutuelle des corps inorganiques.

---

(1) Un exemple particulier peut être ajouté à ce fait; c'est la douleur insupportable qui accompagne l'inflammation des poumons. Le siége de cette affection est une membrane qui, dans l'état de santé, n'est pas capable de propager des sensations jusqu'au centre cérébral. Les os et les ligamens qui sont insensibles aux chocs les plus rudes dans l'état de santé, sont d'une susceptibilité extrême quand ils sont malades.

C'est par cette raison que les philosophes mysti-
ques de l'antiquité attribuaient toutes choses au divin Eros (1), et que Lucrèce commence son Système
de la nature par une invocation à Vénus.

Il faut se rappeler cependant que les hypothèses
qui dérivent de cette manière de considérer le sujet,
quoique grandes et belles par leur extrême simplicité, doivent être regardées dans l'état actuel de la
science, comme appartenant plutôt à la poésie qu'à
la philosophie.

La sensibilité et la contractilité des tissus organiques n'étant pas inhérentes à leurs plus petites particules, sont développées par les actions fonctionnelles qui ont lieu entre les solides et les fluides,
et la suspension de ces actions est bientôt suivie de
la mort (2). Si le sang nécessaire pour le soutien

---

(1)   Ητοι μὲν πρώτιστα χάος γένετ' αὐτὰρ ἔπειτα
Γαῖ. . . . .
. . . .
Ἡ δ' Ερος ὅς κάλλιστος ἐν ἀθανάτοισι θεοῖσι
Λυσιμελὴς πάντων τε θεῶν πάντων τ' ἀνθρώπων
Δάμναται ἐν σͅήθεσσι νόον καὶ ἐπίφρονα βυλήν.

HESIOD. *Theogonia.*

« Le chaos naquit le premier, ensuite la terre......puis
l'Amour naquit ; l'Amour le plus beau des dieux, l'Amour
qui chasse les noirs soucis, qui triomphe des sages conseils,
qui dompte le cœur des hommes et des dieux. »

(2) C'est ce qui suit du sens véritable du mot, car la vie est
essentiellement l'action.

d'un membre n'arrive plus à lui par l'effet de quelques ligatures faites sur ses artères, toutes les sortes de sensibilité s'éteignent en un court espace de temps ; la partie meurt et subit les mêmes changemens qui surviennent à la mort du corps entier. C'est d'après ce principe que les tumeurs et les autres excroissances sont enlevées en les serrant avec un fil de soie, ou même un cheveu : cette opération est très-fréquente dans la pratique de la chirurgie.

L'influence de la circulation sur la sensibilité relative est encore plus immédiate. Si l'on empêche par un moyen quelconque le sang de fluer vers la cervelle dans sa quantité accoutumée, les fonctions de perception sont à l'instant suspendues ; l'animal tombe en syncope, et cet état est promptement suivi de la mort, si la cause de la suspension ne cesse point (1). D'autre part, si la circulation continue sans interruption, et que la ligature soit placée sur les nerfs du membre de manière à couper sa communication avec le centre cérébral, les autres tissus continueront leurs fonctions malgré cet accident : cette lésion de l'appareil nerveux suspendra nécessairement la communication des sensations au cerveau, et de la volonté aux muscles ; mais le membre continuera de vivre, et ses muscles de se contracter sous l'influence des autres stimulans, comme si l'opé-

----

(1) C'est le principe de l'évanouissement qui arrive si fréquemment pendant les pertes de sang.

ration n'avait pas eu lieu. Ces contre-expériences démontrent que le système nerveux n'est pas la source de la vie pour toute l'économie, mais qu'il est animé, comme tous les autres tissus, par une action entre ses propres vaisseaux et les fluides circulans.

La manière dont le sang est distribué dans les divers organes s'accorde exactement avec cette conclusion, puisque la quantité qui flue vers chacun d'eux est strictement mesurée sur l'intensité des fonctions. On a calculé qu'un sixième de tous les fluides circulans passe dans la cervelle chez le sujet humain, et les muscles qui sont les parties où les nerfs abondent le plus, ont aussi plus de vaisseaux sanguins dans leur structure.

La vitalité étant en même temps la source et la cause des fonctions, offre sous cet aspect un cercle d'actions qui ne montre ni commencement ni fin, et dans lequel la cause première reste impénétrable. Le renouvellement de l'énergie vitale est cependant lié en quelque sorte avec la fonction de respiration. Le sang des mammifères, en vivifiant les solides, subit ce changement inconnu qui lui donne sa couleur pourprée, et le rend en même temps impropre pour la répétition de ses fonctions. Un procédé contraire a lieu dans les poumons, et la propriété énergique du sang y est rétablie. L'action chimico-vitale de l'air dans ces organes est donc évidemment la source de la régénération de la vitalité.

Il n'existe qu'une seule exception à l'universalité de cette loi , et peut-être n'est-ce qu'une exception apparente. Le sang qui circule dans le système artériel de l'embrion ne se distingue point par sa couleur de celui qui coule dans les veines; on présume alors qu'il n'est pas influencé par l'action de l'oxigène. Mais l'ancienne théorie, où l'on supposait que cet élément était reçu par les artères maternelles, est encore d'un grand poids. La circulation à travers le placenta ou organe de communication entre la mère et l'enfant, est momentanément nécessaire pour l'existence du fœtus; mais sa suspension peut avoir lieu sans danger aussitôt que l'enfant se trouve en contact avec l'air extérieur. On peut donc raisonnablement inférer que les fonctions du placenta et des poumons suppléent l'une à l'autre.

Pour qu'un stimulant produise son effet sur un tissu vivant, il faut qu'ils soient mis en contact l'un avec l'autre pendant un espace de temps déterminé. Les éclairs passent très-souvent à travers la sphère de la vue sans être aperçus, à cause de leur extrême rapidité; et quelquefois, par la même raison, des boulets ont pénétré dans le corps sans exciter une grande sensation.

La période nécessaire pour produire *l'excitation* n'est pas la même à l'égard de tous les stimulans et de tous les tissus : elle est très-considérable dans certains cas. On tire avantage de cette loi dans les empoisonnemens en administrant des drogues émétiques propres à exciter le renversement de l'estomac, ce qui lui fait évacuer ses contenus, avant que le poison ait eu le temps d'agir sur ses tissus, et de décider la maladie. Les vésicatoires n'irritent la peau qu'après une application de quelques heures ; les contagions fébriles restent plusieurs jours comme endormies, et la salive empoisonnée des animaux hydrophobes n'excite le mal qui lui est propre qu'au bout d'un laps de temps incertain et varié. La rapidité de l'action qui suit l'application des stimulans, varie avec l'intensité des causes stimulantes et l'énergie vivante des tissus auxquels elles sont appliquées.

D'autre part, quand un stimulant a fait son impression, l'action qui en est la conséquence continue pendant un certain temps après que sa cause a cessé. Le premier effort du vomissement expulse en général toute la drogue émétique ; mais l'action se répète plus ou moins fréquemment avant que l'impression faite par ce remède soit tout-à-fait effacée. Cette loi de l'énergie vitale est très-heureusement démontrée par un des amusemens favoris des enfans. Si l'on attache un petit morceau de bois enflammé à une corde, et qu'on le fasse tourner très-rapidement, l'effet visible est celui d'un cercle de feu, parce que l'impression faite sur la rétine par la flamme à un point quelconque de sa rotation, excite une action qui continue jusqu'à ce que le bois ait fourni sa révolution, et qu'il soit revenu à la même place pour renouveler l'excitation : ainsi un cercle d'action est formé dans la rétine, et il correspond à celui du stimulant. Des effets permanens ont lieu de même dans l'économie, par des causes périodiques, et l'administration répétée de la même drogue produit des changemens constans dans les actions fonctionnelles.

L'effet qu'un stimulant peut produire sur le tissu vivant, varie suivant la quantité dans laquelle il peut être présent. Si la dose en est trop petite, ses effets sont positivement nuls à l'égard des fonctions ; si elle est trop grande, il peut accroître, suspendre ou donner une direction contraire à l'action de l'organe auquel on l'applique. Dans les organes des sens, un stimulant excessif produit une douleur au lieu d'une sensation ; dans les muscles, il substitue les convulsions aux actions régulières ; dans les organes sécrétoires, il augmente d'abord, ensuite il suspend la sécrétion : au bout d'un certain temps la sécrétion recommence cependant, mais le produit en est plus ou moins modifié ; et en quelques cas le sang coule en nature par les vaisseaux sécrétans. Tous ces phénomènes peuvent être observés dans le cours d'un rhume inflammatoire grave. Quand les vaisseaux nutritifs sont le siége d'une excitation excessive, l'inflammation aiguë et la fièvre en sont les conséquences ordinaires.

Lorsqu'un stimulant trop fort nuit plutôt par sa durée et sa répétition que par son excès, les vaisseaux de la glande excitée sont suceptibles de se paralyser, et la sécrétion diminue graduellement, ou cesse tout-à-fait. Si la paralysie des vaisseaux s'étend au système nutritif de l'organe, la partie se rétrécit dans toutes ses dimensions. Quelquefois, au contraire, les vaisseaux nutritifs augmentent d'énergie par l'altération dans la balance des forces que produit la suspension de la sécrétion; l'organe alors s'étend et se condense en même temps. L'une et l'autre de ces conditions peuvent être observées dans le foie des personnes qui font abus des liqueurs spiritueuses.

L'application même d'un stimulant sain, ou qui n'excède pas de beaucoup ce qui est nécessaire pour appeler un organe à l'exercice régulier de ses fonctions, produit toujours un certain épuisement de force vitale; cet effet est suivi d'une diminution plus ou moins extensive des fonctions pendant laquelle la force vitale s'accumule encore. Chaque tissu a bien son propre dégré spécifique d'énergie vitale; mais ce dégré n'est pas prescrit avec l'exacte invariabilité qu'on observe dans les forces physiques des espèces inorganiques. Une masse de matière brute d'un poids et d'une dimension donnée, est toujours attirée par la terre avec la même vélocité en passant par un même milieu, et en partant d'un point déterminé; et les accroissemens de sa célérité sont semblables dans les mêmes parties successives de son passage. De même la force d'affinité

chimique est toujours constante, et les résultats
des combinaisons une fois connus peuvent ensuite
être calculés d'avance avec une parfaite certitude.
Dans les corps organisés, au contraire, il y a une
oscillation continuelle des forces mouvantes, dans
certaines limites qui déterminent une plus ou moins
grande réaction après l'application d'un stimulant
donné, suivant qu'il opère sur un tissu dont la sensibilité se trouve alors épuisée, ou accumulée, au-
dessus ou au-dessous de son intensité moyenne. Les
termes de stimulant *excessif* et *insuffisant* ne sont
donc pas applicables à des quantités définies de substance étrangère, mais à des parties qui varient
avec les différentes conditions des solides vivans.

Les degrés d'*excitation* auxquels les organes peuvent être soumis, et qui leur permettent de retourner ensuite à leur action accoutumée, ne sont
pas très-étendus; et quand ils sont dépassés, ils
produisent de nouveaux modes d'actions qui ne sont
compatibles ni avec l'existence de l'organe, ni avec
les mouvemens du reste de la machine; et la conséquence de cette action désordonnée est la maladie
et quelquefois la mort de l'individu. La maxime *ne
quid minis* est fondée sur ce fait physique. Ni la force
ni la rapidité des mouvemens organiques ne peuvent être accrues indéfiniment, et toutes les tentatives pour porter à l'excès les sensations agréables
qui dérivent de l'action des fonctions, vont en sens
contraire de leur but, et sont accompagnées d'un

intervalle de débilité proportionné qui va souvent jusqu'à la maladie.

Les êtres organisés ne sont donc pas ce qu'ils sont en vertu de leurs circonstances actuelles seules, mais ils sont puissamment modifiés par les conditions de leur existence précédente. La *ratio recipientis* a bien plus de valeur chez les espèces vivantes que chez les espèces inorganiques. L'opération de cette loi règle sans cesse les impressions faites sur les tissus vivans par les élémens qui les environnent.

Si les mains sont placées pendant quelques momens l'une dans de l'eau très-froide, l'autre dans de l'eau très-chaude, et qu'elles soient ensuite reportées ensemble dans de l'eau à une température moyenne, l'impression que ce changement fera sur la main échauffée, sera une sensation de froid, et la main refroidie éprouvera de la chaleur. Dans cette expérience, la main échauffée a eu sa vitalité comparativement épuisée par le stimulant supérieur de l'eau chaude ; elle est à cause de cela moins excitée par le fluide tiède, que celle dont le pouvoir vital a été relativement accumulé par sa précédente exposition à une basse température. Les personnes qui sortent d'une atmosphère au degré de glace pour entrer dans une chambre bien chauffée, éprouvent une sorte de douleur et de picotement dans la peau, à cette même température qui est agréable et saine pour ceux qui n'ont pas été récemment exposés au froid. C'est en conséquence d'une accumulation semblable d'excitabilité résultant de l'inaction de l'hiver, que la végétation commence à un degré de température qui ne peut plus suffire en automne pour entretenir la vie des feuilles épuisées.

Les applications de cette loi sont infinies. Les Russes, instruits par la seule expérience, suivent ses indications dans le traitement des organes attaqués par les gelées de leur climat rigoureux. Les corps exposés à ces températures deviennent d'une susceptibilité si grande pour le stimulant de la chaleur, que son application soudaine produit une réaction qui détruit sur-le-champ la vie. Ainsi, quand un membre a été gelé, la première chose à faire est une friction légère avec de la neige qui, se trouvant à quelques degrés au-dessus de l'atmosphère, devient un stimulant proportionné à l'état présent de la partie, et peut exciter autant d'action qu'il est nécessaire pour son retour à la santé. L'arrêt dans la circulation produit par le froid extrême n'est pas accompagné de douleur. Il est donc possible de tomber dans cet état sans s'en apercevoir, et d'entrer ainsi dans des appartemens chauds ; l'excitabilité des organes frappés par la gelée est alors totalement détruite, la gangrène s'ensuit, et le membre est tout-à-fait perdu.

D'après les précédentes circonstances il paraîtrait probable que le catarrhe, ce mal insupportable, si fréquent dans nos climats, est plus souvent le résul-

tat d'une transition soudaine du froid au chaud, que
du chaud au froid comme on l'imagine ordinairement. Il est vrai que les catarrhes arrivent communément quand on s'est exposé à l'air de la nuit en
quittant des assemblées nombreuses ; mais l'état d'é-
puisement général de tout le corps à cette période
de la journée, état qui le rend plus susceptible d'une
action irrégulière, explique suffisamment ce fait.
D'ailleurs, l'altération qu'éprouve dans ce cas la constitution, pourrait peut-être encore être attribuée
avec plus de justesse au retour à l'atmosphère chaude
d'une chambre à coucher, après avoir supporté l'air
extérieur : une raison pour croire à cette assertion, c'est que les personnes qui reviennent à pied
chez elles et qui rentrent dans leur maison, le sang
porté à la peau par l'effet de l'exercice, sont moins
sujettes à s'enrhumer que celles qui se servent de
voitures couvertes.

Les inconvéniens qui naissent du défaut de stimulant sont beaucoup moins graves que ceux qui dérivent de son excès. Si l'excitation est moins que
naturelle, l'excitabilité s'accumule, et tend ainsi à
mettre l'organe dans un état convenable pour être
stimulé par d'autres circonstances : cela n'est vrai
cependant que jusqu'à certain point.

L'absence du stimulant accoutumé est la source
des appétits animaux. La faim est une sensation pénible qui produit une partie de la sensibilité accumulée de l'estomac, et la rage amoureuse des ani-

maux, quand elle n'est pas pervertie par la raison, a son unique origine dans une cause semblable. Le dé-faut d'excitation mentale cause le mal que les Français nomment *ennui*. La sensibilité accumulée se décèle dans ce cas par une propension au mouvement, qu'on appelle vulgairement *tiraillemens, inquiétudes nerveuses*. De tels mouvemens sont des efforts pour dépenser cette vitalité que si peu de gens savent employer, dont on croit n'avoir jamais assez, qu'on possède si souvent sans jouissances, et qu'on ne laisse jamais sans regrets. On peut mettre au nombre de ces mouvemens involontaires les convulsions qui constituent la maladie nommée *danse de Saint-Guy*, affection particulière à l'adolescence, et qui arrive plus ordinairement aux jeunes gens que l'on tient trop renfermés dans des écoles ou des salons.

Il serait impossible de maintenir une proportion exacte entre les stimulans et l'excitabilité, au milieu de l'immense variété de circonstances qui résulte tant des climats que des passions et des besoins des individus, si quelque autre principe n'était pas mis en action pour obvier aux mauvais effets des excès inévitables. Ce principe est *l'habitude*, ou cette loi de l'économie qui rend les effets d'un stimulant moins forts en proportion de son application plus fréquente. L'influence de l'habitude semble porter plus spécialement sur les impressions qui excitent des émotions de plaisir ou de peine, et sur celles

qui agissent sur la peau, et les membranes muqueuses. Quand un stimulant est appliqué pendant
un long espace de temps à un de ces tissus, son
effet diminue graduellement, jusqu'à ce qu'enfin il
devienne tout-à-fait inerte. Les substances savoureuses tenues long-temps dans la bouche cessent
d'exciter la sensation de goût qui leur est propre.
De même les bagues et les autres ligamens causent
d'abord une sorte de gêne dans l'endroit de leur
pression ; mais bientôt cette gêne n'est plus ressentie, et c'est de là que vient cette manière d'aider à
la mémoire en mettant un anneau au doigt où l'on
n'a pas l'habitude de le porter, afin que l'irritation
qu'il occasionne fasse penser de temps en temps à
la chose dont on veut se rappeler.

Comme l'application continue d'un stimulant oblitère la sensibilité du tissu à son égard, de même
son application réitérée tend à diminuer l'intensité
des effets qu'il produit. Les résultats physiques et
moraux de cette loi sont trop nombreux pour être
détaillés. On sait que l'abus journalier des liqueurs
enivrantes affaiblit leur impression sur l'intelligence. Un aspirant à l'ivrognerie est vaincu par
quelques verres de vin, tandis que l'ivrogne profès
peut en avaler plusieurs bouteilles sans perdre la
petite dose de bon sens qui lui reste. La même
chose arrive dans l'emploi de l'opium et des autres
stimulans diffusibles. Certaines personnes s'habituent
peu à peu à prendre des quantités de ces substances

qui les auraient fait mourir si elles les avaient prises
dès la première fois. Les médecins sont obligés de
donner souvent de nouvelles drogues, ou de les
changer pour d'autres qui produisent des effets analogues, afin d'obvier à cette tendance de l'économie
quand ils veulent maintenir une action continue
dans le système (1).

L'influence de l'habitude sur les impressions produites par les élémens est des plus évidentes. Un
paysan, qui est ordinairement exposé à toutes les
intempéries des saisons, en est bien moins affecté
que le citadin délicat qui n'est pas accoutumé à supporter ces changemens subits de température. Le
secret des jongleurs indiens, qui faisaient passer un
fleuret dans leur estomac, consiste à se blaser sur
l'impression pénible que ce corps doit exciter naturellement, par l'application continuellement ré-

---

(1) L'auteur connaissait une personne qui avait l'habitude
de prendre deux verres à liqueur pleins de laudanum, tous
les jours. La quantité d'opium consommée journellement par
les Turcs, serait fatale à des constitutions qui ne seraient pas
accoutumées à ce stimulant. Cette influence de l'habitude n'est
cependant que temporaire ; car la sensibilité des tissus revient
promptement après une courte abstinence. C'est pour cela
que dans l'emploi de la ciguë, de la digitale et d'autres drogues narcotiques, il est nécessaire de recommencer par de
petites doses quand leur usage a été interrompu pendant quelque temps : il serait impossible de supporter la même quantité de ces substances qu'on prenait avant l'interruption.

pétée de sa surface aux membranes internes de l'œsophage.

Le grand art de la vie est de savoir éviter l'apathie qui résulte de cette influence de l'habitude, en économisant les sensations agréables de manière à laisser quelques jouissances pour l'âge avancé. L'indifférence occasionnée par l'usage, à l'égard des sensations les plus vives, est l'ennemie contre laquelle nous devons combattre sans cesse. Les plaisirs de la table, des lettres, des arts, même les agitations profondes excitées par les chances du jeu, perdent enfin leur charme par la continuité. Des hommes qui se rencontrent avec la plus vive satisfaction, se quittent souvent avec froideur ; le mérite ne fixe pas toujours l'ami ; la beauté n'enchaîne pas toujours l'amant. Le plus grand avantage de la fortune est peut-être les facilités qu'elle donne pour renouveler les sensations, pour réveiller l'intérêt en changeant souvent d'occupations, de compagnie et de résidence.

Comme les organes relatifs sont beaucoup plus susceptibles d'être influencés par l'habitude, Bichat a été conduit à douter de son action sur les fonctions nutritives. Son pouvoir sur ces fonctions se manifeste cependant par le ralentissement progressif qui a lieu dans tous les mouvemens automatiques à mesure qu'on avance dans la vie. Les fonctions sont exercées avec la plus grande rapidité aux premières périodes de l'existence, et cette activité va toujours en décroissant jusqu'au moment de la cessation finale (1). Plusieurs symptômes morbides disparaissent également au bout d'un certain temps, par l'influence de l'habitude, quoique leur cause soit toujours présente. Ces maladies éruptives, qui n'attaquent le même sujet qu'une seule fois, prouvent encore que le système s'accoutume au stimulant du miasme contagieux. Les habitans des cantons marécageux deviennent insensibles à l'influence délétère de leurs exhalaisons, et sont moins aisément affectés par des fièvres que les étrangers qui se trouvent accidentellement dans leur pays; enfin, pour citer encore un seul exemple entre mille, des substances étrangères, telles que des balles, etc., quand elles sont ensevelies dans la chair, excitent d'abord une inflammation violente, et finissent par n'être pas même senties.

Cette opération de l'habitude sur la sensibilité contraste d'une manière très-curieuse avec son influence sur la contractilité. Quand un organe ou un tissu a été jeté dans un mode de contraction donné, il devient disposé à chaque répétition du stimulant, à exécuter l'action avec plus de vigueur, de facilité et de certitude. La nourriture à laquelle l'estomac est accoutumé, est plus aisément digérée. On porte

---

(1) Le pouls artériel des enfans bat plus de cent vingt fois en une minute; dans la vieillesse, il bat rarement plus de soixante-cinq fois.

avec moins de peine un fardeau habituel ; un por-
tefaix et un porteur de chaises , qui échangeraient
leurs fonctions , se trouveraient tous deux moins
forts et moins agiles dans leur nouvelle situation.

Cette différence dans les effets de l'habitude est
fortement marquée par son influence sur la perception et sur le jugement. Quand on examine plusieurs fois le même sujet, ces mouvemens du sensorium dans lesquels les idées consistent essentiellement, deviennent plus forts et plus distincts ; ils
sont aussi plus aisément rappelés , et peuvent se
combiner dans toutes les variétés possibles. L'habitude accroît donc la finesse des notions comparatives
en même temps qu'elle émousse les impressions
sensitives qui les avaient originairement excitées.
C'est la base physique de cette belle remarque de
Fontenelle , « les plaisirs ne sont point assez solides pour souffrir qu'on les approfondisse : il ne
faut que les effleurer. Ils ressemblent à ces terres
marécageuses sur lesquelles on est obligé de courir
légèrement sans y arrêter jamais le pied (1). » L'acquisition de la science est souvent dans ce sens contraire au bonheur :

> *Still flying from nature to study her laws ,*
> *And dulling delight by exploring its cause ,*

---

(1) *Dialogues des Morts.* Chamfort dit que « celui qui veut
trop faire dépendre son bonheur de sa raison, qui le soumet

We forget how superior for mortals below
Is the fiction they dream to the truth that they know.

« Fuyant toujours la nature pour étudier ses lois, et détruisant le plaisir en recherchant sa cause, nous oublions que les mortels sont plus heureux par les fictions qu'ils rêvent, que par les vérités qu'ils découvrent (1). »

Les opérations combinées de l'habitude, en détruisant la vivacité des impressions, et en renforçant les modes d'actions accoutumés, rendent les hommes mécontens de leurs circonstances présentes, et les y enchaînent en même temps, en leur ôtant souvent jusqu'au courage d'essayer d'échapper à ce qui les tue. Certaines manières de penser et d'agir sont préférées, par leur ancien usage, à des innovations utiles ; les préjugés sont consacrés par le temps, et l'exemple règne à la place de la raison. Le sentiment d'une injustice établie s'affaiblit, comme une chaîne long-temps portée devient moins pesante. C'est ainsi que les gouvernemens dont l'administration est la plus désastreuse, trouvent encore des gens qui les soutiennent de bonne foi, et que les superstitions les plus dégradantes ont leurs martyrs. On tolère ce qu'on n'approuve point, on croit naturel

à l'examen, qui chicane pour ainsi dire ses jouissances, et n'admet que les plaisirs délicats, finit par n'en plus avoir. C'est un homme qui, à force de carder son matelas, le voit diminuer, et finit par coucher sur la dure. »

(1) Moore.

et inévitable ce qui a long-temps subsisté, et les siècles se succèdent sans que la société fasse aucun pas vraiment essentiel vers la sagesse et le bonheur.

Quand un organe a été épuisé par la répétition fréquente d'un stimulant, sa sensibilité peut encore être excitée par l'application d'une autre substance stimulante. Le thé, le café, le vin, les liqueurs spiritueuses, l'éther, l'opium, pris successivement, produisent des effets plus durables que si l'un de ces stimulans était employé seul et continûment. Le singulier phénomène du spectre oculaire, décrit dans la Zoonomie de Darwin, peut être référé à cette loi. Si l'œil est fixé pendant assez long-temps sur une des couleurs primitives pour être fatigué de sa contemplation, et qu'il soit subitement porté sur une couleur composée dont la première se trouve un des constituans, cette seconde couleur n'excitera pas dans l'esprit l'idée qu'elle a coutume d'exciter, mais celle que la combinaison ferait naître si la couleur primitive d'abord contemplée en était absente. Si l'on pose, par exemple, un cachet rouge sur une feuille de papier blanc, qu'elle soit placée dans une forte lumière, et que l'œil reste fixé sur le point rouge de manière à ce que les rayons qui en procèdent frappent continuellement la rétine par le même point : quand cet effort commence à fatiguer la vue, si l'on reporte les yeux sur une autre partie du papier, on y verra une tache d'un vert brillant, et d'une dimension semblable à celle du cachet. L'explication de cette curieuse expérience est très-simple. Le blanc est une sensation produite par un mélange convenable de rouge, de bleu et de jaune (abstraction faite des nuances intermédiaires), et le vert résulte d'une combinaison du bleu et du jaune. Un rayon de lumière blanche paraîtrait donc vert si le rouge en était ôté. Ainsi la partie du nerf optique qui a été fatiguée par la contemplation du cachet n'étant plus susceptible d'être stimulée par les rayons rouges, est affectée comme s'ils étaient absens de la combinaison. L'impression faite sur l'esprit est donc celle d'un cercle vert qui correspond au cercle du tissu qui a été épuisé dans le nerf optique.

Cette loi de l'action vitale est d'une application très-fréquente. Elle explique le délassement produit par un changement d'occupation, quand l'esprit se trouve fatigué par un travail trop assidu (1); et la prolongation d'appétit qui résulte du mélange des mets acides et sucrés, des viandes simplement apprêtées, et de celles qui sont fortement assaisonnées. Mais cette propriété du tissu sensitif peut encore expliquer plusieurs des faits relatifs aux couleurs qu'on emploie dans la peinture et dans l'ornement. Les couleurs primitives sont en général bannies des

---

(1) Ménage a présenté ce fait comme une maxime :

Πόνȣ μεταβόλη εἶδος ἐστ' ἀμπαυσέως.

« Le changement de travail est un repos. »

ameublemens et de la parure , parce que l'intensité des sensations qu'elles excitent devient fatigante , et produit à la fin le dégoût. Les teintes intermédiaires, composées de plusieurs couleurs en combinaisons primaires ou secondaires, sont moins éclatantes , et rafraîchissent l'œil par leur impression adoucie. Un coloris très-brillant en peinture déplaît parce qu'il n'est pas naturel ; mais il est admis dans les représentations théâtrales et les processions , parce que ces spectacles sont faits pour procurer des sensations vives, et parce que la succession rapide des objets empêche la fatigue. Quand on a besoin de contraste dans l'assortiment des couleurs, les divers complémens du blanc fournissent les mélanges les plus heureux ; tels sont l'écarlate et le bleu , le rouge et le vert. Mais quand on a besoin d'harmonie, d'unité dans les effets, on doit choisir les couleurs qui contiennent presque les mêmes teintes primitives ; et par cette raison les composés ternaires sont préférables aux couleurs binaires, comme fournissant des approximations de nuances plus intimes.

Lorsqu'un stimulant qui n'est pas excessif est réitéré régulièrement à des intervalles qui permettent à la sensibilité de se remettre des effets de la dose dernièrement appliquée , son action sur le système devient plus énergique au lieu de s'affaiblir. Le docteur Darwin explique ce fait extraordinaire par les forces combinées d'irritation et d'association. Cette proposition paraît cependant particulièrement applicable aux stimulans qui sont employés pour rétablir la santé quand la constitution est débilitée; et dans ces cas, l'administration périodique de certaines drogues peut ajouter à leur efficacité, en conspirant avec ces actions naturellement périodiques dérangées par la maladie, et que le médecin doit chercher à rétablir.

Les divers organes des animaux des classes les plus élevées sont tellement liés ensemble, qu'il est presque impossible que l'un d'eux soit violemment affecté sans que tous les autres subissent une modification conséquente : il est peu d'impressions, même parmi les plus faibles, qui soient exclusivement bornées aux organes qui leur ont donné lieu.

Il existe cependant une influence plus particulière qui s'exerce entre des organes éloignés, et par laquelle l'un est mis en action par des impulsions données à l'autre. Cette influence à reçu le nom de sympathie, terme purement expressif du fait; mais qui (ainsi que beaucoup d'autres semblables) est trop souvent prise pour la *cause* du fait.

On ignore absolument la nature de la sympathie; et les circonstances dans lesquelles elle opère sont encore très-imparfaitement connues (1). Elle se

---

(1) Cicéron définit le mot συμπάθεια par une action qui naît : *ex conjunctione naturæ et quasi concentu atque consensu.*

De Divinat. l. 1.

Les explications des philosophes modernes n'ont pas été plus heureuses.

manifeste dans des parties qui ont des rapports très-divers. Une des causes de l'action sympathique paraît être la *continuité de surface*; ainsi l'inflammation est rarement bornée à un point dans une membrane, mais elle se propage sur tous. De même certaines drogues prises dans l'estomac influencent simultanément tout le canal alimentaire.

La sympathie subsiste également entre les *différens tissus qui composent le même organe*; cela se voit quand l'inflammation de la plèvre excite une inflammation sympathique dans la membrane muqueuse des poumons.

Les organes dont les fonctions se lient exercent habituellement une semblable influence les uns sur les autres. Si un œil est enflammé, l'autre est rarement tout-à-fait sain. Les impressions agréables faites sur la langue et le palais produisent un accroissement sympathique dans la sécrétion des glandes salivaires; et les impressions de la lumière sur la rétine déterminent de la même manière les contractions de l'iris.

On observe une sympathie très-active entre les *tissus éloignés dont la structure est analogue.* La membrane muqueuse du canal alimentaire est affectée par les maladies de la membrane muqueuse qui double les reins; de là le vomissement devient un symptôme du passage d'une pierre dans les urètres.

Il existe enfin des sympathies entre des *organes qui n'ont aucune relation connue par leur structure ou leurs fonctions* (1); comme quand les pouces sont enflammés par des irritations goutteuses dans l'estomac.

Outre ces sympathies des tissus, il en est de plus générales et plus importantes entre les grands viscères; c'est par elles que l'un influence l'autre, et qu'ils entrent toujours pour quelque chose dans le gouvernement de toute la machine. Les affections sympathiques de l'estomac et du canal intestinal sont extrêmement remarquables. Le dérangement du tube alimentaire produit des douleurs de tête, des rêves pénibles, et diverses hallucinations; il cause très-probablement l'hydrocéphalie; il trouble également le système artériel en excitant le cœur à des pulsations vives et irrégulières; il jette les muscles dans des contractions spasmodiques de plusieurs espèces; enfin il produit quelques sortes d'asthmes (2). Le canal alimentaire a de plus une connexion intime avec la peau, sans doute en conséquence de leur continuité de surface et de la ressemblance de leur organisation.

L'estomac est également influencé par l'action des autres viscères. Une compression violente de la cervelle, ou même une forte émotion mentale, provoquent le vomissement, et la diarrhée est souvent un des effets du chagrin. Il existe très-peu d'affec-

---

(1) Bichat.

(2) Hamilton, sur les purgatifs. Bree, sur l'asthme.

tions maladives, quel que soit leur siége, dans lesquelles l'estomac et le canal intestinal ne jouent pas un très-grand rôle. C'est pour cela qu'Areteus a très-bien observé que l'estomac est la source des émotions agréables ou pénibles (1).

L'opération sympathique des grands viscères, dans son influence sur le caractère et les passions des individus et des espèces, n'a pas encore été bien étudié par les métaphysiciens. L'effet de certaines maladies du foie, qui font naître des suites d'idées particulières, est cependant parfaitement connu; et les médecins ont observé également un effet opposé, produit par la consomption pulmonaire, où l'esprit animé conçoit les espérances les plus riantes, où le chemin qui mène à la tombe est illuminé par le flambeau même de la dissolution. La révolution totale que l'époque de la puberté amène dans l'animal, et l'impulsion irrésistible de l'instinct de la maternité, sont de belles preuves de cette loi (2).

Toutes ces actions que les animaux exécutent à des périodes déterminées, et sous l'influence de certaines conditions physiologiques, doivent être attribuées à l'opération sympathique de quelques organes sur le cerveau. De ce nombre sont l'action de faire un nid, et celle de couver chez les oiseaux; la férocité temporaire des mâles dans certaines

____

(1) Στομάχος ἡδονῆς καὶ ἀηδίης ἡγεμών.

(2) Cabanis, *Rapport du Physique et du Moral de l'Homme.*

espèces herbivores ; une grande variété d'instincts singuliers parmi les insectes; et l'accroissement de cruauté des carnivores quand ils sont pressés par la faim.

L'existence de cette dernière influence sur l'homme est bien connue de tous ceux qui ont étudié la nature humaine. Peu de personnes ignorent que les instans les plus favorables pour obtenir des grâces, sont ceux où l'humeur est adoucie par les sensations agréables qui résultent d'un appétit satisfait et d'une digestion facile. L'influence sympathique des organes nutritifs sur l'esprit affecte même à un très-haut degré le caractère national. Un état de misère et d'oppression long-temps continué engendre des dispositions féroces, et l'indifférence pour le vice; au contraire, les premiers besoins de la vie satisfaits, et les fonctions exercées d'une manière agréable et saine, provoquent les sentimens les plus doux, ressèrent les liens sociaux, et disposent les hommes à prendre part aux plaisirs de leurs semblables. Ce fait est une des causes physiques de la connexion qui existe entre un gouvernement bienfaisant et une population obéissante; il explique aussi la certitude de cette réaction destructive qui de temps en temps fait disparaître les tyrans de la terre, et pose sa balance sanglante entre le despotisme et l'esclavage.

Tous les mouvemens qui sont essentiels à la conservation de la vie, et qui ont lieu sans l'intervention d'une volonté spécifique, d'une intention, doivent

dépendre d'une sympathie originelle dans l'organisation. C'est ainsi que la première impression de
l'air, quand on entre dans le monde, excite la contraction du diaphragme, et que les premiers efforts
pour téter sont provoqués par l'impression du lait,
sans que la volonté ni aucun autre principe d'action
connu y aient part. Les expressions naturelles des
passions, qui sont le fondement du langage artificiel,
et sans lesquelles il ne pourrait même pas subsister (1),
sont en quelque sorte indépendantes de l'imitation,
et ne sont point dirigées par la conscience ; ce sont
des mouvemens sympathiquement excités par certaines modifications définies des impressions des
sens ; et comme ils agissent également sur les organes
automatiques et sur les organes relatifs, ils sont évidemment hors du domaine de la volonté.

On peut dire qu'en attachant les phénomènes de
l'instinct à la loi générale de la sympathie, les connaissances réelles sont bien peu augmentées, puisque
c'est uniquement substituer à une cause inconnue
une autre qui ne l'est pas moins. Cela peut être
vrai jusqu'à un certain point. Mais si en ralliant les
mouvemens instinctifs à un autre ordre de phénomènes plus connu, on parvient seulement à bannir
une partie du vague et du mystère qui appartiennent à ce sujet, l'avantage que la philosophie pourrait tirer de cet arrangement serait déjà considérable :
il est cependant beaucoup plus grand ; cette ma-

____

(1) Degerando, *des Signes.*

nière de voir réunit deux classes d'actions, les instinctives et les volontaires, qu'on avait séparées assez
mal à propos; car qu'est-ce que la raison et la volonté, sinon des actions sympathiques des organes
nerveux provoquées par leur connexion fondamentale et nécessaire avec les organes des sens? Des
sensations données produisent des idées définies,
et la totalité des idées présentes dans l'esprit, occasionnent des réactions de la volonté aussi certaines,
aussi infaillibles que celles qui sont purement d'instinct. La principale différence paraît consister dans
la plus grande rapidité des mouvemens instinctifs,
qui serait incompatible avec la conscience.

Les sympathies qui résultent de l'exercice des
fonctions dans l'état de santé, contribuent en grande
partie à la conservation de la machine. Tels sont
les mouvemens du diaphragme en sympathie avec
les poumons; le développement soudain de vigueur
nerveuse produit par la présence de la nourriture dans
l'estomac, etc. etc. Les sympathies qui ont lieu dans
les maladies ne produisent pas en général des effets
aussi heureux. Les contractions spasmodiques qui
surviennent dans certaines affections des entrailles,
et qu'on appelle crampes, servent seulement à ag-
graver le mal. On peut appliquer la même remarque
à la douleur d'épaule, qui accompagne les maladies
du foie; aux maux de tête, qui tiennent à un estomac dérangé; au vomissement pendant les affections des reins, etc. etc.

Les sympathies qui résultent des affections morbides se montrent par des sensations, des mouvemens musculaires, ou des altérations dans le système nutritif. Nous avons déjà cité des exemples de tous ces modes de sympathie. L'affection goutteuse qui se rattache à un certain dérangement de l'estomac, offre les trois manières dont l'affection sympathique se manifeste, par la douleur, la contraction et l'inflammation qui constituent ce mal.

On a cherché à expliquer la sympathie par la communication nerveuse, par la liaison des vaisseaux sanguins, et par la continuité de la substance cellulaire (1); mais c'est évidemment une loi primitive de l'organisation aussi inexplicable que le mystère de la vie elle-même. Il est seulement certain que l'influence des impressions est plus extensive, suivant que la vitalité des espèces est plus exaltée. Référer la sympathie à l'influence nerveuse, c'est expliquer un fait général par un fait particulier, et il serait beaucoup plus logique de rapporter l'influence nerveuse à la sympathie, si cette manière de s'exprimer n'était pas tout aussi peu intelligible que l'autre.

On peut attribuer très-probablement à des dou-

______

(1) La sympathie a lieu entre des parties qui ne sont point liées par des nerfs, et qui ne reçoivent pas leur sang des mêmes vaisseaux ; la connexion par la substance cellulaire est trop générale pour expliquer un fait partiel ; chacune de ces explications est donc défectueuse.

leurs sympathiques certaines erreurs de perception,
par lesquelles le sensorium attribue faussement une
souffrance à un organe sain, éloigné du siége de
la maladie. De semblables erreurs arrivent dans le
délire, et dans certaines conditions du cerveau, tout-
à-fait incompréhensibles, qui ressemblent à l'hypo-
condrie, et par lesquelles l'imagination donne à ses
rêves une réalité égale à celle que fournissent les
sensations actuelles. Quelques patiens, à l'approche
du paroxysme épileptique, croient voir une figure
hideuse, qui, à ce qu'ils imaginent, vient les frapper
à l'instant de leur chute. On a très-heureusement
expliqué, par cette affection morbide, le témoignage
que des personnes d'un esprit supérieur ont quelquefois donné sur des apparitions et d'autres phénomènes impossibles par leur nature, et qu'un homme
raisonnable ne peut croire d'après aucune assertion.

Il nous reste à considérer une autre sympathie naturelle, sur laquelle cependant on ne peut pas dire
beaucoup : c'est celle qui existe entre individus de la
même espèce ou des espèces qui se rapprochent le
plus. Elle est très-extensive chez les animaux des
plus hautes classes, et diminue graduellement en
redescendant jusqu'aux derniers échelons.

Dans son degré le plus bas elle paraît appartenir
seulement aux mouvemens qui se rattachent à la conservation des espèces : dans son degré le plus élevé,
elle s'étend à toutes les émotions dont l'esprit humain est susceptible. Entre deux individus humains

dont l'affection est sincère, les sentimens sont plutôt exprimés par des regards que par des paroles, et les émotions se communiquent par des gages plus délicats, plus précis, plus certains que ceux qui sont purement conventionnels. C'est la susceptibilité supérieure de l'homme pour ces impressions, et non l'arrangement organique des instrumens de son langage qui a donné naissance à son système, de signes artificiels. Le langage de convention des sourds et muets montre évidemment que la parole n'est pas une condition d'une nécessité absolue pour les communications sociales, quoiqu'elle fournisse le moyen le plus prompt et le plus complet pour le commerce mental (1).

L'influence sympathique de l'homme sur l'homme agit comme tous les agens matériels en raison de la masse. L'assemblage d'une grande quantité d'êtres humains est en soi-même une circonstance qui doit causer de l'émotion; et quand ils sont mis en mouvement, les sens se trouvent affectés, même quand la cause de l'agitation de cette multitude est ignorée. L'émotion de Xerxès à la vue de ses nombreuses

---

(1) Les chiens, les chevaux et d'autres animaux domestiques lisent sur la physionomie humaine, et se trouvent ainsi dans un rapport plus intime avec l'homme qu'avec les individus de leur espèce. C'est là toute la théorie des chiens et des cochons savans, etc., qui, par le moyen de ce langage naturel, sont parvenus à comprendre des signes de convention, et à les rattacher à des actions définies.

armées était parfaitement naturelle.; c'est pourquoi ce fait mérite d'être regardé comme vrai. Quand un sentiment est propagé dans une assemblée, plus le nombre des personnes qui la composent est grand, plus les mouvemens sont uniformes. L'orateur ne s'adresse qu'à ceux qui sont près de lui : eux seuls peuvent entendre ses raisonnemens, eux seuls peuvent être touchés par les passions qu'il paraît éprouver ; mais l'émotion gagné de proche en proche jusqu'aux personnes les plus éloignées ; et la colère, l'indignation ou la dévotion fervente, sont disséminées comme par une communication électrique.

La charlatanerie effrontée (1) et abominable du mesmérisme ou magnétisme animal, est fondée sur ces faits. La nature de la tromperie est pleinement développée par les contre-expériences de faire croire au sujet qu'il est magnétisé quand il ne l'est point, et de le magnétiser à son insu. Quand l'esprit n'est pas frappé, aucun effet n'est produit, et quand il est prévenu, l'effet s'ensuit sans que l'intervention de la cause prétendue ait été nécessaire.

Outre les connexions sympathiques subsistant na-

---

(1) Ces termes ne sont pas trop durs, si on les applique à la plupart des charlatans qui se servent des farces magnétiques pour faire des dupes et leur extorquer de l'argent ; mais des hommes pleins de vertus et de mérite se sont occupés sérieusement du magnétisme : on peut combattre leur doctrine, mais on doit toûjours louer la pureté de leurs intentions.

(*Note du Trad.*)

turellement dans l'économie, il en est d'autres qui naissent pendant l'exercice des fonctions par une loi qui a reçu le nom d'*association*.

Toutes les fois que deux ou plusieurs organes ont agi souvent ensemble, ou consécutivement, leurs fonctions deviennent tellement liées que l'action de l'une met l'autre en jeu immédiatement. Les mouvemens ordinaires des membres sont produits de cette manière. Les différens muscles qui concourent à un mouvement ont eu d'abord une action indépendante ; et leurs contractions simultanées et congrues, ont été déterminées par un exercice libre de la volonté, accompagné d'une attention pénible. Mais quand ces efforts ont été plusieurs fois répétés, les muscles prennent l'habitude d'agir ensemble avec promptitude et précision dans l'ordre exact, et avec la force et l'étendue nécessaire pour accomplir le mouvement demandé. Chaque pas du procédé étant provoqué par le précédent, il n'exige point une impulsion volontaire spécifique, mais il se fait indépendamment de la volonté, et peut être continué sans l'attention de l'animal.

Cette loi n'est pas limitée aux fibres *contractiles* ; mais elle opère encore sur les tissus sensitifs. Un habile organiste, quand il est réellement bon musicien, peut non-seulement exécuter des passages difficiles, mais suivre les combinaisons d'une fugue très-compliquée, dans le moment même où son attention est engagée dans une conversation : son oreille lui suggère à chaque ton celui qui doit suivre, et ses doigts exécutent les mouvemens requis sans le concours de sa conscience.

L'influence de l'association pour déterminer les mouvemens musculaires l'emporte de beaucoup sur l'exercice de la volonté. L'expérience nous démontre chaque jour la difficulté qu'on trouve à se défaire de certaines mauvaises habitudes dans les mouvemens du corps. L'obstination avec laquelle les mouvemens associés restent liés, se manifeste aussi par la peine qu'on éprouve pour apprendre une langue étrangère, et pour acquérir une certaine habileté dans les exercices manuels quand on a passé la première jeunesse. La maxime *nulla dies sine linea* est fondée sur cette loi physiologique, et peut s'appliquer à tous les travaux et à toutes les études.

L'influence des différens stimulans sur la machine vivante n'est pas toujours uniforme sur toutes les parties. Quelques substances agissent spécialement sur la partie à laquelle on les applique, ou sur celles qui ont des sympathies avec elle. Ainsi les drogues émétiques rendent les mouvemens de l'estomac rétrogrades, et relâchent la peau ; les cathartiques agissent presque exclusivement sur le canal intestinal ; la térébenthine et les cantharides affectent principalement les reins, et le mercure exerce sa plus grande influence sur le système glandulaire. Il est d'autres substances dont l'opération est plus générale, ce qui leur a fait donner le nom de *stimulans diffusibles* : tels sont le vin, l'opium, l'éther, etc. Les substances de cette dernière classe paraissent tirer leur influence extensive de leur effet sur le tissu cérébral, et non d'aucune particularité dans leur mode d'action. Quelques stimulans qui ne font que des impressions très-légères sur le tissu avec lequel elles sont en contact, provoquent des actions violentes dans des parties très-éloignées. Le chatouillement du gosier avec une plume, produit ainsi une convulsion de l'estomac; et quelques gouttes d'huile d'amandes amères appliquées sur la langue, suspendent à l'instant les fonctions de la cervelle.

Quand un stimulant d'une certaine force et d'une certaine durée est appliqué à un tissu vivant, ses vaisseaux capillaires sont jetés dans une action plus qu'ordinaire, et ils reçoivent plus de sang par leurs artères correspondans. Si une épine, par exemple, est enfoncée dans la chair, les capillaires environ-nans sont immédiatement distendus par le sang rouge, ce qui produit la rougeur inflammatoire de la peau : une plus grande quantité de sérum est également envoyée dans le tissu cellulaire, ce qui occasionne la tuméfaction, et l'on ressent une douleur dans le siége de l'irritation, qui indique un accrois-sement de sensibilité. Bref, toutes les fonctions nu-tritives de la partie agissent avec une vigueur et une activité surnaturelle. Ces effets ont lieu à un degré moins considérable toutes les fois qu'un organe est appelé à un exercice extraordinaire.

Par l'opération de cette loi, la balance de la circulation est perpétuellement changée ; chaque organe devenant à son tour le siége d'un accroissement dans la circulation du sang à mesure qu'il est appelé à remplir ses fonctions. La nécessité de cet arrangement est évidente en elle-même. La vitalité des tissus n'est pas une qualité substantive, mais elle dépend de la constante *accession* du sang artériel. Il doit donc exister une relation entre ce qui est fourni et ce qui est demandé. Si les stimulans qui provoquent l'exercice des fonctions n'excitaient pas en même temps les vaisseaux nutritifs de l'organe à une action plus énergique, la vitalité de la partie serait bientôt épuisée, et l'organe tomberait dans un état plus ou moins grand de débilité au moindre exercice fonctionnel.

La disposition à l'orgasme ou à cet état d'excitation extrême du système vasculaire, n'est pas égale dans tous les organes : elle est plus aisément produite dans ceux qui sont le plus indépendans du centre cérébral. L'œil supportera l'excitation d'une vive lumière pendant très-long-temps avant d'être jeté dans une action inflammatoire ; et l'on peut travailler mentalement pendant plusieurs heures avant que le mal de tête et la rougeur du visage annoncent que le cerveau reçoit une quantité disproportionnée des fluides circulans.

Il est assez probable que le retour de certaines indispositions est lié en quelque sorte avec l'orgasme périodique de certains viscères, provoqué par la répétition des habitudes journalières. C'est ainsi que l'épilepsie arrive quelquefois pendant le sommeil, et que certains maux de tête se rattachent évidemment à un état particulier de l'estomac.

Deux organes deviennent rarement à la fois centres de fluxion; car une action très-marquée d'une partie entraîne plutôt le repos des autres. L'étude ou toute autre excitation mentale commencée immédiatement après avoir mangé, produise une digestion imparfaite, en obligeant le cerveau à devenir le siége de l'orgasme; tandis que d'un autre côté le repas, en rendant l'estomac le centre de la fluxion, occasionne une confusion dans les idées qui ne peut être évitée que par un effort violent de la volonté. Ainsi donc, quand deux organes sont stimulés en même temps, l'un devient le centre de la fluxion, et l'autre cesse de répondre à son stimulant, ou bien les deux ensemble sont jetés dans une action irrégulière et imparfaite.

L'action alternative entre la peau et les reins, causée par les variations de l'atmosphère, fournit un exemple familier de cette loi.

L'espéce de frisson qu'éprouvent les personnes délicates après avoir mangé, dépend de la même cause; les viscères abdominaux devenant dans ce cas le centre de la fluxion, la peau tombe dans un état d'épuisement comparatif, et sa circulation étant ralentie, sa surface dégage moins de calorique. Les nerfs, par la même raison, réagissent moins vigoureusement sur le stimulant de la température atmosphérique, et propagent conséquemment au sensorium une sensation qui procède ordinairement d'une diminution positive de chaleur.

On peut expliquer par le même principe un fait très-singulier et très-connu, qui est la suspension des impressions de la douleur corporelle par une grande excitation mentale. Cela fait comprendre le soulagement que les soldats qu'on passe par les armes trouvent en mordant une balle : dans ce cas, toute la force de la volonté est employée à exciter les muscles maxillaires ; et le cerveau devenant ainsi, à quelque degré, un centre de fluxion, l'irritabilité des tissus qui sont lacérés se trouve diminuée. C'est encore d'après ce principe que les vésicatoires font l'effet de calmer les douleurs intérieures, et qu'en frappant fortement dans la paume des mains, on apaise le paroxysme hystérique. La nature elle-même indique ce moyen de soulagement dans les afflictions violentes, où l'on cherche un répit à l'agonie de l'esprit par des impressions pénibles faites sur le corps. La critique de Bion sur ce vers d'Homère dans lequel Agamemnon est représenté (1) arrachant ses cheveux dans l'excès de

---

(1) Πολλὰς ἐκ κεφάλης προθέλυμνους ἕλκετο χαίτας.

« Il s'arrachait les cheveux, etc. »

Cicéron, en parlant de cette critique dans les *Tusculanes*, tourne en ridicule la manière dont Agamemnon exprimait sa douleur ; « il agissait, dit ce philosophe, comme si la calvitie était un remède contre le chagrin. »

sa douleur, est extrêmement injuste. Ces mouvemens d'arracher ses cheveux, de frapper sa poitrine, etc., sont instinctifs, et le poète a parfaitement suivi la nature, en décrivant ainsi le chagrin
véhément d'un monarque impérieux. Dans la colère
ou l'extrême affliction, ces actions violentes sont
inspirées pour contrebalancer l'émotion, et leur tendance se montre évidemment par différens procédés
qui s'accordent avec les dispositions du moment.

La coutume juive de déchirer ses vêtemens à la mort
de ses amis, est fondée sur cette expression naturelle
de la tristesse, quoiqu'elle ait dégénéré comme tous
les autres usages établis, en grimaces de convention,
et qu'elle soit devenue ridicule, par la précaution
que prennent des personnes de cette religion, qui
mettent d'avance leurs plus mauvais habits quand
elles s'attendent à voir bientôt mourir quelqu'un de
leur famille.

Les effets des stimulans sur la fibre sensitive sont
donc : 1°. l'épuisement direct de la vitalité ; et 2°. son
accumulation indirecte par l'intervention du système circulant. Les stimulans diffusibles qui excitent
sympathiquement les organes nerveux, et par eux
accroissent la vigueur de la pulsation du cœur,
exercent la seconde influence à un très-haut degré.
C'est sur ce fait que repose la partie de la médecine
de Brown, qui consiste à soutenir la constitution
dans les maladies de faiblesse, par l'application régulière de cette espèce de stimulant, jusqu'à ce que

le corps ait repris la force nécessaire pour continuer naturellement ses fonctions.

Le pouvoir d'exciter le système nerveux de cette manière n'est pas indéfini ; le tissu nerveux lui-même finit par être épuisé par ces procédés. Il faut donc user de beaucoup de précautions pour administrer ces sortes de remèdes, afin de maintenir une réaction constante et uniforme dans la constitution, sans jamais souffrir que l'influence d'une drogue devienne excessive en l'employant trop fréquemment, et trop abondamment; et sans laisser perdre non plus son effet par une réitération tardive ou insuffisante.

Quand on a pris une dose excessive d'un stimulant diffusible, son premier effet est un grand accroissement de vigueur dans les facultés intellectuelles. Dans cet état, les stimulans les plus faibles et les plus ordinaires produisent des effets disproportionnés. Les idées engendrées par les impressions les plus légères, se succèdent avec une telle rapidité, qu'elles ne peuvent plus être dirigées par le jugement (1). C'est ainsi que le vin excite les passions, et laisse à découvert le côté faible du caractère. Les mouvemens associés sont excités également avec plus de facilité ; l'imagination devient plus brillante, le bon mot, la saillie, naissent sans effort, et sont goûtés avec un plus vif plaisir.

Cependant les mouvemens intellectuels s'accé-

---

(1) Darwin, *Zoonomie.*

lèrent par degré ; les idées se forment imparfaitement, et ne sont plus liées ; la réaction cérébrale de la
volonté devient irrégulière ; les muscles agissent faiblement ; la parole s'embarrasse, et la faculté locomotrice est partiellement ou complétement suspendue.

Cet excès de stimulant renverse en même temps
l'action musculaire de l'estomac, et il en résulte un
vertige sympathique, qui est bientôt suivi d'un profond sommeil pendant lequel l'influence de la drogue
diminue graduellement. Il est rare que les mouvemens de la machine se rétablissent entièrement en
moins de vingt-quatre heures, et dans cet espace de
temps, ceux qui ne sont pas habitués à ces excès,
souffrent un léger paroxysme de fièvre avec des
douleurs de tête, des nausées, et souvent une sécrétion de bile désordonnée.

Durant la période qui suit immédiatement l'excitation de l'ivresse, la sensibilité épuisée ne donne
que des impressions pénibles ; cet état est extrêmement triste, et la nature appelle malheureusement
le buveur à chercher dans un nouvel excès un soulagement au mal produit par le premier ; il devient
ainsi l'esclave et la victime d'une habitude qui acquiert plus de force à chaque répétition. Le poids
des souffrances morales et physiques l'accable dans
ses momens de sobriété, et devient toujours plus
insupportable ; il a recours alors à une nouvelle
ivresse pour calmer un estomac malade et une conscience accusatrice.

Il est peu nécessaire d'ajouter qu'une dose extraordinaire de ces stimulans peut causer *subitement* la mort. On sait qu'une pinte d'eau spiritueuse prise d'un trait, peut tuer un homme comme s'il était frappé de la foudre, et cet effet est peut-être moins cruel que les tourmens prolongés que ces drogues occasionnent quand elles sont prises en détail; d'autant plus que leur résultat est toujours « de mener au Styx par un triste chemin (1). » Des nations entières sont cependant entraînées par leur gouvernement à conserver ces habitudes destructives, parce qu'elles lui fournissent un revenu assuré; revenu qui oblige à multiplier les hôpitaux et les gibets, et qui se perçoit aux dépens de l'industrie, de la santé et des mœurs d'un peuple égaré (2). Mais l'homme, « décoré de sa petite autorité temporaire », dédaigne les suggestions de la raison, et continue obstinément à tromper les autres, à se tromper lui-même; la morale et la religion sont toujours dans sa bouche, et il encourage tous les crimes par ses institutions; il punit d'une main ce qu'il sollicite de l'autre, et il arme

(1) La Fontaine.

(2) Cette remarque se rapporte aux impôts excessifs que le gouvernement anglais a mis sur le vin et la bière; ce qui donne lieu à la cherté et à la falsification de ces boissons. Le peuple est ainsi conduit à l'usage pernicieux de l'eau-de-vie; et les désordres les plus affreux sont les fruits journaliers de cette habitude, sans compter ceux qui résultent de règlemens mal entendus sur les distillations.

le ciel et la terre contre des fautes qui naissent de sa propre ignorance, et qui sont entretenues par sa perversité!

Des effets différens de ceux des stimulans diffusibles sont produits par certaines substances qui excitent une action moins apparente, mais plus constante dans le système. De toutes ces substances, l'écorce de cinchona (kina) est la plus puissante. La manière dont ces drogues opèrent est tout-à-fait inconnue. Le nom de tonique donné à ces sortes de remèdes est fondé sur des idées évidemment fausses; car il n'y a rien dans la constitution organisée qui soit analogue au *ton* ou à la tension élastique. Plusieurs ont attribué l'opération des substances végétales toniques à leur union chimique avec les fibres vivantes, qui se rapporte à la manière dont elles se combinent dans les procédés de la tannerie avec la peau des animaux morts. Le *tan* n'est cependant pas un ingrédient universel dans les remèdes toniques, et l'on ne voit pas une condensation réelle de substance chez les personnes rendues à la santé par leur usage. Leur opération est bien évidemment vitale; mais il est impossible de déterminer si elles agissent sur les plus petits vaisseaux capillaires, ou seulement sur l'estomac, et sympathiquement par cet organe, sur les autres tissus.

Les réactions des tissus contractiles à l'application des stimulans, varient suivant la nature des organes, et les fonctions qu'ils sont destinés à remplir. Dans

17

le tissú musculaire, qui est le plus susceptible d'être observé, elles consistent en des contractions visibles des fibres, par lesquelles ces organes sont diminués dans leur longueur, et prennent un accroissement proportionné en largeur. Dans cet état, la cohésion de leurs parties intégrantes est considérablement augmentée. Des muscles qui soutiennent un très-grand poids quand ils sont en action, peuvent être rompus par la même force de traction, si elle leur était appliquée lorsqu'ils se trouvent dans un état de relâchement.

Les habitudes des différens muscles à l'égard de la contraction sont extrêmement variées. Les muscles contractans qui ferment les orifices de la couche interne des cavités, restent toujours contractés, et ne se distendent que par l'action des muscles antagonistes ; de même la couche musculaire de l'estomac et celle de la vessie exercent une douce pression sur les contenus de ces organes, quand ils sont dans un état de réplétion. La contraction n'est pas constante dans les muscles de locomotion ; elle n'y est même continuée avec facilité que pendant quelques secondes à la fois, et pendant ce court intervalle, les fibres ne sont pas uniformément contractées ; mais elles passent les unes après les autres de l'état de contraction à celui de relâchement, ce qui cause, après des efforts trop long-temps soutenus (surtout dans les personnes délicates), ce tremblement des membres qui accompagne quelquefois leurs mouvemens.

Un exercice prolongé des muscles occasionne la fatigue et une difficulté pour continuer leur action, qui augmente très-rapidement. Il y a cependant quelque différence à cet égard entre les divers organes musculaires. Ceux qui servent aux fonctions nutritives, tels que le cœur et le diaphragme, sont maintenus pendant toute la vie dans une action et un repos alternatifs, et ils n'admettent que de très-légères variations d'intensité; mais les muscles qui obéissent à la volonté, sont nécessairement susceptibles de différences plus marquées dans la quantité de leur action.

Ils deviennent donc, ainsi que les autres organes dont l'activité est accidentelle, les siéges d'un orgasme local, les centres d'une fluxion qui leur donne un accroissement temporaire de facultés vitales (1). Les premiers efforts pour produire l'action musculaire ne sont donc jamais aussi vigoureux que ceux qui se font après que l'orgasme a duré un certain temps. La continuité de cet état tend cependant à la fin à produire l'inflammation, dont les premières approches sont annoncées par cette sensation pénible que nous nommons fatigue, lassitude, courbature, et qui ressemble beaucoup aux douleurs rhumatismales. Sous l'influence d'une *excitation déréglée*, les muscles peuvent être jetés dans une action spasmodique, consistant par fois en alternatives très-promptes de

______

(1) Parke, *Journal de l'Institution royale*.

contraction et de relâchement, et parfois en contractions permanentes. Les deux maladies appelées *danse de Saint-Guy* et *tetanos* sont des exemples familiers de ces effets; et il est assez singulier que le sang, dans la dernière de ces infirmités, donne des marques d'une action inflammatoire excessive, comme si la contraction prolongée des muscles avait excité une véritable inflammation dans ces tissus.

Les phénomènes de la contraction nutritive sont trop éloignés de l'observation pour qu'on puisse en donner des détails satisfaisans. Dans les procédés de nutrition et de sécrétion, les solides sont évidemment actifs, et ils ne sont pas simplement employés à tamiser les fluides. Mais la nature de cette action n'admet par même une conjecture; les idées attachées au mot contraction sont très-vagues, et ne peuvent être appliquées avec justesse à ces mouvemens, qu'en tant qu'elles se réfèrent à la propulsion des fluides dans les capillaires.

La régularité d'excitation dans les organes nutritifs, qui naît de l'enchaînement de leurs fonctions, et la promptitude avec laquelle ils deviennent centres de fluxion, les dispensent à un très-haut degré de la nécessité d'un repos périodique. Ils sont susceptibles d'être irrités jusqu'à l'inflammation, ou déprimés jusqu'à la langueur par l'influence des causes extérieures; mais dans l'exercice ordinaire de leurs fonctions ils ne s'épuisent jamais assez pour avoir besoin d'une suspension accidentelle de leur ac-

tion, qui les remettre en état de continuer les mouvemens de la vie. Mais l'immense variété d'objets
avec lesquels les organes relatifs sont liés dans leur
action, produit à chaque instant des changemens
plus ou moins marquans dans le *quantum* de leur
excitation. Si l'on compare la situation d'un pri-
sonnier privé d'exercice, de jour, sans livres, sans
distraction, éloigné de la majeure partie des stimulans ordinaires des sens; avec celle d'un homme
qui habite une grande ville, où il s'occupe d'affaires importantes, changeant souvent le lieu et le
sujet de ses occupations, et jouissant tour à tour
après son travail des plaisirs du théâtre et de la
société; on concevra qu'il faut, pour diriger des
conditions si opposées, un principe d'action différent de celui qui gouverne les fonctions nutritives.

Les tissus qui servent aux fonctions relatives admettent donc une plus grande latitude dans leur
excitation, sans être jetés dans une action inflammatoire; et ils sont susceptibles de supporter un assez
long exercice sans passer à un état d'orgasme plus
violent que celui qui constitue la fatigue. Cependant
la somme totale de leurs excitations journalières
excéderait leurs forces si elle était appliquée continûment. Elle exige l'intervention de certaines
périodes de repos pendant lesquelles les fonctions
restent dans un engourdissement plus ou moins
parfait.

La nature du *sommeil* a été bien différemment

expliquée par les physiologistes. Il a été regardé par plusieurs comme une fonction définie; mais comme le terme de *fonction* est synonyme à celui d'*action*, c'est un abus manifeste du langage que de l'appliquer à un état qui consiste essentiellement dans l'absence d'action. D'autres auteurs ont considéré le sommeil comme dépendant d'une variation dans la balance de la circulation, pendant laquelle le sang serait accumulé dans les vaisseaux veineux de la tête. Cette proposition, qui dérive de l'analogie du sommeil avec la stupeur apoplectique, semble manquer de probabilité, en ce qu'elle assimile « le doux réparateur de la nature fatiguée » à la plus fatale et la plus dangereuse des maladies. L'état de la circulation dans le cerveau pendant le sommeil est tout-à-fait inconnu : aucune notion certaine ne peut garantir une opinion sur ce sujet. On sait seulement que le sommeil ne tombe pas nécessairement sur tous les organes animaux à la fois. Quand l'un d'eux a été plus particulièrement excité, il peut se reposer pendant que les autres sont éveillés. Ainsi l'imagination est souvent active quand les organes des sens se reposent; et cela produit cette condition qu'on appelle *rêver*.

Souvent encore un ou plusieurs des sens restent éveillés, et leurs suggestions mêlées à celles de l'imagination, excitent la volonté, et produisent le phénomène du *somnambulisme*. Le parfait repos est donc l'assemblage de plusieurs sommeils partiels qui naissent respectivement de la condition de leurs propres siéges immédiats.

Les différens organes animaux ne tombent pas simultanément dans l'état de repos. Ceux des sens commencent ordinairement à s'endormir ; et cela suspend nécessairement la volonté ; alors les muscles se relâchent, comme on peut le voir par l'inclination de la tête, qui survient dans ce moment chez les personnes qui s'endorment dans une position verticale ; enfin, les fonctions du sensorium sont suspendues, et le sommeil est complet. Les rêves donc qui sont des mouvemens excités par des impressions extérieures, ou des stimulans intérieurs appliqués aux sens quand ils se trouvent dans un état de repos imparfait, arrivent principalement dans les premiers instans du sommeil, ou immédiatement avant le réveil.

La cervelle étant soustraite pendant le sommeil à l'opération des sens, est considérée dans cet état comme particulièrement susceptible de recevoir des impressions *surnaturelles* ; et il est peu de religion qui n'ait pas sanctifié ce préjugé par des histoires de visions miraculeuses. Cette supposition, quoique fausse, n'est pourtant pas inconséquente ; car on ne peut concevoir aucune analogie plus grande, que celle qui existe entre les imaginations fantastiques de ceux qui repoussent volontairement le témoignage de leurs sens, et les rêves nocturnes qui procèdent de l'engourdissement momentané de ces organes : nous voyons cependant beaucoup de gens qui rou-

giraient d'attacher quelque importance aux suggestions de leur imagination pendant le sommeil, avoir
une foi implicite aux assertions les plus mensongères
des rêveurs éveillés, religieux ou philosophiques.
Hobbes dit que celui qui affirme qu'il a vu Dieu dans
une vision, affirme seulement qu'il a rêvé qu'il
voyait Dieu. Ces deux propositions sont parfaitement identiques, mais l'effet qu'elles produisent
n'est point du tout semblable ; parce que la partie
la plus instruite du genre humain serait honteuse
de croire à l'une, tandis qu'elle craint de consulter
sa raison à l'égard de l'autre.

La théorie des rêves repose sur l'association des
idées, sujet qui appartient au chapitre suivant. Leur
coïncidence accidentelle avec les choses réelles s'explique par la doctrine des probabilités. Si l'on tire
dix mille billets dans une loterie, il se présentera
au moins cinquante mille personnes pour en obtenir
des parts : le plus grand nombre de ces personnes
appartiendra aux classes subalternes de la société :
les joueurs sont toujours superstitieux ; ces cinquante mille acheteurs de billets, avec leurs plus
proches parens ou amis, donneront tous les jours
au moins cent mille spéculateurs sur les chances de
la loterie ; conséquemment cent mille rêveurs de
nombres heureux pendant la nuit : il ne serait pas
très-extraordinaire qu'un de ces rêveurs rencontrât
une fois par hasard le numéro du gros lot, dans ses
songes.

Les alternatives périodiques du repos et de l'exercice, semblent dépendre, à un très-haut degré, d'habitudes qui dérivent de la convenance. Le temps de l'obscurité serait mal adapté aux occupations de la vie ; et d'autre part le défaut de lumière et de chaleur, occasionné par l'absence du soleil, favorise l'approche du sommeil, et rend la nuit particuliérement propre au repos habituel.

Cette connexion de la nuit et du repos est devenue par l'effet de la coutume, très-essentielle à la santé. L'irrégularité dans les heures de repos, soit qu'elle tienne à la dissipation, ou à des études forcées, dispose à la maladie en troublant la révolution journalière des actions enchaînées. On peut cependant inférer des habitudes de certains animaux, que dormir la nuit n'est pas d'une nécessité absolue et intrinsèque. Les bêtes féroces sont ordinairement éveillées pendant les heures noctures. Comme dans la race humaine, où *les voleurs rôdent la nuit pour commettre leurs brigandages* (1), les animaux malfaisans attendent les ténèbres pour exercer leur cruauté et leur rapine. Outre les avantages moraux qui dérivent d'une attaque faite sur une victime endormie, ou subitement arrachée au sommeil, et remplie d'anxiété par l'obscurité environnante ; les animaux de proie ont une supériorité physique dans la nuit, par la structure de leurs yeux.

____

(1) Horace.

Leur rétine est le plus souvent si puissamment stimulée par de petites quantités de lumière, qu'ils ne jouissent pas d'une vision parfaite pendant la clarté du jour, et qu'ils voient plus distinctement à la lueur partielle du soir ou de la nuit : ainsi, l'obscurité qui épouvante les autres animaux, les aide à découvrir leur proie, à s'en saisir, et détermine leurs habitudes particulières de veiller pendant la nuit. Mais un argument plus décisif peut être tiré de la santé des personnes que leur profession oblige de travailler pendant la nuit. Les conducteurs des voitures publiques, qui marchent de nuit quand ils ont une fois quitté l'habitude des heures de repos ordinaires, se portent aussi bien que d'autres, s'ils ne se livrent pas comme ils le font presque tous à l'abus des liqueurs spiritueuses. Les soldats en activité de service s'accoutument, après une campagne, à se reposer à toutes les heures, sans que leurs corps paraissent souffrir des marches nocturnes et des veilles qui arrivent fréquemment dans leur pénible métier.

Un sommeil partiel des organes se remarque plus évidemment quand un accident quelconque vient tout à coup déranger les habitudes acquises du repos périodique, et cela porte l'épuisement de la sensibilité animale au plus haut degré. Dans cet état, les organes individuels s'engourdissent l'un après l'autre, aussitôt qu'ils ont cessé d'être employés activement. Pendant les marches de nuit de la fameuse retraite sur la Corogne, on dit que les soldats ont souvent dormi en marchant, et se sont trouvés éloignés de leurs régimens, parce qu'ils ne s'étaient pas aperçu des haltes de leurs compagnons. Dans ces sortes de cas, il est possible qu'un seul des sens reste éveillé, et influence la volonté pendant que le reste est tombé dans un repos forcé, par un exercice disproportionné de leurs facultés.

Une suspension continue du sommeil affaiblit la constitution, et cause une diminution rapide dans la substance du corps. Les personnes grasses sont ordinairement très-dormeuses. Au bout d'un certain temps, la nécessité du repos devient si impérieuse, qu'elle l'emporte sur tous les efforts que fait la volonté pour soutenir l'attention. Dans les accouchemens laborieux, les femmes s'endorment quelquefois profondément pendant les intervalles des douleurs; et l'on a vu des malheureux s'assoupir au milieu de ces tortures cruelles de la question, infligées par une barbare et stupide politique, sous le nom spécieux de justice.

Comme le sommeil peut être suspendu pour un temps, par l'application de stimulans extérieurs, il peut de même être empêché par une excitabilité surabondante, provenant d'un état de maladie. Cet état a lieu dans les cas de manie, et dans les fièvres, en conséquence d'une détermination inaccoutumée du sang vers la tête, et il est indiqué par la rougeur du visage, et le brillant des yeux. Quand le tissu sensitif est ainsi jeté dans un état d'orgasme, les organes des sens sont induits pas des stimulans faibles et intérieurs, à répéter les actions auxquelles ils ne devraient être appelés que par des impressions extérieures ; et en donnant naissance de cette manière à des idées qui n'ont pas de prototypes externes, ils occasionnent le *délire*. Dans ces cas, l'admission de la lumière du jour, en donnant des impressions réelles, dissipe quelquefois les images délirantes : mais si l'orgasme est plus violent, elle augmente plutôt le mal, à cause de l'excessive réaction du cerveau, qui produit la douleur, rappelle des associations très-éloignées, et répète d'innombrables mouvemens d'après le stimulant de la plus légère image extérieure. Le sommeil est la guérison naturelle de cette affection, ou plutôt sa présence annonce que l'excitation morbide commence à baisser.

La nécessité de suspendre ainsi les fonctions relatives par le sommeil, rend la somme de la vie animale moins grande que celle de la vie organique.

Une partie très-considérable de l'enfance est perdue dans l'état passif du repos. Le sensorium n'étant pas encore accoutumé à travailler sur des idées acquises, ne peut être stimulé à cette période de la vie que par des images sensitives, et l'enfant n'a qu'à fermer ses yeux pour s'endormir. A cette époque le sang est aussi principalement employé aux procédés nutritifs, et les organes relatifs n'ont pas acquis cette prédominance dans le système qui les rend capables de supporter une veille prolongée. A mesure que la structure se développe, le sommeil devient moins nécessaire pour la santé. Dans le milieu de la vie, le quart ou le tiers des vingt-quatre heures du jour suffit amplement pour entretenir la vigueur du corps. Beaucoup de gens ne se permettent que six heures de repos, qui sont cependant à peine suffisantes pour prévenir un certain degré d'émaciation. L'âge avancé, qui ressemble à l'enfance, sous plusieurs autres rapports, exige plus de sommeil. Ainsi un peu plus d'un tiers de l'existence s'écoule dans l'inactivité et la mort virtuelle; et la durée de la vie intérieure a presque le double de celle de la vie extérieure ou morale.

Quoique la fraîcheur calmante de l'air de la nuit soit favorable au sommeil, un plus grand degré de froid, en causant de la douleur, empêche fréquemment de s'endormir. Le froid très-intense produit un effet contraire; l'épuisement rapide qu'il occasionne dans la sensibilité par l'effort qui est fait pour maintenir la température animale, entraîne irrésistiblement à la stupeur et au sommeil. Il y a cependant certaines familles dans les diverses classes d'animaux sur lesquelles une réduction de température aussi forte que celle qui détruit ordinairement la vie, produit des effets analogues au sommeil qui sont connus sous le nom d'*hibernation*. Ces animaux, à l'approche de l'hiver, cherchent quelque lieu retiré, le plus souvent sous la terre, et toujours partiellement séparé de l'atmosphère, et ils y restent sans interruption jusqu'au retour du printemps, qui les rappelle à une existence nouvelle. Pendant ce temps ils sont dans un état de profond repos ; ils ne mangent rien ; ils respirent à de très-longs intervalles ; leur pouls se ralentit, et leur température descend au-dessous de son degré accoutumé, quoiqu'elle demeure toujours un peu au-dessus de celle de l'atmosphère environnante. La digestion est dans une complète inaction, comme Spallanzani l'a prouvé par des expériences. Si l'animal est gras (ce qui est assez ordinaire au commencement de l'hibernation), il maigrit pendant le cours de son confinement, sa substance étant employée à entretenir sa vie.

Les causes qui prédisposent à l'hibernation sont inconnues comme celles de plusieurs autres faits généraux dans la physiologie. Ce phénomène a lieu chez des animaux de structure si variées, et qui en même temps diffèrent si peu des autres espèces de leur genre qui n'hibernent point, que cette particularité semble indépendante de l'organisation apparente. On prétend que les hirondelles, qui évitent ordinairement les hivers rigoureux de nos climats par une émigration annuelle, sont susceptibles d'hibernation quand elles se trouvent accidentellement forcées de rester en arrière de leurs compagnes.

Plusieurs exemples de ce fait ont été cités dans une vive dispute qui s'est livrée à ce sujet dans le *Gentleman's Magazine*, et ces exemples paraissaient authentiques. Mais la même évidence existe sur les crapauds renfermés vivans dans des blocs de marbre, et sur des faits encore plus incroyables. Le témoignage des hommes a si peu de valeur, même sur les circonstances les plus communes, qu'on ne doit l'admettre qu'avec beaucoup de circonspection. Douter est le commencement de la sagesse; et le scepticisme est le fil le plus sûr dont nous puissions nous servir pour sortir du labyrinthe d'erreurs dans lequel les fondemens de la plupart des sciences sont enveloppés.

La suspension accidentelle de l'activité dans les végétaux, indiquée par la clôture de leurs feuilles et de leurs pétales à l'approche de la nuit ou d'un temps humide, cet état, qu'on appelle sommeil des plantes, serait, je pense, plus justement comparé à l'hibernation; car ces phénomènes sont intimement liés avec l'absence de stimulant qui suspend la circulation végétale. Plusieurs plantes paraissent même ne point respirer dans cet état (1), et cette circonstance diffère matériellement du sommeil des animaux.

Quoique les fonctions nutritives ne soient point suspendues pendant le sommeil, elles diminuent

____

(1) Darwin, *Phytologie.*

sensiblement d'activité. Les mouvemens des muscles et les impressions faites sur les sens dans l'état
de veille, communiquent un certain degré d'excitation dans la circulation. L'absence de ces causes
d'irritation pendant le repos des organes relatifs,
ralentit les pulsations qui deviennent en même
temps plus éloignées et plus pleines, et le sang
est plus décidément poussé par les capillaires. Ces
vaisseaux prennent donc alors un léger degré d'orgasme, et remplissent leurs fonctions avec plus de
liberté et de force. Ce fait est prouvé par l'accroissement dans la transpiration, qui a lieu pendant
le sommeil ; par l'augmentation du corps, qui s'effectue principalement alors ; et par la guérison des
blessures et la convalescence des maladies, qui se
font plus rapidement à cette période que dans les
heures de veille et d'action.

Cette incapacité pour le sommeil, qui caractérise
les organes nutritifs, n'est pas sans inconvénient
dans l'économie générale. Si quelques circonstances
jettent accidentellement les parties dont les fonctions
sont relatives dans une action désordonnée, la balance est bientôt rétablie par un sommeil profond ;
remède agréable, qui produit un rétablissement
complet. Une excitation excessive du système nutritif n'est pas suivie d'un semblable rafraîchissement
naturel, mais d'une réaction inflammatoire ou d'une
langueur maladive. Cette loi aurait peu d'importance si l'être organique n'était pas assujetti à des

impulsions extraordinaires du monde extérieur ;
mais comme il obtient les matériaux de ses fonctions
par une nourriture qui lui est administrée d'après
les affections de l'être perceptible, il participe indirectement au caprice de la volonté et aux aberrations de l'appétit ; il est ainsi exposé à l'irrégularité
d'action qui distingue les organes relatifs, sans avoir
les mêmes moyens d'obvier à ces conséquences. Les
zoophytes ont peu de maladies, encore sont-elles
presque toujours le résultat de violences accidentelles, tandis que les animaux supérieurs se trouvent
sujets à des maux plus nombreux, à mesure que
leur animalité devient plus exaltée, et que l'être
physique dépend davantage de l'être moral. La satisfaction des appétits sensuels est ordinairement
qualifiée de brutale ; l'on fait en cela une comparaison bien injuste. L'excès dans les plaisirs des sens
est une triste prérogative de la raison, et les animaux
qui ont les habitudes les plus égales et les plus
saines, sont ceux qui s'éloignent le plus de l'organisation humaine.

SOMMAIRE

DU CHAPITRE CINQUIÈME.

La sensibilité relative dépend des mêmes causes que la vie organique. — Il n'y a pas de centre commun. — Chaque tissu a un mode de sensibilité qui lui est propre. — Les idées ne ressemblent pas à leurs *prototypes.*—La conviction d'un monde extérieur fait partie de la perception.—Les sensations semblables dans tous les individus.—La réaction varie.—Pouvoir de retenir les idées. —Association d'idées. — Mémoire, imagination, jugement, abstraction, invention, divers modes d'association. — Les actes instinctifs et les actes volontaires ou raisonnables procèdent du même mécanisme. — La distinction naît de deux manières de considérer le même fait. — La peine et le plaisir sont les grands motifs des actions ; de plus le défaut de stimulus. — Passions. — Leur connexion avec la vie organique. — Fausses passions. — Ennui. — Sympathie entre les êtres sensitifs ; motif d'action. — Toute action organique est nécessaire. — Les passions ne sont pas assujetties à la volonté. — Comment dirigées. — Influence de l'éducation. — Changement subit dans les caractères. — Repentir. — Caractère national. — Impressions sensitives et impressions de souvenir. — Comment distinguées. — Souvenir indépendant de la volonté.—Mécanisme de la mémoire. — De la raison. — Langage. — Analyse. — Synthèse. — Jugement. — Syllogisme. — Délire. — Ivresse. — Récapitulation. — Comparaison des facultés des animaux et des hommes. — Idiot, imbécille, homme ordinaire, homme de génie, esprit exalté, maniaque. — Génie universel. — Théorie de la vie, origine, etc., du système spirituel. — Raisons pour rejeter également un principe de la vie spirituel ou matériel.

CHAPITRE V.

DES PHÉNOMÈNES INTELLECTUELS.

Steph. Lud. Geoff. de Hygiene.

« Les hommes ne peuvent pas trouver l'explication du mystère de la nature dans ces connexions à peine indiquées, cet enchaînement qu'on reconnaît sans en comprendre les lois. La structure de l'âme renfermée en nous a toujours échappé à nos recherches, et nous restera toujours cachée. Tant de systèmes si long-temps admirés, tant d'efforts du génie nous ont laissés dans une ignorance profonde. »

La sensibilité relative, faculté supplémentaire aux fonctions nutritives des animaux, et qui naît de leurs besoins, met l'individu en rapport avec les objets extérieurs, et le rend capable d'agir sur les substances dont il est entouré, de manière à les faire contribuer directement à sa conservation et à son bien-être. Cette faculté essentiellement liée avec celle de locomotion, est distribuée aux différens animaux dans une proportion exactement calculée sur les besoins de leur organisation ; car elle réside dans un tissu dont le développement est réglé pour chaque espèce, d'après la sphère d'activité nécessaire pour sa conservation.

La nature intime de cette fonction, comme celle de tous les autres mouvemens organiques primitifs, est hors de la portée de nos moyens de recherches actuels ; mais il n'y a aucune raison bien fondée pour supposer que les phénomènes qui appartienent à cette fonction sont différens des autres mouvemens physiologiques, et demandent la présence d'autres principes que ceux qui contribuent à la vitalité organique. Les effets des objets extérieurs sur les organes des sens sont analogues à ceux des stimulans propres des autres tissus ; la vitalité sur laquelle ils agissent, naît, comme celle qui anime les autres organes, d'une source commune, qui est le sang ; elle obéit aux mêmes lois ; elle augmente ou diminue d'intensité par les mêmes motifs, et conserve une ressemblance d'action qui ne permet pas de douter de son *identité* avec la grande cause de l'existence organique.

Les anatomistes ont employé beaucoup de travail à la dissection du cerveau ; on a remarqué avec exactitude ses plus petites différences de forme ou d'arrangement ; mais on n'a obtenu par là aucune connaissance sur les fonctions de ces différentes parties. Presque toutes les parties distinctes de la cervelle ont été trouvées chez divers sujets dans un état de désorganisation maladive, sans qu'il y eût aucun dérangement correspondant et déterminé dans leurs fonctions mentales (1). D'autre part les insectes et les

---

(1) Différentes parties de la cervelle peuvent non-seulement souffrir des maladies destructives sans qu'il s'ensuive un

autres animaux dont l'organe cérébral est très-peu développé, paraissent sentir et raisonner, avec précision, sur les faits qui ont des rapports avec leur organisation ; ils semblent différer des familles plus compliquées, plutôt par le nombre de leurs perceptions que par le mode de leur réaction.

Mais si le chaînon qui lie l'organisation et les fonctions dans ce cas , échappe à l'observation , il est déraisonnable d'en conclure qu'il n'existe pas. Adopter cette manière de raisonner serait supposer que le tissu cérébral n'a aucune fonction spéciale et définie , et qu'il est de surérogation dans l'économie ; cette proposition, indépendamment de son absurdité, est d'une fausseté manifeste, car il est certaines limites au-delà desquelles ces organes ne peuvent être dérangés sans produire l'oblitération totale des facultés. En jugeant d'après la dissection , les affections

dérangement manifeste dans les fonctions de l'organe , mais le tissu entier offre des variétés accidentelles dans son apparence. Quelquefois la masse est plus dense et plus ferme qu'elle n'a coutume de l'être ; d'autres fois elle est plus molle , plus aqueuse. Ces deux conditions ont été observées chez des personnes qui n'ont donné aucun signe de démence ; tandis que des insensés n'ont offert après la mort aucune marque de dérangement de structure dans leur cerveau. Les mêmes observations s'appliquent aux autres viscères qui admettent tous un certain degré de dégénération avant que leurs fonctions soient suspendues ou fortement dérangées. Dans notre ignorance totale des mouvemens primitifs, il est difficile de séparer ce qui est essentiel de ce qui est accidentel.

du système vasculaire de ce tissu exercent une influence immédiate et despotique sur ses facultés fonctionnelles. De très-légères augmentations dans la force de la circulation, qui s'annoncent par un accroissement peu considérable dans la vascularité des membranes du cerveau, entraînent de grands dérangemens de fonctions. Une pression légère des grands vaisseaux sanguins suspend complétement les fonctions relatives, et produit la stupeur et l'insensibilité du paroxisme apoplectique.

Les physiologistes se sont beaucoup occupé de déterminer le point particulier de l'organisation cérébrale où se trouve le siége de la perception. Le *sensorium* ou *centrum commune* (1) est une notion métaphysique dérivée de celle d'individualité, qui est nécessairement adoptée pour exprimer nos idées, mais qui n'est fondée sur aucuns faits physiologiques. Il a déja été établi que dans les reptiles et quelques autres animaux inférieurs, la perception est exercée par la moelle épinière après la séparation de la tête. Pour ajouter cependant à l'absurdité d'un *centre commun* spécifique, où se terminent les sensations, et où commence la volonté, on l'a encore considéré comme le siége de l'âme. Ainsi les idées matérielles et spirituelles se sont confondues comme il arrive ordinairement, et l'essence inconcevable de l'immortalité a été convertie en être palpable ; on en a

---

(1) Τὸ πρῶτον αἰσθητήριον.

fait une sorte d'homme intérieur calqué sur l'animal organisé, qui est, suivant l'expression d'Aretæus, « un animal dans un autre (1). » L'opinion de Descartes, qui plaçait l'âme sur la glande pinéale, comme sur un trône, n'est connue maintenant que par le ridicule que les beaux esprits du temps y ont attaché. Les cavités intérieures de la cervelle, nommées les *ventricules*, ont été considérées aussi comme les siéges de la perception, et ce qui doit paraître bien plus extraordinaire, une certaine exhalaison séreuse, qu'on trouve en forme de fluide chez le sujet mort, mais qui n'existe pendant la vie qu'en forme de vapeur, a été regardée à son tour comme le *centre des idées*, le point de communication entre le corps et l'âme.

La perception est le résultat d'une loi primitive de l'organisation, dont la nature est incompréhensible, et qui, de même que la digestion et la contraction musculaire, ne se reconnaît que par ses effets. Il est très-difficile de lier les phénomènes de la pensée avec les mouvemens de la matière, et les philosophes ont tranché la difficulté en considérant hardiment les premiers comme indépendans des seconds. Leur connexion doit cependant être admise comme fait.

Les organes des sens, qui seuls peuvent conduire aux connaissances, sont expressément adaptés pour

______

(1) Aretæus dit en parlant de la matrice, ὁκοῖόν τι ζῶον ἐν ζώῳ.

établir des relations entre l'animal et le monde matériel ; et la sphère d'activité mentale ne s'étend point au-delà de ce point. Il peut bien exister dans la nature, des formes matérielles, dont les propriétés ne sont point en rapport avec nos sens, et dont nous ne pouvons concevoir, ni les affections, ni le mode d'action ; mais dans le raisonnement, ces substances doivent être regardées comme non existantes (1). Elles ne peuvent pas entrer dans le système des connaissances humaines ; on ne peut pas les mettre en relation, les faire cadrer avec l'action matérielle : ainsi donc, en tant que les idées sont les sujets de la contemplation humaine, elles doivent être regardées comme des changemens produits sur le cerveau, par l'impression de corps extérieurs sur son tissu. L'examen de ce sujet ne peut avoir de résultats satisfaisans, que jusqu'à ce point. Quand on s'éloigne de l'organisation, on se perd en conjectures vagues, ou l'on établit les propositions les plus contradictoires ; tandis que la réduction de l'action intellectuelle à des lois semblables à celles qui gouvernent les autres phénomènes organiques, fournit une base positive et raisonnable,

---

(1) « Il n'existe pour nous de causes extérieures que celles qui peuvent agir sur nos sens, et tout objet auquel nous ne saurions appliquer nos facultés de sentir, doit être exclu de nos recherches. »   CABANIS.

Voyez aussi Locke, *sur l'Étendue des Connaissances humaines,* §. 6.

pour les recherches morales et métaphysiques (1).

L'admission de ce fait n'a aucune sorte de rapport avec la doctrine de l'immortalité de l'âme, ou tout autre dogme fondé sur la foi, et indépendant de la raison (2). L'âme *théologique*, doit être clairement distinguée du *premier moteur* de la sensibilité relative, afin d'éviter le dilemme de conférer l'immortalité, non-seulement aux animaux, mais aux végétaux mêmes ; ou de la refuser à l'homme (3).

Les relations des différens tissus avec le centre nerveux, sont réglées exactement sur leurs besoins

---

(1) Il est évident que la pensée consiste en des mouvemens, et qu'elle obéit en conséquence aux lois générales de motion, par le simple fait que le temps est nécessaire pour son accomplissement.

(2) « Ces dogmes reposent entièrement sur l'autorité de l'Écriture ; et les meilleurs théologiens ont défendu de mêler les recherches philosophiques avec la foi. » — (L'évêque Watson, sur la localité de l'âme. — *Mémoires*, v. 1.)

(3) « Mais je prends ici la liberté d'observer que si V. S. accorde des sensations aux animaux, il s'ensuit ou que Dieu peut donner et donne à quelque parcelle de matière les facultés de perception et de pensée, ou bien que tous les animaux ont une âme immatérielle, et, suivant V. S., immortelle comme celle de l'homme ; et dire que les mouches et les puces ont des âmes immortelles aussi-bien que les hommes, ce serait peut-être pousser l'hypothèse bien loin. »

Lettres de Locke à l'évêque de Worcester.

Il est curieux d'observer combien les métaphysiciens les plus ingénieux sont embarrassés avec la doctrine spirituelle.

respectifs. La perception n'est pas également excitée par la même impression, quand elle est faite indifféremment sur les tissus; mais chaque organe a ses lois particulières, par lesquelles il appelle l'attention sur les seules affections qui intéressent son bien-être. Toute impression capable de déranger les fonctions, excite des sensations plus ou moins désagréables; et comme chaque partie peut être offensée d'une manière qui lui est propre, elle agit alors sur le siége de la perception, par l'opération de causes distinctes et particulières. Le canal intestinal est stimulé à éprouver des impressions pénibles, par les substances indigestes; la peau par les changemens subits de température, et par des agens destructeurs, chimiques ou mécaniques; les ligamens par une traction forcée; les poumons par l'air impur, etc. etc. Mais comme la conservation de l'animal exige qu'il soit ajouté à la faculté de ressentir le mal, celle de l'éviter, les cinq sens établissent des rapports plus intimes avec la nature extérieure, et sont mis en action par de légers changemens dans son arrangement, de manière à donner des idées plus précises, de l'agence étrangère. Les notions obtenues sur les affections des corps éloignés, par les impulsions de la lumière réfléchie, et par les vibrations de l'air, anticipent les impressions pénibles, et donnent à l'animal le moyen de se garantir du mal, avant qu'il soit trop près pour l'éviter.

Cette proposition métaphysique : « l'esprit ne reçoit rien qui ne lui soit apporté par les sens »; cette proposition, qui fait le fond de l'immortel ouvrage de Locke, et qui est maintenant admise universellement, demande cependant à être légèrement altérée pour s'accorder parfaitement avec la vérité physiologique. Les sensations internes, produites par des actions maladives, ou qui arrivent dans l'exercice ordinaire des fonctions, sont les sources de quelques idées; et les changemens, dans la condition intérieure des viscères, opèrent puissamment en modifiant la nature de nos réflexions. On pourrait faire, d'après cela, une objection plausible sur le théorème; mais à l'égard des organes sensitifs, ces viscères sont extérieurs, et bien plus encore les stimulans, par lesquels ils sont excités. Ainsi donc, sans changer les termes de la proposition, il suffit d'étendre un peu son application, et d'y comprendre ces sources d'idées, comme appartenant aux sensations du toucher.

La structure mécanique de l'œil, qui donne lieu à l'impression d'une peinture des objets visibles sur le nerf optique, a conduit les métaphysiciens à comparer les idées à des *images*, et la faculté de les combiner est nommée vulgairement *imagination*. Cette manière de parler, inexacte et métaphorique, a produit beaucoup de fausses conceptions; spécialement celle de supposer une ressemblance entre les idées et leurs prototypes extérieurs. Il est tout-à-fait évident que cette ressemblance ne peut exister.

Une étincelle électrique, en suivant le cours des différens nerfs des sens, excitera, comme on l'a déjà établi, des odeurs, des saveurs, des impressions visibles, etc. Un coup violent sur l'œil, produit la sensation d'une vive lumière. Certains dérangemens dans les organes abdominaux, occasionnent non-seulement des sensations définies, mais de longues suites d'idées réfléchies, indépendantes d'aucun prototype extérieur. Le démon de Socrate doit être considéré comme une idée de cette espèce, car le caractère général de ce philosophe le met au-dessus du soupçon d'une vile tromperie. Telles étaient probablement encore toutes ces visions surnaturelles de diables, d'anges, etc., attestées par les anachorètes dans les commencemens du christianisme ; celles du moins qui n'étaient pas inventées dans des vues politiques et mondaines. L'exaltation d'esprit qui entraîne l'ermite à quitter la société, et à s'imposer de sévères privations, jointe aux rigueurs du jeûne et de la discipline, le rend très-propre à recevoir les idées les plus fantastiques, à éprouver des hallucinations mentales, dont le caractère spécifique est immédiatement déterminé par les objets dont il fait sa contemplation habituelle. Dans les diverses idées ainsi excitées, il ne peut évidemment exister une ressemblance entre les causes et leurs effets, et cette notion n'aurait jamais été établie par les métaphysiciens, si leur examen eût été accompagné de quelques observations physiologiques.

En reconnaissant qu'une idée n'est qu'un pur mouvement effectué dans le tissu cérébral, l'impossibilité d'une ressemblance entre ce mouvement et les objets de la nature extérieure devient manifeste, et l'on conçoit qu'une convenance de structure capable de déterminer en tout temps le même mouvement cérébral, quand la même cause excitante se trouve présente, suffit amplement pour remplir le but de la perception.

Pour la production des sensations, ce n'est pas assez que le stimulant particulier d'un organe de sens, soit mis en contact avec les nerfs qui lui sont appropriés; l'attention doit aussi être libre de la préoccupation d'autres stimulans. La substance cérébrale n'est point susceptible d'un nombre indéfini de mouvemens sensoriels coïncidens. Il arrive souvent ainsi que des impressions sensitives faites sur les organes, engendrent des idées associées, sans qu'on ait eu la conscience distincte de leur présence dans l'esprit.

Les impressions des sens admettent deux modifications, dans l'une desquelles l'esprit paraît les recevoir passivement; tandis que dans l'autre il paraît s'exercer lui-même comme s'il allait pour ainsi dire à la recherche de ses idées. Quand un objet a des relations avec l'animal sur les sens duquel il agit, et que ces relations sont capables d'exciter un intérêt, cet objet devient le sujet d'un examen plus intime. L'animal alors ne *voit* et *n'entend* pas simplement, mais il *regarde*, il *écoute*, il *examine*. La nature de ce procédé paraît avoir été mal entendue. Les yeux, les oreilles, les doigts, etc., sont des instrumens adaptés à des fins spéciales ; et, comme tout autre instrument, ils peuvent être appliqués d'une manière plus ou moins appropriée à l'emploi pour lequel ils sont faits. Quand des objets extérieurs n'excitent qu'un faible intérêt, ils ne donnent pas des motifs pour une grande exactitude dans l'emploi de ces organes ; mais quand les passions agissent et donnent de l'importance à un objet, les muscles attachés aux organes des sens sont jetés dans un état que nous savons, par expérience, conduire plus parfaitement à l'exercice de leurs fonctions. En regardant un objet éloigné, la prunelle est fortement fixée, afin que les mêmes parties de la rétine puissent correspondre continûment avec les mêmes points dans le sujet de la contemplation. Les sourcils se contractent aussi pour exclure les rayons de lumière qui interviendraient à travers ceux qui procèdent de l'objet, et qui rendraient son image confuse. En écoutant, l'oreille est tournée de même du côté d'où le son procède ; et en examinant par le toucher, on prend soin de donner exactement le degré de pression qui doit causer les réactions les plus délicates de la structure nerveuse.

Dans l'emploi du goût et de l'odorat, les impressions sont accrues en force et en durée, en retenant volontairement la matière savoureuse dans la bouche, et par des inspirations forcées des particules odorantes à travers les narines. Tous ces efforts tendent à produire chacun à leur manière une excitation plus grande des fibres sensitives, et conséquemment une idée plus distincte dans l'esprit ; mais ils ne donnent aucune preuve pour garantir la croyance reçue, que l'emploi actif des sens est accompagné d'une différence correspondante du *mode de recevoir les sensations*, et que cette différence tient à une faculté distincte, à une fonction de la cervelle même.

Les objets des sens, en excitant les organes sur lesquels ils font impression, produisent dans le tissu cérébral ce changement inconnu que nous appelons *conscience*. Ce changement renferme la perception de l'impression, le sentiment de l'individualité du récipient, et le rapport de l'impression à sa cause extérieure.

On a pris beaucoup de peine pour chercher des preuves de la nature extérieure ; mais son existence est au nombre des faits qui se rattachent à notre organisation, et dont il est impossible de douter, quoiqu'ils ne soient pas susceptibles d'être prouvés. Un seul regard porté sur la nature, renverse tous les raisonnemens des métaphysiciens, et démontre que la conviction de la réalité des prototypes des idées est une partie (1) intégrante de l'impression sen-

______

(1) Il est presque inutile de réfuter la proposition bizarre qui concerne les qualités de la matière extérieure. La même

sitive. L'utilité de l'organisation entière dépend de ce fait. Des impressions pourraient se succéder à l'infini sans produire les plus légères réactions, si l'esprit pouvait douter de la réalité de leurs sources ; car les motifs de volonté doivent cesser quand on reconnaît que les causes de sensations sont intérieures, et leurs objets supposés purement imaginaires. Les actions instinctives des animaux qui commencent immédiatement après la naissance, démontrent aussi une croyance instinctive à l'existence extérieure ; car si l'animal avait besoin de raisonner avec lui-même, pour reconnaître la connexion entre ses propres sensations et leurs causes externes, sa

---

substance peut produire en différentes circonstances des impressions d'une nature diverse ; elle peut être douce aujourd'hui, et demain amère : les qualités de douceur et d'amertume n'existent donc point dans ce corps ? On peut répondre à cela qu'il y a une relation permanente entre la constitution chimique ou l'arrangement physique de certains corps, et les fibres sensitives d'organisations définies, en vertu de laquelle ils se trouvent capables d'exciter des idées déterminées. Les mots *amer* et *doux*, *rude* et *poli*, dans leur application aux êtres sensitifs, se réfèrent aux sensations correspondantes ; et quand ils désignent la substance étrangère, ils indiquent aussi la combinaison de causes qui produit son agence spécifique. Il est donc juste de dire que le sucre est doux, ou qu'il possède la constitution qui peut exciter l'idée de la douceur, quand il est appliqué au palais humain. Changez cette constitution du stimulant, ou l'organisation de l'être sensitif, l'effet cessera également. (*Voy.* sir W. Drummond, *Questions académiques.*)

vie serait détruite avant qu'il pût arriver à la conclusion nécessaire. Lucien nous dit que les âmes des philosophes sceptiques n'avaient pas trouvé leur chemin pour rejoindre les ombres des morts dans les îles Fortunées, parce qu'ils n'étaient pas encore certains de l'existence de ce lieu, et que leur voyage avait été ainsi interrompu (1). Cette description pourait s'appliquer à l'état de l'enfant, s'il ne référait pas immédiatement les impressions sensitives dérivées du lait maternel au sein dans lequel ce lait est formé, en inférant l'existence de l'objet extérieur de celle de la sensation. La théorie de Barclay sur ce sujet a été ridiculisée par beaucoup de gens d'esprit; mais tous les métaphysiciens n'apprécient pas encore aujourd'hui cet argument à sa juste valeur.

Il paraît cependant que la conscience de prototypes extérieurs peut être indépendante de la réalité, et naître quelquefois d'une certaine configuration des organes eux-mêmes : ce fait semble prouvé par le phénomène du délire, et la mémorable hallucination de Pascal en est un exemple frappant. Cet esprit éminemment philosophique, ce raisonneur si exact ne pouvait se convaincre par lui – même, qu'un

---

(1) Τοὺς δὲ Ἀκαδημαϊκούς ἔλεγον, ἐθέλειν μὲν ἐλθεῖν, ἐπέχειν δ' ἔτι, καὶ διασκέπτεσθαι· μηδὲ γὰρ αὐτὸ τῦτο πῶς καταλαμβάνειν, εἰ καὶ νῆσος τίς τοιαύτη ἐστίν.

Luciani verarum Historiarum, l. ii.

gouffre n'était pas continuellement ouvert à ses côtés ; cette idée naissait d'une affection hypconodriaque, qui excitait des mouvemens du cerveau, analogues à ceux qui auraient accompagné le phénomène visible d'un abîme semblable. Dans ce cas, l'expérience devait apprendre au malade qu'il était déçu par son imagination ; cependant elle ne suffisait pas quand il était seul, pour résister à la tendance organique, qui le portait à croire à des impressions qui semblaient naître des sens.

On demande quelquefois si les agens extérieurs produisent les mêmes effets sur le tissu cérébral de tous les animaux ; si un rayon rouge, par exemple, paraît le même dans l'esprit de tous ceux qui le contemplent ? On ne doit pas hésiter de répondre affirmativement à cette question ; car bien que ce fait, par la nature des choses, ne puisse être réduit en expérience, cependant le grand principe d'analogie qui déduit la similitude des effets par la similitude des causes, le met tout-à-fait hors de doute. Au contraire, la faculté *d'exciter la réaction*, possédée par un stimulant quelconque, doit nécessairement varier sur différens individus, ou sur le même en différens temps. Le degré de réaction sur un stimulant donné, est déterminé par l'énergie vitale de l'organe auquel il est appliqué, par les habitudes de cet organe à l'égard du stimulant en question, et par la préoccupation ou la non-préoccupation de l'organe, par d'autres stimulans au moment de l'application de celui-ci. L'âge, le sexe, le tempérament, les maladies, l'éducation, le climat, les particularités originelles de la structure, modifient également chaque individu, et déterminent la manière de penser et d'agir, qui marque leur identité. Ainsi, quoique le système de justice établi soit bien calculé à l'égard des punitions et des récompenses, d'après les intérêts généraux de la société ; cependant, strictement et moralement parlant, il n'existe pas dans l'esprit humain de règle positive sur laquelle on puisse juger des actions des autres. Chaque animal forme en lui-même une petite république dont les lois et les usages lui sont particuliers ; et condamner un homme d'après les affections et les habitudes d'un autre, c'est le conduire devant un tribunal dont il n'est pas justiciable.

Les mouvemens qui sont excités dans la cervelle par les impressions extérieures, et qui constituent les idées, occasionnent un changement plus ou moins permanent dans cet organe ; en vertu de quoi il est ensuite plus facilement excité, d'après cette loi de la contraction organique, nommée *habitude*. C'est ce changement qui produit cette faculté de retenir les idées que Locke supposait indépendante. Si toutes les notions acquises existaient simultanément dans le cerveau « si elles y étaient rassemblées » pour me servir d'une comparaison familière « comme dans un magasin » on pourrait appliquer à l'esprit le plus borné, cette remarque d'un poète :

That still the wonder grew
One little head contained the whole he knew.

« L'étonnement s'accroît en voyant une petite tête contenir tant de choses. »

Ces idées n'ont cependant évidemment qu'une existence potentielle, et leur recouvrement peut rester dans les limites des probabilités; quoique faute de causes excitantes, elles paraissent avoir été totalement oubliées.

Les mouvemens sensoriels sont éminemment sous l'influence de l'association. Les impressions qui ont été faites simultanément ou successivement, qui se ressemblent ou qui contrastent l'une avec l'autre, agissent mutuellement comme causes de leur retour respectif, et se rappellent en séries infinies.

L'ordre dans lequel les idées associées se succèdent, peut varier suivant différentes suggestions : on peut rattacher à ce pouvoir d'association ces procédés intellectuels, qui sont ordinairement attribués à des facultés distinctes. Quand une impression présente excite une suite d'idées dans l'ordre où elles sont arrivées originellement, ce procédé est attribué à la mémoire; quand l'ordre est déterminé par l'intervention d'une seconde idée, qui a plusieurs circonstances qui lui sont communes avec la première, d'après le principe de comparaison, c'est ce qu'on appelle un acte du jugement ; quand la suite d'idées procède d'un principe d'exclusion, elle constitue l'abstraction ; et quand elle dérive d'un principe de combinaison, on la considère comme invention ou génie. Ce qui détermine l'association à prendre une de ces directions plutôt que l'autre, est la nécessité où la machine se trouve, de réagir congrument sur les impressions qu'elle reçoit (1).

Les actions peuvent procéder immédiatement de l'impression, avoir une connexion intime avec elle : on leur donne alors le nom d'*instinctives*. Elles peuvent aussi résulter des associations que l'impression excite, se diriger d'après la conscience de la fin qui doit être produite : on les appelle dans ce cas, *volontaires*.

Les actions instinctives servent immédiatement à la conservation de la vie, et sont provoquées par des sensations de plaisir ou de peine très-marquées. Elles naissent quelquefois de certaines conditions des organes internes, d'autres fois elles proviennent d'impressions faites sur les organes des sens. Chez les animaux inférieurs, l'estomac et les organes de la génération donnent lieu à presque toutes les actions locomotrices. Les motifs sont plus nombreux et plus variés dans les classes supérieures.

---

(1) La notion d'une faculté distincte pour chacun de ces modes d'association naît du mécanisme, du langage et du préjugé auquel il a donné lieu, qui est *que chaque nom représente une chose*.

On peut observer chez l'homme et les animaux qui se rapprochent le plus de sa structure, que l'exercice des fonctions dans l'état de santé se lie à une variété infinie de circonstances, sur lesquelles l'expérience donne un certain contrôle à l'individu. Il est donc excité, non-seulement par les impulsions immédiates de l'appétit, mais par toutes les causes qui se rattachent par leur opération à la satisfaction de cet appétit : de là naissent l'avarice, l'ambition, et tous ces enchaînemens de motifs compliqués par lesquels l'homme social est influencé.

Toutes les causes qui tendent au libre exercice des organes, sont nécessairement considérées comme bonnes ; et celles qui tendent à l'interrompre ou à le déranger, sont tout aussi nécessairement regardées comme mauvaises (1). C'est la seule signification intelligible et véritable de ces termes, dont l'abus a produit tant de fausse morale et de fausse philosophie.

Les stoïques, influencés par leur idée de l'unité et de la réalité du bien et du mal, sont tombés dans de très-grandes erreurs sur ce sujet. En niant dans leurs vaines disputes, que la douleur fût un mal, et en affirmant de plus, que tout ce qui est accidentel est au-dessous de la considération humaine, ils ont avancé les sophismes les plus grossiers et les plus extravagans. Quant à la dernière assertion, il est

---

(1) *Omnia quæ natura aspernetur in malis esse, quæ asciscat in bonis.* CICERO.

bien évident que l'existence de l'homme est tout-à-fait assujettie aux accidens, et qu'il est obligé, par sa nature, de prendre avantage de tous ; des richesses, des honneurs, des études, des travaux, de tout ce nous appelons bonne ou mauvaise fortune, etc. etc., et de se servir de ces circonstances pour augmenter le nombre des impressions agréables et salutaires, et diminuer celui des impressions opposées. Le bon et le mauvais sont des qualités qui ne résident pas essentiellement dans les substances ou les combinaisons par lesquelles l'homme est affecté, mais qui sont déterminées par leurs relations avec l'organe qui reçoit leurs impressions ; et ces relations sont transitoires. La possession d'un bien qui s'oppose à la jouissance d'un bien plus grand, est un mal positif ; et les maux deviennent des biens quand ils stimulent à des exercices utiles, et qu'ils augmentent la sphère de l'activité et des facultés humaines. Il est en effet peu d'objets, parmi ceux qui sont capables d'influencer le genre humain, qui n'agissent que dans une seule direction, et qu'on puisse appeler absolument et abstractivement bons ou mauvais. C'est par cette raison qu'il devient très-nécessaire de découvrir un principe d'après lequel leur opération puisse être appréciée. Ce principe ne peut subsister dans les choses extérieures ; mais il doit être cherché dans la nature et les propriétés du sujet sur lequel elles agissent.

Les impressions de peine et de plaisir, quand elles sont intenses, deviennent des motifs d'action trop impérieux pour qu'on puisse leur résister. Les réactions qui se lient avec ces impressions naissent immédiatement et instinctivement. Celles qui sont éloignées ou moins violentes sont susceptibles d'être contrebalancées par des causes contraires, par des anticipations, des espérances, des craintes. Le degré et le mode de la réaction qu'elles excitent, doit donc varier pour chaque individu et chaque conjoncture. Il semble assez probable que dans le commencement de la vie toute impression physique est accompagnée de plaisir ou de peine. Les enfans trouvent évidemment du délice dans l'exercice de leurs sens; et leur continuelle activité doit être motivée par une vivacité de sensation correspondante. L'effet de l'habitude explique l'indifférence avec laquelle ces mêmes impressions finissent par être reçues, quand elles ne produisent plus de changemens dans la condition organique.

Un principe d'activité, qui réside dans les divers organes, rend l'absence de leurs stimulans une source de peine et de malaise : les émotions excitées par ce motif, les appétits, les désirs, les passions, sont celles qui suggèrent les actions avec le plus de puissance. Leur présence produit non-seulement des mouvemens énergiques déterminés dans les organes de locomotion, mais elle est accompagnée de dérangemens particuliers dans les fonctions organiques, sur lesquelles la volonté n'a aucune empire (1).

La connexion entre les affections mentales et les organes, par l'influence desquels elles naissent, ou sur qui leur action tombe, n'est pas toujours bien évidente. L'amour, la jalousie, l'affection maternelle sont attachées au développement et à l'activité de certaines parties déterminées, et sont des supplémens nécessaires à leurs fonctions. Mais la crainte, le courage, la colère, la tristesse, la haine, etc. produisent des changemens dans les mouvemens organiques moins évidemment fondés sur l'utilité. La joie et le chagrin affectent toutes les actions nutritives; la crainte fait palpiter le cœur, chasse le sang de la surface, et agit violemment sur le canal intestinal; le courage, au contraire, donne une chaleur plus marquée au cœur; et la colère jette les capillaires de la peau dans une forte activité, et détermine la circulation plus exclusivement vers la tête. C'est ainsi qu'un accès de fureur cause souvent des attaques d'épilepsie ou d'apoplexie, affections que l'ignorance et la bigoterie ont souvent attribuées à l'effet de la vengeance divine.

---

(1) Galen (*de Causis symptom.*) réduit toutes les passions à deux mouvemens; l'un de la circonférence au centre, et l'autre du centre à la circonférence. Le premier embrasse la crainte, la tristesse, toutes les passions débilitantes; le second renferme les affections opposées, la joie, la colère, etc.

Il survient encore dans l'animal humain des mouvemens qui, lorsqu'ils sont excessifs, reçoivent le nom métaphorique de *passions*. Telles sont l'avarice, l'ambition, l'amour du jeu, etc. Mais ces émotions n'ont cependant pas le vrai caractère de la passion, en ce qu'elles ne sont pas accompagnées de dérangemens dans les fonctions organiques. Elles consistent en associations vicieuses de mouvemens du cerveau qui donnent une force et une vivacité indues à des idées particulières ; ce qui produit des réactions incongrues avec leurs causes, et nuisibles à l'individu qui les reçoit.

La connexion des passions véritables avec leurs affections organiques, a conduit Bichat à considérer les organes ainsi influencés, comme les causes des sentimens qui les affectent : cette proposition, excepté dans ce qui concerne les appétits, est purement gratuite, et n'est même pas tout-à-fait intelligible.

Quand un objet a pu exciter une fois les passions, il devient tellement associé avec elles, que son souvenir ou le retour de son apparence, peuvent ensuite les provoquer, quoique la faculté d'influencer le bonheur de l'individu n'existe plus en lui. La vérité et la beauté des sentimens si bien exprimés (1) dans l'épître d'Héloïse de Pope, sont fondées sur ce fait.

Le principe d'activité qui naît du besoin d'ac-

---

(1) Pope, *Épître d'Héloïse à Abeilard.*

tion fonctionnelle, se manifeste dans le tissu cérébral par l'avidité pour les sensations. Un certain
degré de peine est même préférable à une absence
totale d'intérêt (1). C'est pour cela que l'oisiveté
est appelée la mère de tous les vices : mais comme
la répétition fréquente des sensations diminue leur
intensité, les sources de plaisirs s'épuisent bientôt,
surtout quand on cherche en excitant les sens d'une
manière exagérée, à anticiper sur les jouissances
que la nature attache à l'exercice de nos fonctions.
L'on cherche alors à rappeler les désirs émoussés
par une succession de stimulans divers ; de là dérive
l'inconstance dans les affections, et le besoin insa-
tiable de changer de lieux et d'habitudes. L'imagination dédaignant le présent, ne jouit que dans
les combinaisons qu'elle crée pour l'avenir, et la
vie s'écoule sans plaisirs, parce qu'on a voulu les
accroître par des efforts mal adaptés à notre organisation. Ce principe explique encore ces passions
extravagantes et factices qui dégradent l'être moral
et substituent des maux et des tourmens aux simples
et purs délices de la nature (2). On apaise les pas-

____

(1) « C'est pour s'arracher à l'ennui qu'au risque de recevoir des impressions trop fortes, et par conséquent désagréables, les hommes recherchent avec le plus grand empressement
tout ce qui peut les remuer fortement. »

HELVÉTIUS, *sur l'Esprit*, v. 11, p. 46.

(2) C'est ainsi que, suivant Helvétius, une coquette est la
maîtresse qui convient le mieux à un homme oisif et blasé:

sions fondées sur les besoins de l'organisation en les satisfaisant, et quand on le fait sans excès, la santé, la force et le bonheur en sont augmentés ; mais les passions factices, telles que l'envie, l'ambition, le jeu, prennent plus d'intensité à mesure qu'elles sont satisfaites, et leur tyrannie continuelle mène au désappointement, à la misère et au désespoir.

Parmi les causes qui modifient la réaction, on pourrait citer celles qui agissent par l'effet des affections sociales. L'homme est naturellement disposé à être ému par les accidens et les souffrances de ses semblables.

> *Naturæ imperio gemimus cum funus adultæ,*
> *Virginis occurrit vel terra clauditur infans,*
> *Et minor igne rogi. Quis enim bonus aut face dignus*
> *Arcanâ, qualem Cereris, vult esse sacerdos,*
> *Ulla aliena sibi credat mala* (1).

On ne doit cependant pas croire, avec le poëte, que cette loi distingue l'homme des autres animaux, car dans les maux qui sont à la portée de leur compréhension, et qui peuvent être exprimés par des signes sensibles, les animaux qui ont l'instinct social éprou-

---

« La plus forte passion de la coquette est d'être adorée ; que faut-il faire pour produire cet effet ? toujours irriter les passions des hommes sans jamais les satisfaire. »

(1) « Sommes-nous libres à la vue des funérailles d'une jeune fille ou de quelque petit enfant ? nous en pleurons ; on ne peut s'en défendre. »

JUVÉNAL.

vent les uns pour les autres des sympathies très-extensives. Quantité d'exemples de ce fait peuvent être cités, et se présentent familièrement à l'observateur attentif. La raison, au contraire, s'oppose trop souvent aux sympathies naturelles. L'homme simple et sans culture, pourvu que son cœur n'ait pas été endurci par une misère excessive, est prompt à ressentir les plus doux sentimens, à sympathiser avec l'étranger, à plaindre, à soulager le malheur, à exposer jusqu'à sa vie pour secourir un infortuné ; tandis que l'être plus civilisé, dont les besoins multipliés et les passions artificielles l'obligent à calculer sa conduite et toutes ses actions, devient égoïste, froid, indifférent, et fonde quelquefois ses espérances de bien-être personnel sur le désappointement de ses amis (1), les maux de sa patrie ou la mort de ses parens. Pour des hommes semblables, le désintéressement est une folie, et le patriotisme un prétexte. C'est dans ce sens que nous devons entendre cette assertion de Champfort : « Dans l'état actuel de la société l'homme me paraît plus corrompu par sa raison que par ses passions. Les passions (j'entends ici celles qui appartiennent à l'homme primitif) ont conservé dans l'ordre social le peu de nature qu'on y retrouve encore (2), mais il est rare

______

(1) « Dans l'adversité de nos meilleurs amis, nous trouvons souvent quelque chose qui ne nous déplaît pas »

Maximes de La Rochefoucault.

(2) Champfort, Maximes et Réflexions.

que tout sentiment social soit absolument éteint chez l'homme le plus corrompu, et qu'il ne puisse plus être influencé que par des motifs d'intérêt purement personnels. Le bonheur de l'espèce intéresse nécessairement l'individu destiné à vivre en société, et les plus nobles, les meilleures dispositions répondent à cet objet, comme on voit dans les troupeaux les animaux les plus forts et les plus courageux se placer au front de la bataille quand ils sont attaqués par un ennemi (1).

La théorie de l'agence extérieure et de la réaction organique a été le sujet de très-longues disputes entre les métaphysiciens. Le grand problème du mal moral, et des punitions et des récompenses, a

---

(1) La tendance naturelle de la raison est d'étendre notre considération de l'individu à l'espèce ; car la vraie philosophie est toujours bienveillante. Mais la raison détournée de son but véritable par de faux systèmes et des préjugés établis, s'exerce rarement sur des notions primitives parfaitement justes. Les hommes, en général, sont trop occupés de pourvoir à leur subsistance journalière pour avoir le temps de regarder autour d'eux ; et ils sont obligés de raisonner sur un petit nombre de faits qui se trouvent à la portée de leur observation. Comme les sources de la personnalité se trouvent à chaque pas dans le cours de la vie, l'homme du monde se fait un système d'égoïsme d'autant plus complet, que la société est plus compliquée. La France, qui, avant la révolution, était regardée comme le pays le plus civilisé, a donné naissance à la classe *des égoïstes par excellence,* et au nom qui leur a été donné.

donné une direction à leurs raisonnemens, qui ne peut être rectifiée qu'en se reportant au fait physiologique ; et c'est à quoi l'orgueil et l'amour des hypohèses s'opposent également.

Les phénomènes de la sensibilité relative, comme ceux de l'action nutritive, consistent essentiellement dans l'application des stimulans, la sensation de leur présence, et la réaction conséquente des tissus *contractiles* ; ces phénomènes se succèdent dans le même ordre et d'après les mêmes lois dans l'un et l'autre cas. Cependant, lorsqu'il est reconnu qu'une stricte nécessité préside sur la vie organique, les métaphysiciens persistent à croire que les lois de l'agence matérielle n'exercent aucune influence sur les fonctions relatives ; qu'il n'existe point de connexion définie entre le stimulant et la réaction ; que les relations de causes et d'effets sont dominées par quelque autre puissance, ou plutôt que deux ou plusieurs effets naissent d'une même cause.

Pour arriver à cette conclusion, il a fallu adopter deux principes de motion distincts dans le système animal ; on les a désignés par les termes d'instinct et de raison. On avoue que le premier de ces principes opère nécessairement, parce que la simplicité, et par conséquent la plus grande apparence de régularité de son action, rend toute méprise impossible.

La nature plus compliquée des volontés déterminées par la raison, ouvre un champ plus vaste à la dispute, et l'on a élevé sur cette base l'édifice fantastique du libre arbitre fortifié et retranché de toutes les subtilités et les sophismes de la métaphysique polémique.

Dans les actions nommées instinctives, la connexion entre la cause et l'effet est évidente et directe. Aussitôt que l'animal nouvellement né sent les impressions de l'atmosphère, il exécute le procédé de l'inspiration, et les espèces qui naissent avec le plein développement de leur système musculaire, sont immédiatement capables de marcher. De même tous les animaux, quand ils sont attaqués, se mettent dans la position où ils doivent être pour se défendre, ou s'enfuient si leur organisation ne leur donne pas d'autres moyens de salut. Ces mouvemens sont exécutés sans réflexion et sans prévoyance ; et comme ils sont liés essentiellement à la conservation de l'animal, ils procèdent d'un stimulant simple, puissant et insurmontable. Il n'existe qu'un seul mode d'action convenable pour l'exécution de ces mouvemens ; et s'ils n'étaient pas des conséquences nécessaires de l'organisation elle-même, les espèces finiraient par se détruire.

Dans les volontés délibérées, suivies de la conscience d'une fin, le procédé est moins simple. L'action qui doit être produite n'étant pas d'une importance aussi immédiate pour l'économie, peut être influencée par d'autres causes présentes dans l'esprit, ou, pour parler plus physiologiquement, par d'autres stimulans agissant sur le tissu cérébral.

Les moyens de peine et de plaisir que fournit la nature, indépendamment de ce qui intéresse la conservation immédiate de l'animal, sont nombreux et variés ; et la mémoire et l'imagination peuvent les produire en combinaisons assez nombreuses pour combattre ou modifier une impression actuelle. Quand deux ou plusieurs idées de force à peu près égales sont opposées ainsi les unes aux autres, une réaction immédiate ne s'accorderait pas avec la grande fin de toute action. Il faut que chaque motif puisse être clairement aperçu, et que sa valeur relative soit appréciée ; et l'hésitation est nécessaire pour cet objet. Durant l'intervalle ainsi créé, les diverses idées associées avec chaque motif passent dans l'esprit, et la réaction est enfin déterminée par le motif, qui, avec toutes ses associations, donne la plus forte impulsion au sensorium (1).

Locke suppose que cette hésitation qui s'ensuit, quand des motifs opposés agissent simultanément sur l'animal, est volontaire ; et il place dans cette faculté d'arrêter l'action, la liberté morale de l'homme : mais l'hésitation est un résultat nécessaire, motivé

---

(1) « Nous croyons délibérer, lorsque nous avons, par exemple, à choisir entre deux plaisirs à peu près égaux et presque en équilibre ; cependant l'on ne fait alors que prendre pour délibération la lenteur avec laquelle entre deux poids à peu près égaux, le plus pesant emporte un des côtés de la balance. »

HELVÉTIUS.

20

par l'opposition des idées. Si une idée s'empare fortement de l'esprit, et stimule puissamment la réaction de l'organe cérébral, elle l'emporte inévitablement sur toutes les autres; elle empêche qu'elles ne soient clairement conçues, et que l'attention ne se fixe sur elles; alors l'hésitation cessant immédiatement, l'individu ne peut pas suspendre plus long-temps son action.

Plus les faits seront examinés scrupuleusement, et moins la distinction entre la réaction de l'instinct et celle de la raison paraîtra physiologique (1); car plusieurs espèces d'actions procèdent indifféremment de l'une ou l'autre de ces causes. Les premiers efforts pour téter sont automatiques; mais le procédé est ensuite exécuté par un acte de volonté délibérée, avec conscience de la fin qui doit être produite. Les premières tentatives pour jouer de quelque instrument sont délibérées; les mouvemens d'un maître habile se font presque par instinct et sans la coopération de la pensée, parce qu'ils sont étroitement associés avec les impressions visibles des notes, gravées sur le livre qu'il a devant lui.

En quelque situation que puisse être placé un homme, il peut se trouver pour lui deux ou plu-

---

(1) Condillac, bien convaincu de cette vérité, considérait les actions instinctives comme les résultats de raisonnemens rapides et mal développés. La raison ne serait-elle pas, au contraire, un instinct plus compliqué et mieux développé?

sieurs possibilités d'action ; mais il ne s'ensuit pas de là que l'individu ait la liberté d'agir d'une manière ou de l'autre. Cela peut être dit de *l'homme en général* ; mais c'est un abus grossier du langage d'affirmer que *l'homme ait individuellement* le pouvoir de choisir les conséquences de sa situation. Le brave ne pourra s'empêcher de combattre, le poltron ne pourra s'empêcher de fuir. L'homme moral sera influencé par ses notions sur la propriété ; tandis que celui pour qui de tels motifs sont étrangers ne pourra pas plus régler sa volonté, d'après leur influence et contre ses penchans, qu'un estomac plein jusqu'à la réplétion ne pourrait désirer de lui-même d'éprouver la faim. Des circonstances particulières, dont l'influence est extraordinaire et accidentelle, peuvent entraîner à des déviations dans la conduite usuelle ; mais la relation entre la cause et l'effet reste immuable et incapable d'altération.

Dans les actions qui sont influencées par les suggestions de la raison, et qu'on suppose d'après cela soumises à la volonté, chaque idée intervenante est nécessitée par celle qui l'a précédée, et la détermination est aussi exactement mesurée sur la nature du stimulant, et celle de l'organe sur lequel il agit, que dans les plus simples cas d'instinct. Cette relation se voit clairement, toutes les fois qu'une idée domine exclusivement sur les autres. La défense personnelle est un motif d'excuse pour le meurtre devant la justice. Ce n'est point comme justification du crime, puisque les moralistes nous apprennent qu'il vaut mieux souffrir le mal, que de le commettre; mais l'on reconnaît par là que le mouvement de se défendre est irrésistible. La faim absout de même celui qui dérobe des alimens, poussé par son impulsion violente. On avoue donc que le frein de la morale est quelquefois sans force contre les tentations, même dans les cas où la sûreté de la société, oblige la loi de sévir. Cette manière de raisonner ne serait pas excusable, si l'homme avait en lui-même un pouvoir de résistance indépendant des motifs (1).

Le pouvoir qu'un motif quelconque peut avoir abstractivement, dépend de circonstances sur lesquelles la volonté n'a aucun empire.

Dans beaucoup de cas, les impressions deviennent trop fortes, pour que leur influence soit en proportion avec le bien-être de l'individu; elles vont alors en sens contraire. Les passions, quand elles sont irritées par l'opposition, produisent les effets les plus pénibles et les plus dangereux, et qui ne

---

(1) Si la volonté est libre, la doctrine théologique du péché originel et de la faiblesse nécessaire de l'humanité, n'a plus aucun sens. La fragilité de la chair ne peut signifier rien autre chose, sinon que l'organisation est susceptible d'être entraînée par des stimulans; et ce point accordé, tout le système est renversé.

portent pas moins sur le système nutritif que sur les fonctions relatives. De longues suites d'idées sont irrésistiblement introduites, et provoquent des actions irrégulières. Le désordre qui résulte de cet état influe non-seulement sur la conduite morale, mais sur la constitution physique. On connaît (1) assez

----

(1)   Λέπτον δ'
Αὐτίκα χρῶ πυρ ὑποδεδρόμακεν,
Ὀππάτεσσιν δ' ὐδὲν' ὀρημι, βομβεῦ-
σιν δ' ἀκοάι μοι·
Καδδ' ἰδρὼς ψύχροις κέεται, τρόμος δὲ
Πᾶσαν ἀγρεῖ, χλωροτέρα δὲ ποίας
Ἐμμὶ· τεθνάκην δ' ὀλίγω πιδεῦσα,
Φαίνομαι ἄπνους.

SAPHO.

Je sens de veine en veine une subtile flamme
Courir par tout mon corps alors que je te vois,
Et dans les doux transports où s'égare mon âme,
Je ne saurais trouver de langue ni de voix.

Un nuage confus se répand sur ma vue ;
Je n'entends plus, je tombe en de douces langueurs ;
Et pâle, sans haleine, interdite, éperdue,
Un frisson me saisit, je tombe, je me meurs.

De tels dérangemens tiennent à des altérations dans la circulation, et les autres fonctions nutritives, et sont les résultats nécessaires et inévitables de l'affection mentale.

les conséquences terribles de la passion de l'amour :

> In amore hæc omnia insunt vitia, injuriæ
> Suspiciones, inimicitiæ, induciæ,
> Bellum, pax rursum ; *incerta hæc si tu postules*
> *Ratione certa facere, nihilo plus agas,*
> *Quam si des operam ut cum ratione insanias* (1).

Ces maux, ces agitations, ces afflictions, qui rendent la vie si amère, éloignent tout plaisir, annullent tous les autres intérêts de l'existence, ne sont pas endurés volontairement. Ceux qui en sont les victimes ne pourraient pas s'en affranchir quand ils le désireraient. Comme ils dérivent d'un état particulier de la constitution, ils ne peuvent exister dans celui qui n'est pas qualifié physiquement pour cette passion ; tandis qu'ils ne peuvent être réprimés, quand la perfection même de l'organisation tend à produire une impulsion continuelle.

Il est évident, par l'influence impérieuse des passions sur le système nutritif, qu'elles ne sont pas susceptibles d'être contenues par un acte simple de la volonté. Les hypocrites les plus consommés ne

---

(1) « En amour, on est nécessairement exposé à tous ces maux, à des rebuts, à des soupçons, à des brouilleries ; aujourd'hui trève, demain guerre ; et enfin l'on refait la paix. Si vous prétendez que la raison fixe des choses qui sont tout-à-fait inconstantes et incertaines, c'est justement vouloir allier la folie avec la raison. »

TÉRENCE, *Eunuque.* — *Trad. de mad.* DACIER.

peuvent retenir les mouvemens automatiques, naturellement excités par une passion forte et prédominante. La rougeur de la honte, la pâleur de la crainte, les larmes du chagrin, l'œil animé de la joie, n'obéissent point aux ordres de la volonté, et dévoilent les secrets du cœur à l'observateur le moins excercé. Le meurtrier ne pâlit point volontairement à la vue de sa victime égorgée ; le parjure ne se trouble pas volontairement, quand il est confronté devant les juges, avec ceux qui savent qu'il trahit la vérité : d'autre part, l'avocat le plus éloquent n'excitera aucune de ces émotions dans ceux chez qui l'habitude ou une insensibilité naturelle ont émoussé les sentimens à qui ces mouvemens appartiennent.

Les limites naturelles de l'influence des passions, se trouvent dans leur balance mutuelle, qui, chez les animaux bien organisés, est toujours proportionnée aux besoins du moment. Dans un animal semblable, la prédominance de chaque émotion est strictement proportionnée à l'excitation. La colère est provoquée seulement par les offenses réelles ; et les sentimens d'amour ne survivent pas à la cause qui les a fait naître. Mais les mouvemens dans lesquels consistent les passions, étant sujets à la loi de l'habitude, deviennent plus faciles à être excités par leur fréquente répétition ; et comme chaque tempérament a sa passion dominante, la plupart des hommes naissent esclaves de sentimens auxquels ils sont forcés d'obéir toute leur vie.

Comme les réactions produites par ces mouvemens sont proportionnées à leur cause, les passions, quand elles sont excessives, deviennent de véritables maladies, et la société est intéressée à leur répression, en présentant des motifs propres à les contrebalancer.

Ceux qui ont enseigné la morale, tout en faisant profession de croire que les passions sont soumises à l'individu, ont agi comme s'ils connaissaient parfaitement leur nature véritable. Ils les ont attaquées en diminuant la force physique de l'homme (comme dans le système appelé *minutio monachi*), ou bien ils ont élevé une passion contre une autre. L'avarice, l'amour des biens de ce monde, sont combattues par de vives descriptions d'un monde meilleur ; et les passions sensuelles, par la vanité, la crainte ou l'enthousiasme.

Les gouvernemens emploient le plus souvent la crainte pour dominer les autres mouvemens ; et les parens, en général, mettent tour à tour chaque passion en jeu, afin que, l'une détruisant l'effet de l'autre, il n'y en ait aucune qui arrive au point de troubler le repos du moment. Une des sources les plus fatales des passions exagérées, est peut-être l'indiscret usage qu'on en fait dans le misérable système d'éducation généralement adopté.

Les habitudes d'action une fois formées, sont rarement brisées par les suggestions des motifs qui naissent sous l'influence des autres passions. Une violente impression sensible a beaucoup plus de pouvoir. Ainsi, un coup malheureux porté dans le paroxysme de la colère, est plus propre à corriger la tendance à cette passion en provoquant le repentir, que tous les raisonnemens du monde.

« Les besoins artificiels, et les désirs de la vie sociale, modèrent jusqu'à un certain point les passions naturelles, en multipliant les motifs d'une tendance opposée. Il faudrait qu'un homme fût bien colérique, pour donner des marques de cette émotion devant le maître de qui il dépend. Les sauvages sont moins capables de dissimulation que les hommes civilisés; non que leurs passions soient plus fortes, mais parce qu'ils n'ont pas les mêmes motifs pour les contrebalancer.

A mesure qu'on avance dans la vie, les passions se succèdent et se remplacent mutuellement, parce qu'il en est qui sont incompatibles (1). On attribue ordinairement ces altérations à un puissant exercice de la volonté, qui cependant les suit passivement, en obéissant successivement au tyran du jour.

Le manque d'un principe intérieur et actif, capable de corriger les impressions exagérées qui résultent des passions, se fait sentir dans toutes les

----

(1) « Il y a dans le cœur humain une génération perpétuelle de passions; en sorte que la ruine de l'une est presque toujours l'établissement d'une autre. »

La Rochefoucault.

institutions sociales. Quand la propension au crime s'accroît, les législatures européennes ne connaissent pas d'autres remèdes pour la réprimer, que l'augmentation des châtimens. On voit cependant que dans les éducations les mieux dirigées, on obtient plus, en éloignant adroitement les causes accidentelles des passions, qu'en livrant une guerre ouverte à leurs tendances impérieuses.

Les moyens qu'on emploie le plus généralement, et qui réussissent le mieux dans cette dernière espèce d'éducation, consistent à inoculer, pour ainsi dire, les passions factices, l'émulation, l'ambition, l'amour de la gloire, le fanatisme. Sous l'influence de pareils guides, l'instituteur parvient quelquefois à former ce qu'on appelle une *bonne espèce d'homme* (1), comme on en voit tant dans la société; de ces gens qui ne coupent ni la bourse ni la gorge, (à moins que ce ne soit dans les formes reçues), qui ne tombent jamais dans l'excès des vices honteux, et qui sont, malgré cela, des êtres nuls, dénués de tout mérite, égoïstes, faux, mercenaires, capables de voir l'univers se dissoudre pièce à pièce, sans éprouver la plus légère émotion, pourvu que le petit

---

(1)   *Not quite a madman if a pasty fell,*
        And much too wise to walk into a well.

P O P E.

« Un homme qui pourra conserver sa raison, même en voyant tomber un des plats qui sont sur sa table, sera d'ailleurs beaucoup trop sage pour aller se jeter dans un puits. »

cercle de leurs intérêts personnels ne soit pas atteint par ses ruines.

Les résultats divers qui naissent de la même cause extérieure, dans les différentes modifications du même individu, montrent combien la volonté obéit passivement au motif qui se trouve le plus fort (1) de fait. « Si la conscience retient les mouvemens du cœur, » si la crainte du danger ou des conséquences pénales, stimulent plus fortement le cerveau que la tentation du crime, l'homme le plus immoral s'abstiendra de le commettre. Mais faites prendre à cet homme une boisson enivrante qui, en accélérant la circulation de son sang, accroîtra son courage, et portera en même temps la confusion dans ses idées, l'acte (2) sera immédiatement accompli.

Il arrive quelquefois qu'une révolution soudaine se fait dans les habitudes de penser et d'agir, qui avaient jusque alors caractérisé l'individu. De prudent et moral, il devient emporté et dissipé; ou bien, après une vie passée dans les excès, il s'abstient de toute indulgence criminelle pour ses penchans. Ces

----

(1) Shakespeare.

(2) Je pense que l'orgueil humain devrait être un peu humilié, en considérant qu'il suffit d'augmenter ou de diminuer la vélocité de certains fluides dans la machine animale, pour remplir l'esprit des espérances les plus aimables, ou le plonger dans le plus profond désespoir; pour faire du héros un poltron, et du poltron un héros.

Lettres de Fitzosborne.

cas ne font pas exception à la règle générale. Le déclin d'une passion, l'apparence d'une autre, une perte, un désappointement inattendu, une maladie, un accès d'ennui, en changeant la balance des forces intérieures, déterminent en général cette altération dans le caractère. C'est surtout dans ces momens de crises, où l'on remarque ces changemens subits dans les opinions, que le fanatisme s'empare de ses victimés, et substitue ses incitemens désordonnés, à d'autres qui étaient beaucoup moins dangereux, et pour l'individu, et pour la société (1). Sans de telles causes extraordinaires, peu de personnes en avançant en âge changeraient sensiblement leur manière de penser et de vivre ; car, de même que les membres deviennent plus adroits à former les mouvemens qu'ils ont coutume de faire, l'esprit acquiert, par la répétition des mêmes perceptions, des mêmes jugemens, un mode de volonté défini, dont il s'écarte difficilement.

Le phénomène du repentir prouve que les passions ne sont anéanties que par la disparition de leurs causes, et qu'elles ne sont point sous l'empire de la volonté. Dans les actions criminelles, la possession de l'objet est ordinairement suivie du

---

(1) Les femmes sont particulièrement susceptibles des impulsions de la dévotion fanatique à cette période de la vie où la beauté s'efface, où les passions qui ont rempli leur existence sont abattues ou ne peuvent plus être satisfaites.

repentir. Cependant rien n'est changé alors, que l'état de l'individu à l'égard de sa passion, qui, lorsqu'elle est satisfaite, devient moins tyrannique : les désirs sont altérés ; *l'on se repent*, c'est-à-dire, qu'on recommence à penser, et que les impressions ne sont plus dans la proportion qui doit déterminer l'action.

Certaines modifications des passions déterminent non-seulement les idées que l'association présente à l'esprit, elles affectent encore les impressions même des organes des sens. Une vanité excessive empêche l'être qui se trouve sous son influence, de s'apercevoir des éclats de rire que son ridicule excite dans une assemblée. Les signes extérieurs qui distinguent l'approbation de la dérision, sont apparens pour tout le monde, excepté pour celui qui en est l'objet : lui seul ne voit, n'entend rien que les suggestions de sa passion exaltée ; il triomphe pendant que ses amis sont couverts de honte et de confusion (1).

Si une compagnie nombreuse traverse une contrée, les mêmes objets visibles se présentent à tous ; cependant chacun les aura vus d'une manière particulière. Le soldat aura observé des positions fortes, des plaines, des ravins, des défilés ; le fermier aura fait attention aux récoltes, aux terrains fertiles ou

---

(1) C'est la base physique des faits qui ont donné naissance à cet aphorisme familier, « la beauté est dans l'œil de l'amant. »

mal cultivés ; le peintre aura été frappé des effets d'ombre et de lumière, des groupes heureux, des scènes pitoresques, et l'épicurien n'aura vu que les produits de la terre qui servent aux plaisirs de la table. Non-seulement les habitudes constantes de motions cérébrales, mais les combinaisons accidentelles et passagères, changent le caractère des impressions. Les mêmes objets frappent l'imagination d'une manière différente dans le silence et la solitude, ou quand ils sont présentés au milieu d'une fête brillante. L'image de la mort dans les cloîtres où les cimetières, inspire une mélancolie profonde ; cependant les Egyptiens en avaient fait un moyen d'augmenter la gaîté de leurs festins (1). Si tous ces mouvemens divers sont indépendans de la volonté, si le peintre, le soldat, le fermier, l'anachorète et le convive égyptien, ne peuvent voir avec les mêmes yeux ; il serait absurde de supposer que dans les mêmes circonstances ils pourraient vouloir les mêmes actions (2).

---

(1) Hérodote raconte que dans les festins les plus splendides de cette nation, les serviteurs présentaient aux convives l'image fidèle d'un homme mort, sculptée en bois, et les avertissaient de mettre à profit les instans d'une vie passagère.

Ἐς τοῦτον ὁρέων, πῖνε τὲ καὶ τέρπευ· ἔσεαι γὰρ ἀποθάνων τοιοῦτος.

EUTERPE.

(2) Il me semble que nous ne jugeons jamais des choses que par un retour secret que nous faisons sur nous-mêmes....

Pour que la raison pût garder sur les passions l'espèce d'empire qu'on entend par le libre arbitre, il faudrait qu'elle eût le pouvoir de rappeler à son gré chaque suite d'idées qui se rapporterait à un sujet, et de leur donner toute la force d'impression qu'elles sont susceptibles d'avoir ; et cette condition est évidemment impossible. Quand l'estomac est travaillé par une excitation maladive, l'animal ne peut point, par sa volonté seule, diriger les associations sympathiques de cet organe, de manière à déterminer un mal de tête plutôt qu'un accès de goutte ; de même il n'est pas en notre pouvoir de provoquer une suite d'idées associées préférablement aux autres, afin de décider une réaction morale particulière. La conscience de l'insuffisance de la volonté dans ce cas, la persuasion où l'on est qu'un raisonnement ne réprimera jamais ni un battement du cœur, ni

---

On a dit fort bien , que « si les triangles faisaient un dieu , ils lui donneraient trois côtés. »

Lettres Persanes.

Ἵπποι μὲν θ' ἵπποισι βόες δὲ τὲ βῦσιν ὅμοιας,
Καὶ κὲ θὲων ἰδέας ἔγραφον καὶ σῶματ' ἐποιϰν
Τοιαῦθ' οἱον πὲρ κ'αὗτοι δέμας εἰχον ὅμοιον.

Xénophane Colophon. *Ap. Clem. Alex. Strom.* iv, p. 256.

« Les chevaux donneraient à leurs dieux la forme des chevaux ; les taureaux formeraient les leurs en taureaux : chacun d'eux se les représenterait avec un corps semblable au sien. »

une émotion, engagent trop souvent les individus à prendre la sensibilité morale par les fonctions organiques, et ils emploient le vin, les liqueurs fortes, l'opium, pour bannir la tristesse, étouffer les remords, et soutenir le courage. Cette pratique serait aussi inutile qu'elle est dangereuse, si l'esprit pouvait gouverner les images qu'il reçoit, et en déduire à volonté des modes d'action déterminés.

Les phénomènes de certaines maladies montrent cette vérité sous le point de vue le plus clair. Dans la mélancolie, certaine sympathie inconnue entre le cerveau et les viscères de l'abdomen, donne lieu à des idées fantastiques, sans fondement, qui, se mêlant aux réflexions ordinaires, troublent leur liaison, et produisent des actions inconséquentes. Le malade raisonne bien sur tout ce qui ne concerne pas l'idée qui constitue son mal ; il peut s'occuper d'affaires, composer des vers, analyser un problème. Si le sujet de son aliénation est l'idée que son corps est de verre (idée qui arrive fréquemment dans ces sortes de maladies), il conclura avec raison, d'après de tels prémisses, que le mouvement est accompagné pour lui du danger de briser des parties importantes à son existence, et aucun argument ne pourra l'engager à changer de position. Il ne peut se défaire de cette impression morbide, et cette force perturbatrice triomphe de toutes les autres idées, et les soumet à son empire. Entre l'état de cette personne et celui d'un individu tourmenté par une passion impérieuse, il ne paraît exister de différence notable que dans le degré de l'hallucination, qui est un peu plus faible dans le second cas.

Malgré la répugnance que les hommes ont toujours montrée pour admettre la doctrine de la nécessité morale, leur conduite a presque toujours été d'accord avec elle. L'éducation est donnée aux enfans, parce que l'on sait qu'il faudrait des combinaisons de circonstances extérieures bien rares pour rendre un homme capable de s'élever lui-même. Elle est commencée de bonne heure, par la conviction où l'on est que les habitudes prises dans le premier âge ont une force supérieure, et qu'elles donnent à tout le reste de la vie une couleur permanente. Inculquer les dogmes religieux avant que l'esprit puisse les comprendre, serait une absurdité manifeste si l'on voulait que chaque individu jugeât pour lui-même, et ne crût rien que d'après son examen et sa conviction ; mais ce n'est pas là le dessein des parens : fermement convaincus de la vérité de leur croyance, et sachant que l'homme est la créature des circonstances, leur objet est de prévenir l'enfant en faveur de leurs idées ; de les fixer assez fortement dans son esprit pour qu'elles soient capables de repousser toutes les combinaisons possibles de réflexions subséquentes : ainsi l'on est assuré de l'obéissance de l'enfant à l'ordre de choses que les parens approuvent. Ce principe explique ces particularités dans les opinions et les mœurs, qui distinguent les nations entre elles, et qui s'opposent quelquefois si malheureusement aux améliorations.

Chaque nation, collectivement parlant, est infatuée de sa religion, de ses lois, de ses mœurs et coutumes, et continue de génération en génération, dans une identité d'esprit aussi remarquable que celle de la taille et des traits. C'est donc un paradoxe des plus inconcevables, que cette intolérance qui a régné dans tous les temps et dans tous les pays, même parmi les gens qui se piquent d'être au-dessus du vulgaire, et libres de préjugés ; puisque les opinions d'un homme sont, de toutes ses possessions, celles qu'il peut le moins appeler siennes.

Après avoir considéré les traits constans du caractère national, si nous examinons les différences qui distinguent les peuples à diverses époques, elles prouveront encore mieux la proposition générale. Dans la grande révolution que les deux derniers siècles ont produite, les changemens successifs ont eu lieu de génération en génération. Une impulsion nouvelle a été donnée à l'homme par l'invention de l'imprimerie ; elle a conduit progressivement à de nouveaux modes de pensées et d'actions. Mais chaque génération est restée au point juste où l'opinion s'est trouvée au moment de son éducation ; et les nouveautés introduites par le génie ont toujours été exclusivement embrassées par la génération suivante, qui les a reçues avec un esprit moins prévenu. Ainsi nous voyons actuellement en France, que les hommes très-âgés sont royalistes, ceux d'un moyen âge, constitutionnels, et les jeunes gens, assez généralement dévoués au gouvernement impérial et à l'enthousiasme militaire (1).

L'existence même des institutions sociales, des codes de lois et de morale, prouve une connexion invariable et nécessaire entre les causes et les effets dans l'esprit humain. Si l'intelligence n'était pas la fonction d'une machine gouvernée par des lois constantes, il serait impossible d'établir des règles générales pour influencer la conduite morale. La confiance qu'un homme accorde à un autre homme est fondée sur la proportion nécessaire entre le motif et l'action. En un mot, l'uniformité que l'histoire nous montre dans la conduite des hommes de tous les climats et de tous les siècles, n'est compatible qu'avec le système de nécessité. Si cette loi n'existait pas, l'expérience ne fournirait aucune conjecture pour l'avenir, et la sagesse accumulée d'âge en âge serait sans liaison et sans utilité.

____

(1) « Les hommes savent si peu, quelle qu'en soit la fausseté, renoncer aux idées dont ils ont été imbus dans l'âge d'où partent leurs souvenirs, qu'à un très-petit nombre d'exceptions près, ce n'est, dans toute une nation, que la jeunesse qui embrasse et fait prévaloir une opinion, ou propage des faits nouveaux. »

LACROIX, *Essai sur l'Enseignement*, 57.

Mais pour retourner aux faits physiologiques, la cervelle doit être inutile à tout ce qui est relatif à l'esprit, si les phénomènes intellectuels ne sont pas gouvernés par les lois de l'action organique; et l'action organique est une conséquence nécessaire de la condition de l'organe, et de la nature et de la quantité du stimulant. L'estomac n'est pas libre de digérer ou de ne pas digérer; il ne refuse pas d'obéir à des stimulans parce qu'ils sont malsains et destructeurs. De même le cerveau réagit nécessairement sur les causes qui opèrent sur lui, soit qu'elles se trouvent bien ou mal adaptées au bien-être et à la durée de l'individu. Le physiologiste n'est pas obligé d'étendre ses recherches au-delà de ce simple fait, ni d'examiner ce que peuvent en inférer des observateurs d'un autre caractère. Mais on doit lui permettre de remarquer que la doctrine de la nécessité n'est ni décourageante, ni anti-sociale, ni impie. Elle doit coïncider dans son influence sur les lois et les institutions humaines avec les intérêts les plus intimes de l'homme, puisqu'elle tend à une plus exacte proportion entre le crime et le châtiment, en même temps qu'elle porte davantage à l'indulgence et à la pitié. Dans les affections, elle ne peut pas non plus apporter de grands changemens; elle ne peut pas relâcher les liens du devoir et de la reconnaissance, ni rendre l'individu indifférent pour le bonheur de l'espèce; car les sentimens sociaux et patriotiques ne dépendent pas de principes abstraits, mais ils naissent d'une impulsion organique ; et l'amour et la haine sont instinctivement excités par des objets inanimés ou rationnels (1). Quand ces affections naturelles sont supprimées par la prédominance des passions artificielles, les hommes peuvent chercher des argumens pour justifier leurs nouveaux penchans ; mais l'amour de ce qui est vraiment bon et utile est aussi nécessaire que les appétits qui entretiennent la vie, et ne peut être influencé par aucune espèce de dogmes, exceptés quand ils sont propagés par le fanatisme. Enfin, dans tout ce qui regarde les dispensations de la Providence sur les récompenses et les châtimens, la doctrine de la nécessité, et celle du libre arbitre, laissent également les choses comme elles les ont trouvées, enveloppées de doutes et de difficultés que l'esprit ne peut résoudre ; et chaque individu en pense ce qui lui plaît, suivant la mesure de grâce ou de foi qui lui a été accordée.

La connexion nécessaire que nous avons essayé d'établir dans les pages précédentes, règne sur les

____

(1) L'amour et la haine sont des mouvemens instinctifs qui se rapportent uniformément aux qualités qui affectent notre bien-être : ils sont tout à-fait indépendans des considérations morales. « On rit, dit Helvétius, de la colère et des coups d'un enfant ; il n'en paraît souvent que plus joli ; mais on s'irrite contre l'homme fort ; ses coups blessent ; on le traite de brutal. »

différens modes d'action cérébrale qui sont considérés comme des facultés, et gouverne la mémoire, l'imagination et le jugement aussi-bien que la volonté.

Toutes les fois qu'une impression sensitive d'une certaine force est faite sur l'organe cérébral, un changement durable a lieu dans sa mobilité; en sorte que si l'impression est répétée, elle affectera l'individu autrement qu'il ne l'a été à sa première application. Outre la conscience d'un objet extérieur auquel l'impression peut être référée, il y a encore un souvenir de son existence préalable. On ne peut décider jusqu'à quel point cet effet dépend d'une loi spécifique de l'organisation, ou résulte de celle d'association : la probabilité est cependant en faveur de la dernière supposition; car dans l'action de rêver (dans laquelle des impressions passées se répètent sans la présence de leurs prototypes), le souvenir de leur précédente existence n'a pas toujours lieu.

La distinction entre les idées qui procèdent d'objets réels et celles qui sont suggérées par l'imagination, se fait encore entièrement par le moyen de l'association. Chaque impression excitée par les objets extérieurs devient associée avec plusieurs autres; et quand l'idée est introduite une seconde fois comme partie d'une chaîne d'idées imaginées ou rappelées, le manque d'accord de ses propres associations avec les impressions sensitives du moment, semblent la distinguer des suggestions des sens, et donner la conviction que son objet correspondant est absent. Dans les rêves où de telles comparaisons ne peuvent pas être faites entre les impressions sensitives et les suggestions d'association, parce que les sens ne sont pas alors accessibles à leurs stimulans, les idées qui constituent le songe sont prises pour des réalités (1).

Peu de personnes seront disposées à douter que le souvenir des impressions précédentes ne soit tout-à-fait indépendant de la volonté, et qu'il ne suive nécessairement la seconde application du stimulant quand le premier a été assez fort pour effectuer le changement requis dans l'organe cérébral : si quelqu'un regarde une fleur qu'il n'a jamais vue, ce n'est pas sa volonté qui la grave dans son esprit; de même il ne pourrait éviter de la reconnaître s'il la revoyait une seconde fois. Le souvenir fait aussi nécessairement partie de l'impression que la connaissance de la cause extérieure qui l'a déjà provoqué. Mais dans le cas des choses rappelées, on suppose généralement que la volonté intervient pour

____

(1) La mémoire est bien plus souvent employée sur les mots que sur les choses; et même, quand ces dernières sont le sujet du souvenir, les idées rappelées paraissent comparativement plus faibles par la vivacité supérieure des impressions sensitives. La for· des idées rappelées n'est jamais entière que dans les songes ou les rêveries.

diriger à son gré l'ordre des phénomènes ; et d'après l'observation, cette supposition ne paraît pas bien fondée.

Pour qu'une idée puisse être rappelée, il est absolument nécessaire qu'elle soit liée par ses associations, avec une idée actuellement présente dans l'esprit. Il est impossible de vouloir la présence de notions totalement absentes de la contemplation.

Les idées sur lesquelles l'attention a été fixée deviennent plus faciles à être excitées, d'abord par leur force originelle, ensuite par le plus grand nombre d'associations qu'elles ont dû nécessairement former.

L'attention se fixe sur les idées en proportion de la force de leur impression, de leur rapport avec les passions, et de l'inoccupation de l'esprit au moment de leur entrée. Quand l'intelligence est fortement préoccupée par un enchaînement d'idées, les impressions extérieures sont à peine senties. C'est ainsi que l'enthousiasme rend incapable des calculs de la prudence ordinaire ; que le sauvage sourit au milieu des tourmens ; que Mutius-Scœvola s'inflige lui-même les souffrances les plus cruelles, et que les martyrs de la foi, comme ceux de l'erreur, s'empressent, avec une joie et une obstination égales, à provoquer contre eux-mêmes des persécutions qu'on ne pensait souvent pas à leur faire éprouver.

La force d'une idée, ou le pouvoir qu'elle a de commander l'attention, dépend de sa connexion apparente avec des sensations agréables ou pénibles, soit immédiates, soit indirectes. Une personne qui n'aurait jamais vu un lion, qui n'en aurait même pas entendu parler, et qui verrait un de ces animaux déchirant sa proie, se le rappellerait bien plus sûrement à une époque très-éloignée, que si elle l'avoit vu dans une attitude moins imposante.

Une autre source de puissance pour les impressions, est la force de leurs associations. Des objets insignifians, contemplés dans des momens critiques et intéressans, deviennent permanens dans l'esprit. De là vient cette tendance à dater des époques remarquables; les femmes, de la naissance de leurs enfans; les citoyens, des années où ils ont reçu des honneurs civiques, etc.

Les impressions deviennent beaucoup plus fortes quand elles se suivent dans une série qui cadre avec une règle que l'esprit possède déjà; chaque idée est alors suggérée par celle qui l'a précédée. Les paroles et l'air d'une chanson tendent à se fixer mutuellement dans la mémoire. Au-delà de ces propriétés des impressions, l'esprit n'a aucun pouvoir sur l'attention, et cette condition cesse bientôt par le manque de force stimulante dans les idées; car les stimulans de l'esprit, comme ceux du corps, deviennent moins actifs quand ils sont appliqués pendant trop long-temps. Ainsi donc, lorsque l'esprit a été forcément engagé sur un sujet déplaisant par la prédominance de quelque puissant intérêt, cet intérêt s'affaiblit graduellement jusqu'à ce qu'enfin la balance tourne en faveur des motifs de répulsion; et alors d'autres idées s'emparent involontairement du cerveau par la même loi qui met en action les antagonistes des muscles qui ont été fatigués par un effort continu.

L'attention n'est donc pas une faculté, mais une condition particulière de l'organe cérébral, produite par la force des impressions, et qui ne peut subsister en même temps à l'égard de plus d'une suite d'idées.

L'attention se fixe bien rarement, peut-être jamais, sur une impression isolée; mais elle est occupée de plusieurs idées qui procèdent par enchaînement. Si une rose, par exemple, est l'objet de la contemplation, elle excite des idées sur la disposition de ses parties, sa couleur, son odeur. Il peut s'associer encore à ces idées, celles du jardin où elle est venue, de l'heure du jour, du temps qu'il faisait quand elle a été cueillie, de la personne qui était présente, et du sujet de la conversation dans ce moment-là. De cette manière, les idées qui nous sont le plus familières, s'enchaînent et forment des séries infinies.

Dans le phénomène de la mémoire, une idée excitée soit directement soit indirectement par une impression sensitive, en appelle une autre qui a un certain rapport à des intérêts actuels, mais dont les parties composantes ne sont pas distinctement présentes dans l'esprit. La fatigue ou la gêne occasionnée par cette obscurité devient un motif pour répéter d'autres idées liées avec le sujet, dans un autre ordre d'association qui puisse faire arriver à la notion désirée. Supposons que A soit l'idée originelle, ses associations ne procéderont pas dans l'ordre sous lequel elles ont été reçues A B C D, mais elles se succéderont en séries différentes gouvernées par leur liaison avec l'idée X, qui est demandée. Si l'idée présente est la personne d'un individu, et que l'idée cherchée soit son nom, les associations naturelles pourraient être sa taille, sa figure, ses habits, le lieu et le temps où elle a été vue; mais l'influence de l'idée que vous cherchez vous suggérera peut-être préférablement les impressions visuelles de son écriture, qui peuvent conduire l'esprit à la première lettre de sa signature, et après quelques autres efforts à son nom entier.

Les phénomènes de la mémoire sont purement organiques, soit que l'idée se présente spontanément, ou qu'elle soit sollicitée avec la conscience d'une fin. Dans le dernier cas, l'intérêt attaché à la notion demandée donne de la fixité aux idées déjà présentes. Les mouvemens du cerveau dans lesquels ces idées consistent, sont répétés successivement jusqu'à ce qu'une association, conduisant directement à l'idée requise, soit éveillée, ou jusqu'à ce que la fatigue, la cessation de l'intérêt, ou l'introduction d'autres idées fassent passer l'esprit à une autre occupation sans avoir atteint le but désiré.

L'impossibilité ou la possibilité de retrouver une idée, dépend de la perfection ou de l'imperfection de la chaîne d'association qui la lie avec la notion actuellement présente dans l'esprit. Quelques-unes des parties qui composent l'idée demandée doivent donc être présentes. Les efforts pour se ressouvenir consistent à répéter les suites d'associations motivées par l'intérêt de l'idée perdue ; et comme l'esprit ne peut vouloir se rappeler d'une idée totalement absente, il ne peut pas non plus en continuer la recherche quand l'intérêt est refroidi.

Dans les efforts de mémoire les idées procèdent quelquefois en séries logiques et syllogistiques, en sorte que chaque pas du procédé peut être retracé ; mais plus souvent les mouvemens organiques se font trop rapidement pour qu'on puisse en avoir la conscience, et l'idée frappe l'esprit comme si elle était sans connexion. Il arrive encore qu'après un effort inutilement prolongé, l'idée naît spontanément, et intervient à travers les nouvelles chaînes qui occupent actuellement l'intelligence. Il semblerait que dans ce cas le tissu cérébral a été jeté dans un état d'orgasme par l'effort précédent, qu'il répète par intervalles et involontairement les mouvemens sur lesquels il a été exercé, et qu'il introduit ainsi accidentellement l'idée demandée.

D'après ces faits il est bien évident que la mémoire n'est pas une faculté distincte inhérente à un organe particulier, ou subdivision du cerveau (1), mais qu'elle est le résultat de l'association des mouvemens du tissu cérébral. Ces mouvemens ont lieu avec la plus grande facilité à l'époque de la vie où la mobilité du système général est plus grande ; et ils sont plus difficilement excités quand l'âge a rendu tous les tissus organiques rigides, et conséquemment leurs fonctions moins actives. Les mouvemens de la mémoire, comme tous les mouvemens organiques, sont aussi renforcés par l'habitude.

Si la mémoire était une faculté distincte, toutes les images disparaîtraient également quand cette faculté déclinerait. Mais les premières impressions fixées par leur force originelle et leur fréquente répétition, restent gravées dans l'esprit, tandis que les idées plus récentes s'effacent bientôt par leur faiblesse inhérente

Si la mémoire était une faculté distincte, il s'ensuivrait encore que les impressions de la première enfance pourraient être recueillies, qu'on pourrait se rappeler de ce qu'on a éprouvé depuis les premiers instans de l'existence. Mais comme la mémoire dépend des associations, il est impossible que plu-

---

(1) M. Gall, dans son système ingénieux, quoique trop fantastique, établit aussi que la mémoire et l'imagination n'ont pas des organes qui leur soient appropriés.

sieurs faits puissent être rappelés avant qu'on ait acquis un langage qui donne le moyen d'établir des connexions nombreuses et variées entre les différentes idées.

L'intérêt de l'animal exigerait que toutes les idées qui se rattachent à un sujet d'examen pussent être également excitées, de manière à ce que les actions fussent toujours en rapport avec la nature véritable de la conjoncture ; mais le fait n'est pas ainsi. Les suites d'idées habituelles, par leur prépondérance physique, s'introduisent préférablement à d'autres, qui seraient plus importantes, et produisent des actions qui leur sont analogues. Les objets de la nature extérieure qui excite ces idées usuelles, leur font souvent exercer une influence sur l'individu, qui nuit et à son jugement et à son bonheur. Fielding a fait une très-plaisante application de cette loi, en supposant l'écuyer Western détourné de la poursuite de sa fille par des chiens de chasse qu'il trouve sur son chemin.

De même, les suites d'idées liées avec l'action fonctionnelle des organes prédominans, prennent une force disproportionnée par l'orgasme de la partie. Esaü, fortement pressé par la faim, était ainsi gouverné par les idées que lui suggérait son estomac; toutes les notions de bien-être futur, moins fortes que les suggestions de l'appétit, étaient exclues de son attention. Ceux qui sont étrangers aux vicissitudes de la vie sauvage, et qui prennent tranquillement leurs repas au logis à des heures réglées, ne peuvent guère comprendre l'état d'esprit qui peut induire un malheureux chasseur à vendre son droit d'aînesse pour un potage ; mais un cas bien plus familier, où non-seulement le droit d'aînesse, mais la morale, le rang, la réputation sont abandonnés quand la passion le commande, où *le monde est sacrifié à une Cléopâtre*, donne des preuves irrécusables de cette loi.

La multiplicité des impressions permanentes est défavorable à la mémoire, en ce qu'elle excite de trop nombreuses associations. Il est prudent, à cause de cela, de connaître quelles idées sont susceptibles d'être renforcées par la répétition, et de négliger les anneaux de la chaîne d'association qui ne sont plus utiles à l'éducation de l'esprit. Ainsi, quand les langues sont devenues familières, on cesse de recourir aux règles de grammaire qui ont servi à les apprendre, et qui ne feraient plus que gêner l'esprit.

Plusieurs méthodes artificielles ont été imaginées pour cultiver la mémoire. Chez les anciens, avant l'invention des caractères écrits, le rhythme était employé dans cette vue pour servir de véhicule à l'instruction publique ; et le Barde était en même temps le législateur, le prêtre et le médecin du peuple. Aux premières époques de l'histoire des arts on découvre des traces de systèmes arbitraires adoptés par les orateurs dans leurs discours pour conserver l'ordre et l'enchaînement des raisonnemens. Ces systèmes consistaient surtout à lier les principaux points de leurs discours à des objets visibles dans le lieu de l'assemblée. De cette pratique vient l'expression familière de *lieux communs*. Diverses tentatives ont été faites pour étendre ce système et pour lui donner la forme et la substance d'une science; mais l'expérience a prouvé que ces inventions ne peuvent servir à l'usage ordinaire, et qu'elles sont inférieures à tous égards aux moyens que la nature emploie pour remplir le même objet. Le fondement naturel de la mémoire est l'importance et l'intérêt des faits qui doivent être retenus, la clarté des impressions primitives, et leur arrangement dans les séries de leurs diverses connexions. Une bonne méthode d'enseignement est la meilleure aide pour la mémoire, parce qu'elle présente les faits dans un ordre convenable, et trace fortement leur dissemblance et leur ressemblance. Quand la mémoire est ainsi basée, c'est non-seulement une machine facilement mise en mouvement; mais son application conduit nécessairement à des combinaisons nouvelles et inattendues; tandis que les souvenirs, fondés sur des associations arbitraires (quoiqu'elles puissent être liées ensemble avec art) ne produisent rien que des faits isolés, qui ne présentent aucun intérêt, qui n'ont aucune liaison. Pour ajouter à cet inconvénient, les associations arbitraires sont susceptibles d'être prises pour des relations réelles ; et la mémoire naturelle, ainsi mêlée avec l'artificielle, fait naître les extravagances les plus monstrueuses (1).

Les suggestions qui constituent la mémoire, comme celles des impressions sensitives, ne peuvent pas être excitées en tout temps. Des exercices violens, de fortes passions, tout ce qui rend momentanément l'accession des idées plus rapide, affaiblit leurs associations. La douce excitation du système circulant, produite par un usage modéré du vin, ranime la mémoire et les autres mouvemens intellectuels. L'épilepsie, l'apoplexie, et les autres maladies qui influent sur la structure du cerveau, produisent des changemens extraordinaires et soudains dans la liaison des idées. Le souvenir de quelques idées peut être tout-à-fait oblitéré par une attaque d'apoplexie, tandis que d'autres resteront fixées dans l'esprit. On a vu des savans, dans de telles circonstances, perdre l'usage de leur dialecte habituel, et conservant le souvenir du grec et du latin, qu'ils avaient appris dans leur jeunesse, parler ces langues en sortant de leur accès, au

______

(1) C'est ainsi que dans le système mnémonique de Feinègle, l'idée de Jules-César est rappelée par celles d'un Juif et d'une paire de ciseaux. Il serait bien difficile, pour un enfant à qui ces notions sont présentées de cette manière, de ne pas confondre le dictateur romain avec un marchand de vieux habits.

grand étonnement de ceux qui les entouraient (1).

Quelquefois la mémoire manque sur certains sujets; tantôt on oublie les personnes; tantôt les noms des choses usuelles nous échappent. Pendant le délire, la mobilité plus grande des tissus du cerveau réveille des associations qu'on croyait perdues. Les souvenirs de l'enfance sont renouvelés, et les objets d'hallucination sont souvent ceux qui avaient cessé d'occuper l'esprit depuis longues années.

Les idées que les objets extérieurs sont capables d'exciter ne sont pas toujours bien adaptées pour déterminer les actions musculaires; elles ne développent pas toujours les relations qui subsistent entre l'objet et l'être qui reçoit l'impression : d'autres mouvemens associés peuvent alors intervenir entre la sensation et la volonté. Si le défaut d'intelligence tient à l'insuffisance des idées, l'animal est appelé à une application nouvelle et plus intentionnée de l'objet à ses organes de sens : *il fait des expériences sur cet objet.* D'autre part, si les relations des idées avec les besoins de l'organisation ne sont pas suffisamment claires, il les examine et les compare avec

---

(1) L'évêque Watson fait mention d'un fait de ce genre à propos de son père qui avait été affligé d'une paralysie : « Je lui ai entendu, dit cet évêque, demander vingt fois le jour le nom d'un de ses fils qui était au collége, et il était capable de répéter, sans faire une faute, plusieurs centaines de vers des auteurs classiques. »

Vie de Watson.

les suggestions de l'expérience : alors *il raisonne*. La nature de ce procédé est encore à examiner.

L'art du raisonnement consiste en grande partie dans la faculté d'associer les objets et leurs impressions avec des signes arbitraires. Les espèces sociales doivent donc mieux raisonner que les espèces solitaires ; et les hommes mieux que toutes les autres espèces, parce que les organes de la parole sont devenus pour eux les instrumens des plus extensives combinaisons symbologiques.

Les premiers efforts de l'homme dans l'usage des signes consistent à donner des noms aux objets visibles et palpables dont il est entouré. Ces objets cependant sont tous capables de s'adresser à plus d'un sens, et de faire simultanément plusieurs impressions : il faut encore donner des noms à celles de ces impressions séparées, qui ont besoin d'être décrites, aussi-bien qu'aux propriétés d'où l'on suppose qu'elles dérivent (1).

Comme les objets et les idées ont des points de ressemblance entre eux, ils sont susceptibles, quand

---

(1) La pauvreté du langage à cet égard a produit beaucoup d'inexactitude dans les idées. Le même nom se trouvant fixé à l'idée et à la cause qui l'a produite, elles ont souvent été confondues ensemble ; de là ce jeu de mots ridicule, « qu'il n'y a pas de chaleur dans le feu, ni de douceur dans le sucre ; » comme si les causes de telles sensations n'étaient pas inhérentes aux objets qui les excitent.

on les considère sous ce point de vue, de former des groupes qui peuvent être représentés par un seul signe. C'est ainsi que les existences idéales sont formées, qu'elles reçoivent des noms, et qu'elles naissent l'une de l'autre, en devenant toujours plus complexes. Les différentes affections que les objets sont capables d'exciter demandent aussi à être nommées ; et comme un grand nombre d'objets peuvent faire naître les mêmes idées et les mêmes affections, l'esprit référant leur capacité à une cause commune, assigne encore à cette cause une dénomination.

Il n'est pas nécessaire de suivre plus loin le progrès du langage ; observons seulement que les opérations de l'esprit se font plus immédiatement par le moyen des signes, que par les objets eux-mêmes. Tous les objets qui ont reçu des noms, quoique leur caractère puisse être complexe, sont regardés comme individuels ; et la nature des différens mouvemens du cerveau qu'ils excitent, ne devient pas le sujet de la conscience, excepté sous l'influence d'une nécessité urgente.

Dans l'attention passagère que les objets excitent, quand ils ne sont pas liés avec l'intérêt dominant, l'esprit ne se rend compte de chaque mouvement individuel que très-légèrement ; mais, au contraire, si l'attention est fortement arrêtée, toutes les idées composantes sont répétées avec une clarté et une précision qui permet de les distinguer à mesure qu'elles se présentent, et de renouveler leurs associations spécifiques. La simple notion de l'objet se décompose ainsi en impressions séparées, de couleur, de forme, de substance, etc. (1) ; et l'intérêt qu'il a excité pourrait ainsi, peut-être, se transférer à quelques-unes de ses propriétés. L'idée d'un couteau dans l'absence de l'objet, pourrait, en rappelant la propriété qu'il a de couper, mener l'esprit par association à se représenter d'autres substances qui ont cette même propriété, et à remplacer cet instrument par un morceau de cristal ou de verre. Dans cette opération, les mouvemens du cerveau qui constituent l'idée complexe sont analysés ; les notions séparées qui appartiennent à chaque propriété du sujet n'arrivent pas simultanément et confusément, comme lorsqu'elles sont entrées pour la première fois dans l'esprit ; mais elles sont répétées en séries gouvernées par les autres idées qui sont mises en rapport avec elles. La facilité avec laquelle ce procédé est effectué, dépend entièrement du langage ; car les impressions séparées, si elles ne sont pas associées à des noms, sont trop fugitives et trop imparfaites pour être rappelées à volonté, ou pour être distinguées clairement du reste du mouvement complexe. Ce procédé d'analyse est adopté et pour les idées, et pour leurs prototypes extérieurs. La substance que nous appelons nitre, connue dans l'origine comme une production naturelle, n'excitait pas d'autres idées

______

(1) Condillac.

dans l'esprit que celles de ses propriétés sensibles, de sa couleur, de son goût, de la qualité qui la rend capable d'accélérer l'ignition des corps combustibles, etc. etc. On est parvenu ensuite à découvrir ses parties constituantes, l'acide nitrique et la potasse; et celles-ci ont encore été décomposées en trois élémens, le potassium, le nitrogène et l'oxigène. De même l'idée que nous avons de la vertu se décompose en bienveillance, amour du travail, honnêteté, etc. etc.; et ces qualités se réduisent, en dernière analyse, à la conservation de l'individu et au bien-être des espèces.

La facilité que donne le langage pour l'analyse d'une idée, sert aussi pour la synthèse. Dans l'analyse, les parties séparées de la même notion complexe sont excitées successivement et clairement. Dans la synthèse, les impressions individuelles de différentes notions complexes se suggèrent l'une l'autre par leur connexion commune avec une troisième idée. Un peintre, par exemple, commence à observer expressément les objets complexes que lui présente un paysage. La scène est analysée en fabriques, ciel, eaux, verdure; et tous ces objets sont encore réduits en lignes et couleurs, ombres et lumières, perspectives, groupes, contrastes, effets, etc. Après cet examen, des idées distinctes et précises sont formées sur l'objet de l'attention, qui n'avait d'abord excité qu'une combinaison confuse de mouvemens du cerveau. L'artiste peut tirer de cette masse d'idées, ainsi acquises, des matériaux qu'il combine, suivant ce qui lui est suggéré par ses intentions actuelles; il compose en lui-même des vues idéales, des pièces d'eau, des bois, etc. etc., d'après les demandes qui lui ont été faites; et ces prototypes, formés dans son imagination, dirigent ses mouvemens musculaires de manière à réaliser sur la toile les créations de son esprit.

Dans ce procédé, qui est celui de tous les inventeurs, aucun nouveau mouvement n'est excité dans le cerveau; mais l'ordre et la liaison des impressions existantes sont changés par leur association avec une notion commune à laquelle ils se trouvent nouvellement attachés.

Les objets des impressions sensitives, surtout ceux qui s'adressent aux yeux ou aux oreilles, se présentent si souvent, qu'ils forment, à la longue, des séries extrêmement variées, et qui peuvent être excitées les unes par les autres en combinaisons infinies. C'est ainsi que dans le sommeil la même impression primitive (celle d'une digestion difficile, par exemple), quand elle a excité une idée visuelle, peut suggérer par elle une suite d'images horribles, qui produisent chacune un rêve différent à chaque sommeil successif; ou bien, cette impression peut donner lieu à des rêveries dans lesquelles les idées s'engendrent l'une l'autre sans être dirigées par la conscience d'une fin; les associations se trouvent alors tellement variées, qu'il est im-

possible de prévoir quelle direction prendront les
pensées. Dans les opérations synthétiques qui font
partie des spéculations humaines, la succession des
idées est déterminée par la notion dominante d'une
fin, d'un objet, avec laquelle toutes les autres ont
une connexion définie. Toutes les associations qui
se trouvent inconsistantes avec cette idée dominante,
sont rejetées, et ne produisent aucun effet dans l'esprit. Mais, en général, l'intérêt du sujet donne tant
de force aux idées qui se rattachent à lui, qu'elles
excluent toutes les autres, et les empêchent de s'introduire, jusqu'à ce que l'esprit commence à se fatiguer.

La susceptibilité des individus pour ces associations sympathiques, varie d'après la force relative
de leur organisation. Chez quelques personnes, les
impressions des sens n'excitent jamais des idées
claires; les mouvemens de leur cerveau et ceux de
leurs muscles sont faiblement liés avec leurs sensations correspondantes, et ils sont capables de peu
d'efforts au-delà de ceux qui sont immédiatement
nécessaires pour l'existence, et qui se rapprochent
presque des mouvemens instinctifs. Mais dans les
sujets où ce défaut physique n'existe point, nous
trouvons que chez une personne les idées se suggèrent elles-mêmes plus facilement dans l'ordre où
elles se sont présentées naturellement; chez une
autre, suivant leurs relations de causes et d'effets;
et chez une troisième, d'après les suggestions de

beauté pittoresque, ou de propriété morale. Ainsi toutes ces personnes ont une tendance différente; l'une est disposée aux opérations de la mémoire, l'autre aux combinaisons mathématiques, une autre aux inventions mécaniques, ou des beaux-arts.

Ces différences semblent dépendre en partie de l'habitude, en partie des idées qui sont liées avec les tendances organiques prédominantes. Ainsi ceux qui ne sont pas accoutumés à employer leur esprit, ont leurs idées plus fortement associées dans l'ordre où elles ont été reçues d'abord; ils ont ce qu'on appelle une bonne mémoire (1).

Les habitans d'une contrée pittoresque, et qui se trouvent en même temps portés par leur organisation à vivre beaucoup en plein air, seront probablement plus frappés que d'autres par les images sensibles de la nature, et se plairont à les représenter, à les décrire en peinture ou en poésie. Les passions fortes et turbulentes produiront une disposition pour des combinaisons qui influencent plus directement la société; tandis qu'un génie mathématique ou mécanique appartiendra à une organisation passive. On ne peut douter de cette influence de la structure générale sur l'intelligence.

Il est peu de personnes qui, sous l'influence de

------

(1) C'est ce qu'on peut observer dans les femmes, et chez les nations peu civilisées, où la société n'est pas très-compliquée.

la passion de l'amour, ne se soient pas quelquefois senties disposées à composer des vers, des ouvrages d'imagination, quoique leur esprit ne les portât pas naturellement à ce genre d'occupation (1).

Quand une tendance à l'invention est excitée par certaines circonstances chez des individus qui ne sont pas qualifiés pour cette opération de l'esprit; s'ils obtiennent le résultat qu'ils désirent, c'est en rappelant les idées dans l'ordre de leur première suggestion; la mémoire au lieu de l'imagination contribue à la composition, et l'on prend de plates parodies des modèles établis pour des inventions originales. Les plus beaux génies ont pu quelquefois tomber dans cette erreur. « Des idées à demi effacées flottent dans l'esprit comme des songes dont on se rappelle confusément, et l'imagination, dans sa plus brillante activité, peut encore soupçonner la légitimité de ses enfans, douter si elle a créé ou si elle n'a fait qu'adopter. (2) » On doit attribuer à cette cause cette multitude de centons en poésie et en musique, ces combinaisons mécaniques renouvelées après avoir été long-temps abandon-

---

(1) Ces principes généraux admettent beaucoup d'exceptions. L'homme n'est pas une machine dirigée par un mouvement unique; quand l'éducation et la société ont agi sur lui, il est impossible de découvrir la cause particulière et immédiate de chaque fait isolé.

(2) Shéridan.

nées, et ces lieux communs dont les plus graves compositions littéraires sont trop souvent chargées, qui sont les signes constans et caractéristiques de la médiocrité présomptueuse. Tous ces plagiats volontaires ou involontaires prouvent que la mémoire et l'invention dépendent du principe commun de l'association ; et qu'il est bien facile de confondre ces deux procédés par l'identité de leur mécanisme.

Les mouvemens qui sont excités par les impressions sensitives séparées, sont nécessairement enveloppés dans une grande variété de combinaisons complexes, par lesquelles la force individuelle de chaque mouvement est diminuée, et pour ainsi dire cachée. L'influence du langage contribue à cet effet ; car lorsque des noms ont été une fois attachés à des idées complexes, ils sont employés comme les chiffres en arithmétique, et leur valeur réelle peut rester long-temps inconnue pendant le progrès de la pensée. Mais quand des idées liées d'une manière éloignée avec les passions, les appétits ou les besoins de l'organisation, deviennent des motifs d'action, il est important de déterminer le sens de ces termes, et de découvrir si toutes les idées qui leur appartiennent ont les mêmes rapports avec le sujet de la considération actuelle ; ou si elles ne pourraient pas impliquer plus ou moins qu'on ne le suppose au premier aperçu.

Dans l'état de nature, l'art des raisonnemens aurait des limites extrêmement étroites. Les sauvages n'ont qu'un très-petit nombre d'idées qui se rapportent à des sujets d'une importance essentielle, et dont la valeur est *sentie* immédiatement. Mais l'invention du langage, en multipliant les idées, a fini par embarrasser l'esprit de ses propres richesses. L'introduction des expressions compliquées a rendu spécialement l'examen fréquent des idées d'une nécessité bien urgente : les combinaisons variées, dans lesquelles ces expressions peuvent entrer, font qu'elles ne représentent pas toujours bien précisément les mêmes idées ; mais parmi les notions qui les composent, c'est tantôt l'une et tantôt l'autre qui prend le dessus dans l'esprit ; l'identité du signe le trompe quelquefois, et il n'a pas toujours la conscience de la variation de la chose signifiée.

Une autre source d'erreurs bien fréquentes se trouve dans les expressions qui désignent des classes d'idées, et qui ne peuvent pas toujours représenter les divers individus avec la même exactitude. Quand deux termes complexes renferment plusieurs idées qui leur sont communes, ils sont susceptibles d'être pris l'un pour l'autre, et regardés comme synonymes. Dans de semblables involutions d'idées, il arrive très-souvent qu'on a peine à les tirer du labyrinthe des mots ; et qu'il est difficile d'établir la connexion qui appartient à leurs prototypes dans la nature, ou de déterminer leurs véritables relations avec d'autres idées.

Ces difficultés deviennent encore plus sérieuses dans la communication des idées d'homme à homme. Les termes les plus familiers ne représentent pas les mêmes idées pour différens esprits ; et les méprises qui empêchaient les ouvriers qui bâtissaient la tour de Babel de s'entendre, arrivent journellement dans la société. Une personne qui n'aurait point l'habitude de se servir d'un cheval, ou de le soigner, n'attacherait à ce mot que quelques idées vagues sur la forme, les mœurs et l'usage de cet animal ; mais un palefrenier attachera à ce même mot un assemblage bien plus étendu de notions concernant les facultés, les perfections des chevaux, et les soins qu'on doit en prendre : un peintre, qui peut-être ignorera tout cela, aura des idées plus précises des formes et de la beauté de l'animal, et un anatomiste, des notions plus exactes de sa structure intérieure. Si les signes des objets visibles font passer dans l'esprit des impressions si différentes, on doit concevoir aisément combien de méprises doivent avoir lieu à l'égard des termes qui représentent des combinaisons éloignées, arbitraires et idéales. Mais la difficulté ne se borne pas là ; les hommes sont encore plus égarés par la perversité de ceux qui dirigent l'opinion, et qui ont intérêt à associer les idées intellectuelles les plus discordantes, afin de subjuguer le monde, et de tenir la société dans l'es-

clavage des faux principes et des existences imaginaires (1).

Une courte expérience suffit pour apprendre à
l'animal que des idées aussi confusément et aussi faussement associées, fournissent des motifs qui, loin
de tendre à la conservation de l'existence, mènent
directement à ce qui peut la troubler et la détruire.
Le sentiment de malaise qui naît lorsque la nature
et la connexion des notions tendantes à provoquer
des actions ne sont pas clairement aperçues, donne
lieu à de nouvelles suites de mouvemens du cerveau,
pendant lesquels la volonté reste en suspens. Les
idées complexes, dont le rapport avec un sujet n'est
pas immédiatement compris, se traduisent en nouveaux signes pour être plus exactement appréciées,
ou bien elles sont comparées à d'autres idées, et
leurs relations mutuelles sont examinées : on se rappelle alors par l'association, des conjonctures semblables qui se sont passées, afin de trouver des
indications pour prévoir les conséquences d'une action future. Il faut que tous ces procédés et d'autres
du même genre aient présenté à l'esprit toutes les
relations connues de l'objet de ses réflexions, et
qu'il ait bien compris la tendance des impulsions,

---

(1) Au nombre de ces *entes rationis*, ou plutôt *delirationis*,
sont le droit divin, l'infaillibilité, le *jus non scriptum*, la
représentation virtuelle du peuple anglais, et tant d'autres
encore qui sont les idoles du moment actuel.

pour qu'une volonté soit formée et que les motifs produisent les contractions qui leur sont propres. Les mouvemens qui interviennent ainsi entre le stimulant extérieur et la volonté conséquente, naissent immédiatement de l'organisation, et sont aussi nécessairement les résultats des circonstances, que les mouvemens que nous appelons instinctifs.

Il n'existe qu'un seul mode d'action convenable dans les efforts instinctifs ; le motif étant simple, n'admet aucune hésitation ; mais dans le cas de délibération, les motifs sont variés, et ils agissent dans des directions contraires. Cependant les phénomènes s'accordent avec les circonstances dans les deux cas, et l'action ou l'inaction sont déterminées suivant la proportion de leurs causes respectives.

Dans le premier âge, avant que l'expérience ait suggéré des idées de prudence, les hommes sont obligés d'agir précipitamment, d'après les premières notions confuses qu'ils reçoivent de l'extérieur ; mais quand les idées de danger et de difficulté se trouvent fixées dans l'esprit, elles s'associent avec toutes les impressions, et forment par elles-mêmes un motif qui peut s'opposer à tous les autres, et qui rompt la connexion immédiate qui unissait d'abord la sensation et la volonté.

Quand les tendances d'une impulsion ne se présentent pas immédiatement à l'esprit avec l'idée qui l'a suggérée, il s'ensuit une sensation de doute et de difficulté qui exalte la vivacité de l'idée, et il se forme des associations nouvelles, et d'un caractère plus éloigné. Les convenances et les disconvenances des motifs contendans avec les intérêts de l'individu, deviennent plus claires, et leur valeur relative ainsi reconnue, il est dit que l'esprit a fait un acte de jugement. Ce procédé ne demande aucun mouvement nouveau de l'organe ; mais les idées présentes dans l'esprit sont répétées successivement jusqu'à ce qu'on ait obtenu la conscience distincte de chacune, et celles de leurs connexions avec la conjoncture qui fait le sujet de l'examen.

Les simples mouvemens sensitifs sont de cette manière débarrassés de quelques associations, et ils en forment d'autres par le moyen du langage, qui permettent de déterminer plus exactement les deux termes de la proposition.

Plus souvent les termes qui représentent deux idées ne suggèrent pas toutes les notions qu'exige cette comparaison ; et il devient nécessaire de les comparer avec une troisième notion présente dans l'esprit, afin d'éveiller les associations endormies par lesquelles les deux idées sont liées.

Ainsi, dans cette proposition, « Pierre est-il le sujet naturel du roi ? » — Les deux termes Pierre et roi pourraient ne pas suggérer une association analytique des idées correspondantes assez précise pour déterminer la question. Mais quand le terme sujet est analysé, et que les autres sont mutuellement comparés avec ses parties composantes, c'est-à-dire quand les idées complexes de Pierre, de sujet et de roi sont répétées successivement, et les idées simples qui les composent intimement senties, une nouvelle suite d'associations commence, dans laquelle les notions de l'origine et de l'histoire de Pierre dominent, et font naître ces trois propositions :

Tout homme né dans les domaines du roi, est son sujet;

Pierre est né dans les domaines du roi;

Pierre est le sujet du roi.

Le développement des idées renfermées dans le terme sujet réveille les idées de naissance, etc., attachées à celui de Pierre, qui n'avaient pas été d'abord suggérées par la répétition de son nom ; et comme la relation de Pierre avec le roi est contenue dans ces idées, ce qui était d'abord obscur devient très-évident.

De même, quand deux motifs excitent des volontés opposées, et que leur valeur respective n'est pas perceptible au simple coup d'œil instinctif, la sensation gênante du doute induit un procédé synthétique, dans lequel les données de l'expérience sont combinées et appliquées à l'action qui doit suivre. Si l'action A, par exemple, devait être exécutée, l'expérience pourrait suggérer un résultat positif de X, qui contiendrait un avantage personnel représenté par 7, et un désavantage égal à 2. D'autre part, si l'action B avait lieu, l'expérience prédit la conséquence Y, renfermant un avantage de 2 et un désavantage de 7. Toutes ces idées étaient renfermées dans les notions qui formaient les impulsions pour les actions A B ; mais elles n'étaient pas susceptibles d'être senties séparément, excepté par les associations nées des hypothèses X et Y, par leur subséquente analyse, et par la comparaison de l'une avec l'autre. Ainsi, jusqu'à ce que ces divers mouvemens se soient faits dans le cerveau, la balance entre deux motifs opposés ne peut être ajustée de manière à déterminer une volonté ; et ce sont des anneaux nécessaires de la chaîne (1) qui lie la sensation à l'action.

Dans les cas très-peu nombreux où les idées sont intimement liées avec les fonctions spéciales, les procédés du raisonnement sont conduits sans l'assistance du langage, les impressions étant assez fortes pour exciter toutes les associations nécessaires. Mais cette opération ne peut aller bien loin sans le secours de cet instrument, et ce fait est bien aisé

---

(1) La volonté est souvent décidée dans les cas douteux par la nécessité immédiate d'agir, en suivant la direction du motif qui se trouve présent dans l'esprit. L'action peut être quelquefois déterminée par la seule force de l'habitude. La proposition métaphysique de l'âne entre deux bottes de foin est physiologiquement fausse ; quand l'animal est pressé par la faim, il ne peut rester inactif ; et, dans ce cas, il ferait un choix qui ne dépendrait pas en effet des qualités respectives du foin qui sont les mêmes dans la proposition, mais qui serait nécessité par la condition de ces organes sous l'influence de l'appétit.

à reconnaître dans les animaux, dont les raisonnemens sont démontrés par leurs actions; quoique ces raisonnemens soient souvent d'une finesse merveilleuse, ils ne s'étendent jamais au-delà des impressions les plus simples, les plus claires, et qui ont été le plus souvent répétées.

L'extension de la raison humaine est donc plus justement attribuée à la perfection des organes de la parole et à la force des sympathies sociales chez l'homme, qu'au pur développement de l'organe cérébral. La connexion intime des facultés mentales, particulières à chaque nation, avec le perfectionnement de leur dialecte, rend la vérité de cette proposition très-évidente (1). Parmi les nations dont la langue est perfectionnée, une capacité ordinaire permet de se livrer aux recherches les plus profondes ; tandis que chez un peuple où le langage est encore grossier, les plus rares génies et les plus heureuses combinaisons de circonstances suffisent à peine pour arriver aux déductions les plus simples. L'influence des langues sur l'intelligence est aussi très-remarquable par la direction qu'elle donne à l'esprit national. La langue italienne, qui est extrêmement harmonieuse, et qui s'arrange presque naturellement en vers, a déterminé le talent des Italiens pour les compositions poéti-

____

(1) Les paysans et le philosophe ont la même organisation ; mais ils n'ont pas le même vocabulaire.

ques (1). De même la flexibilité créatrice de la langue grecque a conduit irrésistiblement les peuples qui la parlaient aux subtilités dialectiques; et de nos jours encore, elle conserve l'esprit ingénieux et brillant de cette nation, que toutes les autres causes morales conspirent à dégrader (2). Quoique les besoins intellectuels de chaque peuple aient d'abord caractérisé son langage, ce caractère une fois formé, influence à son tour l'esprit des générations subséquentes.

Comme l'opération de la raison tombe principalement sur le langage, et qu'elle affecte seulement l'arrangement des idées, elle n'a pas la faculté de diriger ou de modifier la force des impressions primitives. Si deux passions opposées combattent ensemble pour déterminer la volonté, la raison, en développant les idées, doit donner plus de force à la passion qui est déjà dominante, et pousser l'individu dans la direction de son penchant le plus marqué. Les motifs qui s'opposent à la passion principale ne sont que faiblement sentis, tandis que ceux qui

---

(1) Cette facilité a produit cette énorme quantité de poëmes italiens remplis de froids concetti, et qui n'ont que la forme poétique.

(2) Ces qualités, jointes aux idées exaltées de liberté et de vertu que les auteurs grecs savent inspirer, ont fait de l'étude de cette langue une branche importante de l'éducation. Elle a eu l'influence la plus marquée sur la littérature en Angleterre, et de là sur la langue et sur le peuple.

coïncident avec elle sont renforcés. C'est pour cela que la raison, si puissante contre les caprices accidentels, en opposant une tendance à une autre, est tout-à-fait incapable d'opérer des changemens constans sur le caractère. C'est pour cela qu'il est dit que la philosophie rend l'homme ferme à l'égard du passé et de l'avenir, et qu'elle le laisse faible dans tout ce qui appartient au présent. « Un cœur faible, comme l'observe très-bien Voltaire, peut subsister avec un esprit fort, car on peut penser fortement et agir faiblement. »

L'intelligence peut apprécier les relations des choses entre elles, et avec la nature humaine en général ; mais leurs impressions sur l'individu sont ressenties et *non entendues*. Il existe au dedans une base, une tendance de l'organisation qui fait pencher la balance entre des impulsions contraires, non pas suivant les principes généraux, mais suivant les dispositions particulières : ainsi la plus sage discussion se termine souvent par la plus mauvaise résolution.

Les auteurs dramatiques ont fait de tous temps un grand usage de ce secret. Ces grandes luttes théâtrales entre l'amour et le devoir, sur lesquelles la plupart des tragédies sont fondées, se soutiennent pendant quatre actes par des raisonnemens sans fin sur les relations et les conséquences de chaque mode d'action ; mais dans le cinquième acte, l'amour est toujours triomphant. La connaissance intime du cœur humain, qui constitue la partie la plus essentielle du génie dramatique, conduit inévitablement le poète tragique à donner une semblable conclusion. Si l'amour était sacrifié à quelque autre motif, le héros serait convaincu d'une froideur naturelle qui détruirait l'intérêt, ou il paraîtrait soumis à des passions d'un caractère moins dramatique. Il deviendrait alors insignifiant, ou il cesserait d'être amant pour devenir courtisan, politique ou guerrier. Un sentiment instinctif dans l'auteur et dans les spectateurs se révolte à l'idée qu'une prudence froide et calculée puisse habiter dans un cœur possédé par une passion véritable.

Les affections étant indépendantes des suggestions de la raison, il est physiologiquement vrai, que trop de recherche dans le style, trop de frais d'esprit détruisent la chaleur et l'entraînement dans les ouvrages d'imagination. « La recherche d'esprit est l'obstacle le plus insurmontable à la puissance d'émouvoir (1) » ; on n'arrive pas au cœur en s'adressant à l'esprit : l'imagination peut être excitée par des *concetti*, l'oreille peut être flattée par une diction harmonieuse ; mais ces agens ne produisent aucune réaction de l'organisation. Au contraire la simplicité, et même la rudesse d'expression, en donnant l'idée d'une émotion forte, plaisent souvent en dépit du jugement et du goût.

Un certain degré de clarté dans les mouvemens

______

(1) Madame de Staël.

du cerveau est nécessaire pour le procédé du raisonnement : chaque impression doit durer assez pour
que l'esprit puisse prendre connaissance de ses parties constituantes. Dans le délire, la démence ou
l'ivresse, l'accroissement de l'irritabilité du cerveau
empêche les idées de se fixer. Les suggestions
d'associations ont lieu avec trop de rapidité pour
que la perception en soit claire : une impression
vient à la suite d'une autre, une idée succède à une
idée, sans permettre à leurs relations mutuelles de
diriger l'ordre de leur succession. Une impression
de lumière forte et pénible induira ainsi les idées de
feu, d'enfer, de batailles, de violences et d'autres
causes de souffrances, sans qu'il soit question des
relations plus immédiates de toutes ces choses.

La vivacité des impressions sensitives dans la
jeunesse et la sensibilité plus grande des tissus vivans
pour leurs stimulans, produit à un degré inférieur
des effets analogues. Le jeune homme empressé de
jouir est peu capable de réflexion; la mobilité de
ses organes fait naître la réaction de volonté avant
que le raisonnement ait pu avoir lieu. Dans l'âge
avancé au contraire, il y a une répugnance au changement, qui rend les idées beaucoup plus tenaces.
On reçoit difficilement et faiblement les impressions
nouvelles, et les notions anciennes et usuelles occupent entièrement l'esprit : une cause physique se
joint ainsi aux motifs de prudence qui résultent
d'une longue expérience. Il n'est pas nécessaire d'a-

jouter que des particularités de caractère peuvent étendre l'inconstance de l'enfance jusqu'à la maturité de la vie, ou donner à la jeunesse une fermeté prématurée, une froideur qui déplaisent généralement dans les personnes de cet âge.

En récapitulant tous les faits dispersés dans les pages précédentes, on trouve que l'animal n'a pas le pouvoir de choisir les impressions qu'il reçoit, ni les associations que ces impressions peuvent exciter. Les sens étant éveillés sont modifiés d'une manière péremptoire, suivant les impulsions auxquelles ils sont exposés, et le caractère préalable de l'esprit. Les séries que forment les associations dépendent de la force relative des différentes idées et de leur connexion avec l'idée dominante, qui intéresse l'individu. La combinaison, l'analyse et le raisonnement ne peuvent donc avoir lieu indépendamment des motifs. La force d'une idée tient à la force de son impression, qui dérive de la perfection des fonctions perceptives et sensitives, de la puissance du stimulant, et de ses relations avec les passions naturelles ou artificielles, et avec l'orgasme de certains viscères; en un mot, de l'intimité de sa connexion avec l'instinct de la conservation de soi-même. Cette conservation étant le but commun qui lie les fonctions nutritives et relatives, la conscience d'utilité, de fin, de conséquence, devient étroitement liée avec ce je ne sais quoi impénétrable que nous appelons *perception*; et si le lien entre les objets extérieurs et l'organisation qui en est frappée n'est pas assez serré, les impressions et les idées qu'elles excitent perdent le pouvoir d'influencer le cerveau, avec cette force et cette permanence qui constituent l'attention.

L'animal n'a point de faculté interne qui puisse altérer la force de son organisation : il n'a point d'empire sur les objets extérieurs pour régler la force de leur impression ; il n'est pas capable de modifier la balance fonctionnelle des viscères dont le développement et l'orgasme dirigent l'énergie agréable ou pénible des impressions particulières. Les idées qui naissent des impressions commencées dans ces viscères (indépendamment de l'incitement intérieur), sont totalement organiques ; et les moralistes et les législateurs avouent également qu'elles sont exemptes des conséquences morales ou pénales.

L'imagination, l'attention, l'analyse, l'invention, le jugement, etc., ne sont point des facultés séparées qui résident dans des organes appropriés ; mais les résultats de mouvemens associés définis, qui sont nécessités par les impulsions, et gouvernés par la conscience, et qui ne peuvent influencer la réaction musculaire, que suivant la nature des stimulans extérieurs appliqués à l'organisation, et la condition particulière où elle se trouve au moment de leur application.

Il s'ensuit donc que l'organe cérébral n'est pas capable de commencer les mouvemens qui consti-

tuent les idées par une action spontanée indépendante des motifs (1) ; et conséquemment il n'a pas
de faculté inhérente pour déterminer des mouvemens musculaires qui ne se rapporteraient pas à
une cause extérieure. En en mot c'est un organe
matériel comme tous les autres viscères animaux,
et il est soumis aux mêmes nécessités.

Comme le cerveau est l'organe reconnu de la
pensée, on a fait beaucoup de tentatives pour découvrir les proportions qui existent entre la capacité individuelle des diverses espèces, et le développement de leur tissu cérébral. Il est cependant assez
évident que l'examen de l'organisation de la cervelle
ne donne pas des bases certaines pour déterminer
la quantité de l'intelligence. On a déjà établi que les
fonctions de ce viscère sont matériellement influencées par la possibilité d'expressions symboliques, et
par la tendance à communiquer les idées par signes
à d'autres individus. L'intelligence des diverses espèces est encore affectée par le développement des
organes des sens. Car les sens étant les *premiers mo-*

---

(1) Dans une grande irritation vasculaire, l'organe cérébral, comme les autres tissus, peut être porté à un degré de
mobilité si grand, qu'il répète ses mouvemens habituels sans
qu'ils soient excités par des causes extérieures ; mais outre
que cet état appartient à une affection maladive, on doit se
rappeler que la force de motif réside alors dans les stimulans
qui agissent sur les fonctions nutritives. Les mouvemens du
cerveau ne sont donc spontanés dans aucun sens.

teurs de l'action cérébrale , il est évident que le cerveau, soit qu'il fût bien ou mal construit, ne serait d'aucun usage si les organes des sens n'avaient un degré de perfection suffisant pour provoquer l'exercice de ses fonctions.

En évaluant les facultés intellectuelles des animaux, les hommes influencés par l'orgueil et l'instinct carnassier , n'ont pas voulu admettre leur dépendance des mêmes causes qui produisent l'intelligence humaine ; et quoique l'anatomie de l'homme ait été trouvée dans l'origine d'après la dissection des autres espèces, loin d'inférer, comme on devait le faire naturellement, la similitude de fonctions de la similitude de structure, cette conclusion a toujours été soigneusement et même artificieusement évitée.

Cette difficulté insurmontable du *mal moral*, qui à tant d'autres égards a gêné la marche de la philosophie, a contribué à égarer encore sur ce point les raisonneurs les plus exacts, et à les faire tomber dans des absurdités palpables. Une des plus extraordinaires est la proposition contradictoire , que l'homme seul est capable de sensation ; et que les autres espèces animées sont de pures mécaniques tenues en action par un miracle perpétuel, et donnant tous les signes extérieurs de la sensibilité dans le but unique de nourrir les sentimens de compassion des humains les uns envers les autres. Cette erreur, malgré son absurdité apparente, est fondée sur les notions les plus généralement reçues sur ce sujet, quand on les pousse jusqu'à leurs dernières conséquences; et dans le grand nombre de personnes qui seraient disposées à tourner en ridicule les systèmes de Mallebranche et de Kirwan (1), il en serait peu qui voulussent admettre que les animaux sont capables de raisonner, d'avoir à certain degré la conscience des fins qui doivent suivre leurs actions.

Nous croyons que les animaux sentent, d'après les mêmes preuves qui nous démontrent la sensibilité de notre espèce; nous le croyons principalement sur le témoignage des signes extérieurs. Il est bien prouvé qu'ils ont de la mémoire et de l'imagination (2); et plusieurs de leurs actions ne permettent guère de douter qu'ils ne puissent exercer un jugement sur les idées qui sont clairement empreintes dans leur esprit.

Mais si leur manière d'exprimer leurs sentimens et leurs actions a une ressemblance générale avec celle de l'homme, la substance de leur tissu cérébral est parfaitement semblable. Les organes des

(1) Feu Mr Kirwan, chimiste et philosophe irlandais, désespérant de pouvoir concilier autrement le phénomène du monde moral avec ses idées du Créateur, a, dit-on, soutenu cette singulière doctrine. C'est un exemple bien triste du danger d'appliquer nos facultés de raisonnement, quelle que soit leur énergie, à des questions tout-à-fait hors de l'évidence des sens.

(2) Les rêves des chiens sont un exemple familier de cette vérité.

différentes espèces ne varient que dans le développement et dans les arrangemens mécaniques.
Les organes des sens ont également une analogie
générale dans toutes les espèces animales : la nature
de leurs impressions doit donc être généralement
semblable , ainsi que les mouvemens du cerveau
qu'elles excitent ; puisque les mêmes tissus agissent d'une manière uniforme quand les mêmes stimulans leur sont appliqués. D'après ces considérations, il est difficile de ne pas admettre que les
différences qui peuvent être observées dans l'intelligence des divers animaux , tiennent au nombre et
à la clarté de leurs impressions, plutôt qu'aux mouvemens réfléchis que ces impressions peuvent exciter
dans le système cérébral.

De tous les organes des sens, le toucher est celui
par lequel on reçoit les impressions les plus nombreuses, et qui fournit la connaissance la plus étendue des propriétés des objets extérieurs. La capacité
intellectuelle des animaux doit donc suivre dans
une proportion très-exacte le développement plus ou
moins grand de cet organe (1). Les animaux qui

---

(1) « Si la nature, au lieu de mains et de doigts flexibles , eût
terminé nos poignets par un pied de cheval, qui doute que
les hommes sans arts, sans habitations , sans défense contre
les animaux , tous occupés du soin de pourvoir à leur nourriture et d'éviter les bêtes féroces, ne fussent encore errans
dans les forêts comme des troupeaux fugitifs ? »

HELVÉTIUS , *de l'Esprit*, p. 2.

ont une corne au pied, dans laquelle les nerfs appropriés au toucher se trouvent enfermés, sont, toutes choses égales, plus bornés que les espèces dont les doigts sont séparés et couverts d'un cuir plus mince. Les animaux qui ont des clavicules, tirent un avantage intellectuel très-considérable de la facilité qu'ils ont d'appliquer leurs pieds à des objets, et d'obtenir ainsi des idées plus exactes de leurs propriétés sensibles. L'éléphant possède le sens du toucher à un très-haut degré, et quoique son cerveau soit fort petit à proportion de tout son corps, c'est un animal dont l'intelligence est supérieure à celle des espèces qui se rapprochent le plus de sa structure générale. Les animaux carnivores qui ont le sens de l'odorat très-développé, afin de pouvoir découvrir et suivre leur proie, doivent recevoir par lui des idées claires. Un chien qui suit en flairant la trace de son maître, quand il se trouve à la jonction de deux routes, prend la seconde sans examen, si la première ne lui donne pas les indications qu'il cherche : il agit ainsi par une combinaison d'idées qui vaut presque un syllogisme parfait.

Les animaux sociables, quoique très-inférieurs à l'homme dans leur système symbologique, se communiquent cependant un grand nombre d'impressions. Ils ont ainsi la facilité d'élever leurs petits, et ils parviennent à un point d'intelligence bien au-dessus de celui des animaux solitaires, même de ceux dont l'organisation cérébrale est regardée comme plus parfaite. La tactique des oiseaux voyageurs est une preuve de ce fait. La finesse, l'industrie des familles de singes doivent être rapportées à la même cause; et l'adresse remarquable des castors pour l'architecture s'y rattache également, puisque les castors solitaires, qui semblent organisés comme ceux qui vivent en société, n'ont point ce talent singulier.

Diverses espèces d'animaux domestiques vivant sous le même toit, prennent les uns des autres plusieurs habitudes particulières. Les chats apprennent des chiens l'usage médical de l'*agrostis canina*, dont l'emploi est instinctif chez les premiers; et les chiens à leur tour imitent quelquefois les chats en se nettoyant la face avec leurs pates de devant, ce qui n'est pas analogue à leur organisation (1).

L'éducation que les animaux sociables acquièrent dans l'état de liberté, est susceptible d'être perdue par les individus quand ils deviennent domestiques. Les chevaux tartares et les sangliers sauvages sont plus intelligens que les animaux des mêmes espèces qui vivent sous la protection de l'homme exempt du soin de leur propre conservation.

L'influence des organes des sens sur l'intelligence est encore bien plus remarquable chez les insectes, dont les facultés de volonté doivent dépendre de perceptions mesurées sur la grande latitude de leurs

---

(1) A cause de l'absence de la clavicule.

mouvemens : plusieurs de ces animaux usent de leurs pates de devant comme de mains ; leurs antennes constituent un organe du toucher qui paraît d'une extrême finesse, et d'une constante application ; cependant leur cerveau n'est qu'un ganglion fort petit, presque semblable à celui qui préside sur les mouvemens des vers.

Il est évident d'après ces considérations, que ces calculs fondés sur la mesure du cerveau par lesquels on évalue la capacité intellectuelle, ne doivent pas être regardés comme bien certain ; quoiqu'on puisse dire en général qu'en donnant à d'autres causes la part qu'elles peuvent avoir, la dimension et le développement de cet organe fournissent des indications qui s'accordent assez avec la vérité.

La proportion du crâne avec la face a été prise comme une règle pour déterminer le développement du cerveau ; et la dimension relative de ces parties a été cherchée dans l'angle facial, formé par l'intersection de deux lignes, dont l'une passe sous les narines, et l'autre part de la convexité du sourcil, et vient aboutir au bord le plus extérieur du soutien des dents. Plus ces lignes se rapprochent de la forme d'un angle droit, plus la proportion du crâne à la face est supposée grande. Suivant les calculs qui ont été faits d'après ce principe, l'angle facial de l'Européen est de 87 degrés, celui de l'Africain noir seulement de 70°, et celui de l'ourang-outang de 67°. La fausseté de ces calculs appliqués à l'intelligence,

devient bien évidente par la disproportion des conclusions qui peuvent en être tirées.

Quand l'orgueil et l'avarice conduiraient l'Européen à estimer le plus bas possible son frère l'Africain, il n'oserait cependant affirmer qu'il existe
moins de différence intellectuelle entre une espèce
et une autre qu'entre deux variétés de la même espèce ; et il faudrait que cela fût ainsi, pour croire
à cette dégradation numérique qui donne 17 degrés
du premier exemple au second, et 3 seulement du
second au troisième. Le chien, le bélier, le lièvre
et des dernières espèces de babouins, ont le même
angle facial de 30 degrés.

Le célèbre physiologiste Sommering adoptait un
autre système, dont il croyait que les résultats
s'accordaient mieux avec les phénomènes intellectuels. Suivant sa manière de voir, le cerveau peut
être regardé comme une combinaison de deux parties, « celle qui est immédiatement liée avec les
extrémités sensitives des nerfs, qui reçoit leurs impressions, et qui doit en conséquence servir aux
fins de l'existence animale ; et la partie qui peut être
considérée comme rattachant les fonctions des nerfs
aux facultés de l'esprit. » — Le cerveau ainsi divisé,
formerait deux organes essentiels, celui de la sensation et celui de la réflexion ; et l'on suppose que
l'étendue de l'esprit est proportionnée à la prédominance du dernier sur le premier. Cette proposition, qui est purement théorique, est non - seule-

ment gratuite, mais elle est contredite par tout ce qui est réellement connu sur les phénomènes de l'esprit.

On trouve une base de conjectures plus raisonnables dans la proportion entre les nerfs des sens et ceux de la volonté, dont on peut juger grossièrement d'après la dimension du *foramen magnum* (ou grand orifice à travers lequel le cerveau communique avec la moelle épinière), comparée avec celle du crâne. La dimension des nerfs de volonté dépend de la masse et de la mobilité des muscles qu'ils animent. Si ces organes sont grands, l'importance relative de la moelle épinière est accrue ; elle devient en même temps plus susceptible d'agir sur le centre cérébral, et de troubler ses mouvemens. Il est universellement reconnu qu'une grande force, une grande agilité de corps se joint rarement à des facultés intellectuelles bien développées. Les athlètes chez les anciens étaient tournés en ridicule à cause de leur esprit lourd et borné. Le repos du corps est aussi nécessaire pour le succès des travaux philosophiques et littéraires que l'absence des passions.

La capacité relative des individus de la même espèce, est un sujet sur lequel il existe des opinions très-diverses. La vérité de l'origine extérieure des idées que Locke a si heureusement développée, renferme parmi ses conséquences cette proposition, que l'esprit est d'abord une *table rase*. D'après cette supposition, les métaphysiciens ont été conduits à considérer le cerveau comme également susceptible de toutes les impressions, et à référer les différences intellectuelles, particulières aux individus, à l'éducation, aux lois, aux mœurs, à la religion, etc. etc.

D'autres raisonneurs, frappés des différences marquées qu'on observe dans le caractère des natifs des régions polaires ou des tropiques, se sont hâtés de conclure que le climat est la cause prochaine du caractère mental. Nous parlerons ailleurs de l'influence du climat sur la structure physique; il suffit de faire observer maintenant que comme elle agit également sur tous les tissus, on doit considérer qu'elle opère sur les facultés intellectuelles, d'abord directement, ensuite indirectement, par les besoins, les appétits et les stimulans extérieurs des autres organes. Ce n'est cependant pas en examinant les particularités intellectuelles des peuples, que l'influence de l'organisation cérébrale peut être appréciée. Les différences qu'on peut remarquer entre individus placés dans les mêmes circonstances de climat, de gouvernement, etc., fournissent des moyens de recherches plus directs et plus satisfaisans. La plupart des métaphysiciens qui ne connaissent point la physiologie, mais qui sont très-versés dans les spéculations abstraites des philosophes grecs et des théologiens scolastiques, penchent à croire que les accidens et l'éducation contribuent principalement à former le caractère de l'esprit, et à créer l'aptitude que certaines personnes montrent pour certaines occupations.

A l'égard de la capacité générale ou du génie, tous les faits physiologiques, toutes les analogies, mènent à établir des différences fondamentales d'organisation, qui distinguent sous ce rapport les individus de la race humaine. La bonté de structure et la force de fonction dans tous les autres organes, varient non-seulement dans les différens tempéramens, mais à chaque individu. Il n'existe pas deux estomacs qui digèrent de même, ni deux cœurs dont les battemens soient égaux. Il est donc raisonnable de conclure que le tissu cérébral admet aussi de semblables variations. Les imbécilles de naissance prouveraient seuls la vérité de ce fait : l'on peut objecter que ces sortes de personnes sont victimes d'une maladie, et qu'il faut que les raisonnemens soient fondés sur l'organisation parfaite ; mais cette objection ne serait pas valable, car la perfection est une notion abstraite tirée de l'observation générale, et dans laquelle les mérites de chaque exemple sont combinés pour former une constitution idéale sans modèle dans la nature. Il y a dans chaque individu un viscère qui domine sur les autres, qui prend le dessus dans l'organisation, et qui imprime un caractère particulier à l'action harmonique du tout. Le tempérament parfait, dans lequel chaque organe est exactement en balance avec tous les autres, est un être de raison. Ainsi donc, établir des raisonnemens sur les cerveaux ordinaires, comme s'ils étaient parfaits dans leur organisation, c'est faire une *pétition de principes*.

L'existence de différences de capacité innées qui dépendent de l'organisation, devient plus probable quand on remarque les particularités dans l'action du cerveau qui naissent de l'état maladif de cet organe. L'hydrocéphalie est ordinairement accompagnée d'un développement prématuré des sentimens et des pensées, qui, en rendant l'individu plus intéressant, aggrave la peine que sa mort fait éprouver. Certaines maladies nerveuses font naître des talens temporaires qui disparaissent avec l'infirmité qui les a produits. Ce fait est bien connu des charlatans et des imposteurs, qui pour accréditer les histoires de possessions de démons, le mesmérisme et d'autres absurdités, ont exagéré cette exaltation d'imagination, et ont cherché même à persuader qu'elle faisait *acquérir des connaissances* qu'on n'avait jamais tenté d'obtenir par l'étude.

Cette question n'a été considérée jusqu'ici que par rapport à la capacité générale. A l'égard du caractère des talens, ou de l'application de la capacité à des sujets particuliers, on doit observer, en premier lieu, que si la mémoire, le jugement et l'imagination ne sont point des facultés distinctes, mais comme on l'a déjà établi, des modes d'associations, toutes les différences qui dépendent de l'excellence relative de ces opérations, doivent être, à

un très-haut degré, plutôt accidentelles qu'intrin-
sèques. Quelques variations, comme on l'a expliqué
précédemment, ont lieu dans la prédisposition à
ces divers modes d'action, par l'intensité des facultés
des sens, et l'activité générale des fonctions. La
sensibilité exaltée, et la promptitude de réaction
particulières à la jeunesse, ne sont pas favorables à
ces associations comparatives qui constituent le jugement, et toutes les fois que ce genre de tempérament prédomine dans le cours de la vie, l'individu
sera nécessairement mieux organisé pour faire un
poète que pour faire un mathématicien. Presque
tous les hommes bien élevés ont essayé de composer
des vers dans leur jeunesse; mais ce genre d'occupation n'est jamais suivi dans l'âge mûr que par les
personnes qui ont réellement le tempérament poétique, ou par celles qui riment malgré Minerve,
poussées par l'oisiveté, la nécessité ou l'esprit d'imitation. Une circulation du sang plus égale et plus
tempérée, une vitalité moins active, favorisent au
contraire l'exercice du jugement et de la mémoire.
Les personnes ainsi disposées réussissent dans la
critique, les inventions mécaniques, mathématiques, etc.; mais elles sont rarement susceptibles de
l'enthousiasme qu'exigent la poésie et les beaux-arts.

Certains talens particuliers dérivent évidemment
de l'organisation des instrumens des sens. Une oreille
bien organisée, avec une capacité intellectuelle ordinaire, peut produire un génie musical, dont les

idées sur d'autres sujets pourront être faiblement développées. Cette combinaison est assez commune, et le caractère qu'elle donne devient plus marqué par le défaut de culture de l'esprit, nécessité par la grande application que demande l'étude de l'art musical, et par la dissipation qui accompagne sa pratique (1). De même, une heureuse organisation de l'œil, en lui donnant la faculté d'exciter des impressions agréables plus intenses, peut conduire à cultiver la peinture et la sculpture.

On peut conclure, d'après cette manière de considérer le sujet, que le génie, de quelque nature qu'il soit, est ordinairement déterminé à une application définie, par des causes secondaires. La force avec laquelle les objets frappent les sens, et par eux l'intelligence, est sensiblement différente en divers individus. Les objets qui font les impressions les plus fortes entraînent vers tel ou tel exercice intellectuel. Le penchant inhérent, qui fait rechercher les sensations agréables, conspire à la même fin; et l'incapacité physique pour une occupation quelconque, force l'individu à chercher du plaisir dans une autre. Mais sur toutes choses, l'édu-

---

(1) Si les particularités dont nous parlons ici reposent sur les extrémités cérébrales des nerfs des sens, comme le docteur Gall le soutient; ou si elles résident dans leurs extrémités extérieures, cela ne doit point entrer dans le sujet de nos recherches actuelles. Les faits manquent encore pour décider la question.

cation, les habitudes et le concours accidentel de circonstances inappréciables, contribuent à déterminer les premières dispositions de l'esprit, et à favoriser la formation et l'établissement d'associations particulières. Lorsque ces circonstances coïncident avec une bonne organisation cérébrale, et avec les distinctions individuelles du tempérament, elles produisent ces propensions irrésistibles à l'action qui accompagnent les exercices les plus heureux de l'intelligence humaine. Quand au contraire ces divers ingrédiens d'excellence se trouvent en opposition, les facultés restent négligées et incultes ; chaque exercice n'étant pas accompagné de plaisir, et se trouvant combattu par d'autres incitemens, ils sont rarement couronnés par des succès marquans.

En regardant le genre humain comme divisé en classes, d'après les facultés intellectuelles, il est facile d'assigner les causes qui ont conspiré à la production de chaque variété. L'idiot de naissance, qui est au dernier degré de la chaîne intellectuelle, tire visiblement son infirmité de son organisation. La petitesse disproportionnée de son cerveau, et la difformité de son crâne, prouvent matériellement ce fait. Dans l'imbécille et le fou, ces signes caractéristiques extérieurs subsistent à un plus léger degré ; mais ils peuvent toujours être observés. Le plus grand nombre des hommes offre dans les différences de configuration de leur crâne, des indications moins sûres et moins précises pour estimer les particularités de l'esprit. L'influence de l'éducation et des motifs moraux domine davantage. Avec des talens d'une application plus générale, les hommes ordinaires sont moins capables d'exceller sur des sujets spécifiques, que les personnes dont l'organisation est supérieure; et ils doivent être par conséquent plus dépendans des circonstances. L'exercice habituel de leurs facultés dans une direction particulière, peut cependant donner une finesse à leurs opérations, qui est souvent prise pour du génie. Ainsi des gens d'une intelligence commune deviennent capables de figurer dans le monde par pure imitation, de faire de savans moralistes, des jurisconsultes, des théologiens, des commentateurs, qui remplissent le cérémonial de leur profession avec une gravité, une régularité imposantes, qui tournent autour du cercle de la routine avec une précision scrupuleuse. De fortes passions, en concentrant le travail de l'esprit, et en le fixant d'une manière plus intense sur leurs objets, développent une grande apparence de talent, et suppléent quelquefois au génie.

La passion de l'amour a une influence très-marquée sur l'intelligence, et fait souvent cesser la paresse et l'inertie de l'esprit, quand d'autres motifs n'ont pu réussir à porter l'animal à la volonté. Le caractère poétique de Cimon n'est que l'exagération d'un phénomène journalier. L'homme de génie, destiné par son organisation à faire avancer son espèce dans la carrière du perfectionnement, est remarquable par une configuration de la tête, qui possède à un très-haut degré cette conformité à nos sentimens instinctifs, que nous appelons *beauté*. Le cerveau, sans être disproportionné, est pleinement développé ; il étend le crâne de manière à rendre l'occiput très-convexe, et à donner au front l'élévation qui fait de l'angle facial un angle presque droit. Dans les individus ainsi formés, les mouvemens du cerveau sont forts, distincts, définis, et s'associent avec facilité. Les plus petites différences d'impressions sont senties et reconnues, et le jugement acquiert ainsi de la finesse, en même temps que les associations imaginatives sont actives et promptes.

Une organisation très-commune est celle dans laquelle les mouvemens associés sont activés par une irritabilité générale, mais où les idées manquent de précision, et rendent par conséquent les jugemens inexacts. La disproportion qui existe dans ce cas entre les réactions et les causes qui les excitent, constitue l'esprit excentrique, sorte de génie bâtard (si l'on peut s'exprimer ainsi), qui est ordinairement accompagné de sentimens capricieux, d'habitudes irrégulières, et d'exercices sans but utile. Cela forme une constitution bien digne d'inspirer la pitié, à charge à elle-même, et souvent très-inutile à la société. Parmi tant de noms célèbres, qu'on pourrait citer comme exemple de cette espèce d'infirmité, le plus marquant est celui du brillant hypocondriaque J.-J. Rousseau.

Une autre variété de la condition mentale, qui a été généralement reconnue pour être dépendante de l'organisation, est celle qui donne une tendance héréditaire à la démence. Cette organisation est caractérisée par des signes physiognomoniques; un œil gros et saillant, une sorte de disproportion dans la forme du crâne, et l'on peut y ajouter le symptôme d'une détermination désordonnnée du sang vers la tête.

Le maniaque avéré, qui forme le dernier anneau de la chaîne intellectuelle, souffre une altération marquée dans la structure visible et la contexture de l'organe cérébral, qui démontre clairement que les fonctions intellectuelles dépendent de ces particularités. D'après ces bases, l'universalité de génie peut être raisonnablement disputée, et les exemples d'excellences encyclopédiques qui nous ont été transmis par l'histoire, ne sont pas des objections qui puissent empêcher de nier la possibilité de semblables réunions de talens. Les prétentions d'un Pic de la Mirandole, ou d'un admirable Chreichton, sont à peu près incroyables; elles se rapportent d'ailleurs à des temps barbares, où le plus léger degré d'instruction excitait l'admiration ; et dans l'état actuel des connaissances, elles seraient non-seulement repoussées, mais elles couvriraient de ridicule celui qui les annoncerait, puisqu'une expansion de la surface est maintenant reconnue pour une marque infaillible d'un manque de profondeur correspondant.

L'homme est donc, par rapport à l'esprit comme par rapport au corps, particulier et individuel. Des règles générales peuvent être tirées, et des combinaisons idéales abstraites peuvent être formées pour servir de principe de comparaison; mais chaque individu s'écarte plus ou moins de ces règles et de cette perfection.

> Nemo vitiis sine nascitur; optimus ille est
> Qui minimis urgetur (1).

Dans cette vue sommaire des phénomènes de la vie, on s'est borné à l'examen de deux faits généraux, la *sensation* et la *réaction* : ces faits dans l'état présent de la science forment les limites naturelles de la physiologie, et seront peut-être toujours le *nec plus ultra* des recherches philosophiques.

Cependant les imaginations ardentes ne veulent pas s'arrêter à ce point. Comme les phénomènes de l'existence organique ne sont point manifestes dans les molécules qui constituent les masses, mais qu'ils dépendent des arrangemens et des combinaisons, on ne peut en retrouver la trace dans les propriétés des particules élémentaires. Il y aurait donc lieu à soupçonner l'intervention possible d'un élément inconnu, aux propriétés duquel on pourrait référer ces apparences inexplicables dans les composés vivans.

Des argumens aussi philosophiques ne sont cepen-

---

(1) Horace.

dant pas ceux qui ont fait naître les diverses théories sur la vie, qui ont défiguré dans tous les temps la science physiologique : ces théories dérivent d'une erreur bien plus universelle, qui s'est attachée à tous les raisonnemens généraux sur la nature, et qui les a infectés de son poison.

Les hommes, reconnaissant qu'ils avaient en eux-mêmes la faculté d'effectuer certains changemens sur la matière dont ils étaient entourés, changemens dans lesquels les matériaux de l'opération paraissaient purement passifs, ont été conduits presque par instinct à référer les grands phénomènes de la nature à l'agence d'êtres sensibles semblables à eux, mais plus puissans en proportion de leur sphère d'activité plus étendue.

L'enfance des sciences naturelles chez toutes les nations a été accompagnée de la croyance à une multitude d'existences surnaturelles. Il n'y a pas un bois, pas une rivière qui n'ait eu sa divinité, et l'agitation des élémens était la guerre des dieux.

La conséquence immédiate de cette manière de considérer la nature, a été de faire penser que les espèces visibles et palpables devaient leur forme et leurs propriétés à l'intervention de ces intelligences, et que la matière dont ils étaient formés, était en elle-même inerte, incapable et immobile. Le progrès des connaissances a successivement détrôné ces agens surnaturels, et peu à peu les phénomènes de la nature sont rentrés dans leur véritable domaine.

Mais la notion de l'inertie de la matière était trop profondément gravée dans l'esprit humain, pour être aisément effacée, et l'on a simplement substitué, à des principes intelligens et susceptibles de passions, d'autres principes d'un caractère plus vague, plus indéfini, également hors de la portée des sens, et l'on peut ajouter, également incompréhensibles.

Cicéron a dit, en empruntant le langage de la philosophie grecque : « Il se présente deux questions quand on examine la nature; on demande : 1°. qu'est-ce que la matière avec laquelle tout est formé? 2°. qu'est-ce que la force qui a mis cette matière en mouvement ? (1) » Cette manière de concevoir le sujet est très-vicieuse ; car quel que soit le fait, la matière et ses mouvemens sont les seuls objets qui puissent être en relation avec l'organisation humaine, et ce faux principe a fait inventer des agens hypothétiques toujours plus inintelligibles, sur lequel on ne peut établir que de simples négations, et dont l'action ne pourrait se concevoir sans tomber dans des contradictions infinies, et dans la plus insupportable confusion d'idées (2). Les théories qui appartiennent à cette fausse manière de voir, divisaient

---

(1) *In rerum natura, duo quærenda sunt; unum, quæ materia sit, ex qua res efficiatur; alterum quæ vis sit quæ quidque efficiat.*

De finibus.

(2) La connexion entre la pensée et les objets extérieurs est développée dans le verbe latin (prétendu *deponent*) *reor,* qui

les existences en spirituelles et corporelles ; et malgré la nécessité constante d'attribuer aux premières toutes les propriétés et les manifestations des secondes, malgré l'impossibilité absolue d'attacher aucune idée précise à l'un de ces termes, comme opposé à l'autre, les hommes se sont obstinés à disputer sur cette distinction ; ce qui est pis, ils en ont fait le mot de ralliement du fanatisme et de la persécution (1). Guidé par cette philosophie erronée, on a cherché

---

est véritablement un verbe passif, et qui signifie être affecté par des choses (*res*).

Voyez l'ouvrage philologique de Horne Tooke, intitulé *The diversion of Purley.*

(1) « Il ne peut y avoir que des vérités relatives à la manière générale de sentir de la nature humaine ; et la prétention de connaître l'essence même des choses est une absurdité que la plus légère attention fait apercevoir avec évidence. »

Cabanis.

Quand on nie la possibilité de concevoir des existences qui n'ont ni parties ni dimensions, c'est-à-dire la possibilité d'entendre des termes contradictoires, on est très-injustement traité d'impie. Il n'est pas donné aux mortels d'affirmer, à l'égard de la Divinité, plus qu'elle n'a voulu leur révéler ; mais ils peuvent et doivent éviter ces propositions vides de sens qui mènent nécessairement à l'absurdité ou à l'hypocrisie. Ceux qui n'ont jamais fait attention au mécanisme de l'esprit humain seraient bien surpris de voir à quel point la proposition d'une déité sans parties et sans dimension, se rapproche de l'athéisme absolu. Il n'est pas question pour nous de savoir quelle peut être la nature des existences supérieures ; mais quelles sont les expressions qui peuvent le mieux faire passer dans l'esprit des idées claires sur leur agence.

une force motrice pour animer les êtres vivans, indépendante de leur organisation ; et par un abus de langage, on désigne cette force par un terme qui ne peut être employé avec justesse que pour représenter les phénomènes collectifs qui constituent les corps organisés. A présent encore, le mot *vie* est pris trop souvent pour une existence substantive ; il est devenu comme le *bonum* des écoles dont parlait Hudibras, « un animal existant par la force de poumons des docteurs qui s'enrouent à prouver sa réalité (1). »

Cette distinction métaphysique de matière et d'esprit, était cependant trop subtile pour qu'on ait pu y parvenir sans un grand travail de pensée, et la fausse philosophie a dû faire bien des efforts avant d'arriver à une si parfaite abstraction. Les premiers théogonistes étaient évidemment matérialistes. Les dieux d'Homère étaient des créatures d'une nature plus raffinée que l'homme ; mais on les supposait assujetties à toutes les affections de la matière (2). Les physiciens, dans leurs premières recherches sur la cause de l'*animation*, ont fixé leur attention sur des objets qui, tout en présentant l'apparence d'une force et d'une mobilité inhérente, étaient encore incontes-

---

(1) An animal made good with stout polemic brawl.

(2)   Ῥέε δ' ἄμβροτον αἷμα θεοῖο
    Ἰχώρ· οἷος πέρ τε ῥέει μακάρεσσι θεοῖσιν,
    Οὐ γὰρ σῖτον ἔδουσ' ἐ πίνουσ' αἴθοπα οἶνον.

Iliade.

tablement matériels. Πνεῦμα, Ψυχὴ, *spiritus*, *anima*, expressions grecques et latines qui désignent cet *être hypothétique*, font toutes allusion à la respiration, et coïncident avec cette expression hébraïque, « le souffle de la vie : » la nécessité urgente et immédiate de la fonction respiratoire chez les animaux les plus parfaits a donné lieu à l'idée, que l'air contient ou qu'il est lui-même le principe vital.

Hippocrate considérait le calorique non-seulement comme la base de la vie, mais comme la divinité intelligente et immortelle (1). Lucrèce et les épicuriens en ont fait aussi leur *aurai simpliciis ignis*. Pythagore a pris chez les philosophes indiens les premières notions d'une âme individuelle, de son existence indépendante du corps, et de son passage dans les brutes, comme punition des fautes qu'elle avait pu commettre quand elle animait une créature humaine. On croit que Platon (2), en donnant à cette doctrine plus d'extension, en a fait dériver celle de l'immortalité de l'âme (dans le sens que les modernes ont attaché à ces termes); et qu'il s'est fait

----

(1) Δοκεει δὲ μοὶ ὁ καλέομενον θέρμον ἀθάνατον τὶ εἶναι, καὶ νοεῖν πάντα κ. τ. λ. — Ἱππ. πέρι σαρκων.

(2) Pausanias observe qu'il y avait de grands doutes sur l'origine de ce dogme chez les anciens. « J'ai oui dire, remarque Hérodote, que les Chaldéens et les mages des Indes ont été les premiers à enseigner que l'âme de l'homme est immortelle. » Athénée attribue la première idée de cette doctrine à Homère.

alors une séparation entre les psycologistes et les physiologistes. Ils ont eu fréquemment, depuis, des points de rapprochement; mais ils n'ont presque jamais coïncidé tout-à-fait; et soit en s'accordant, soit en se contredisant, ils ont également augmenté la confusion (1) et les difficultés du sujet.

Cependant le génie subtil des Grecs leur fit bientôt découvrir qu'une âme n'explique pas suffisamment tout ce qui demande à être expliqué en théologie et en physiologie; ils distinguèrent donc trois constituans dans le composé humain Σῶμα, Ψυχὴ, et νοῦς; le corps, l'âme végétative et l'intelligence divine. On imagina ensuite qu'un quatrième ingrédient était nécessaire, comme le prouvent les vers suivans :

Bis duo sunt homini, manes, caro, spiritus, umbra,
    Quatuor ista loci bis duo suscipiunt.
Terra tegit carnem, tumulum circumvolat umbra,
    Orcus habet manes, spiritus astra petit (2).

En suivant ce système, l'erreur a fait des pro-

---

(1) *Ex divinorum et humanorum male sana admistione non solum educitur philosophia phantastica, sed etiam religio heretica.*   BACON, *Nov. Organum.*

« Le mélange absurde des considérations humaines et théologiques produit non-seulement une philosophie fantastique, mais des hérésies religieuses. »

(2). On trouve dans l'homme quatre principes de vie; la chair, l'esprit, l'ombre, et la source immortelle de l'intelligence. Ces quatre principes prennent quatre chemins différens; la chair retourne à la terre, l'esprit s'élance dans l'air,

grès dont il est curieux d'examiner la marche. Les facultés actives de la nature, une fois placées hors de la dépendance des masses qui doivent être mises en mouvement, ont été d'abord cherchées dans les corps qui montrent le plus de mobilité, et qui s'éloignent le plus, par leurs propriétés, des élémens plus grossiers; mais l'esprit n'arrivant pas encore au Ποῦ Στῶ de son système, poursuivit ses abstractions jusqu'à ce que le sujet devînt trop subtil pour être traité d'après les notions de la philosophie naturelle. Les théoristes furent alors obligés de retourner sur leurs pas, et de reprendre les principes de mouvement qui avaient été adoptés par les premiers raisonneurs. On supposa une âme végétative matérielle pour animer la simple organisation; parce qu'on apercevait que sans cela il était impossible d'aller plus loin.

Cette triple division a survécu à toutes les révolutions philosophiques, et tient encore maintenant une place dans les systèmes de la nature. L'esprit d'*a-nimation* de Darwin, la « *materia vitæ diffusa*, » de

---

l'ombre est errante autour des tombeaux, et l'âme va se réunir à la Divinité. Lucien, dans son dialogue entre Hercule et Diogène, distingue ψυχὴ de Ἐίδωλον. Le premier répond aux mânes, le second à l'ombre. Les Latins faisaient également une différence entre *mens* et *animus*. « *Non idem est mens et animus; aliud enim est quo vivimus, aliud quo cogitamus.* »

LACTANTIUS, lib. 7.

John Hunter, répondent exactement au ψυχή des anciens; car ces termes signifient la cause immédiate des phénomènes de la vie. Cette cause première a figuré quelque temps sous le nom de fluide nerveux. Girtanner supposait qu'elle était identique avec l'oxigène, et quelques physiologistes modernes ont cru la trouver dans l'électricité ou le galvanisme. L'homme, considéré physiologiquement, appartient à une classe nombreuse d'êtres, et ses mouvemens dérivent d'un principe qui lui est commun avec eux. Ainsi l'âme théologique, par laquelle il se distingue des animaux, ne peut évidemment se mêler avec les phénomènes organiques. Elle n'est point nécessaire à l'existence corporelle de l'*être*, et l'on conçoit clairement qu'elle est d'une nature très-différente. Mais la doctrine de l'âme végétative, soit qu'on la regarde comme une essence spirituelle, ou comme une matière d'une espèce plus subtile, appartient totalement à la physique, et doit être examinée d'après les lois générales de la philosophie.

Le plus léger degré d'attention suffit pour observer que le principe vital, aussi-bien que le principe de gravitation et celui de l'attraction élective, sont de pures créations philosophiques, des termes moyens entre la matière et l'esprit, des espèces flottant entre l'existence et le néant, des abstractions produites par le mécanisme de l'esprit et du langage, et résultant de manières particulières de voir les phénomènes; que ces expressions enfin ne représentent pas des agens nécessaires sur la réalité desquels on ait la plus petite preuve.

Les idées que nous nous formons sur l'action et la passion, d'après nos propres sensations, ne sont point du tout exactes. C'est en faisant usage des propriétés inhérentes aux diverses espèces de matière que l'homme effectue ses opérations; mais il n'a aucune puissance sur ces propriétés. Nous disons habituellement qu'un acide neutralise un alcali, que l'eau dissout le sel, qu'un stimulant excite un tissu; mais dans ces cas, ni l'alcali, ni le sel, ni le tissu, ne sont inertes; il y a au contraire une action mutuelle. Ainsi les termes pourraient être changés sans cesser d'être aussi vrais, et l'on pourrait dire également que l'alcali neutralise l'acide, que le sel pénètre l'eau, et que le tissu attire ou repousse le stimulant. Il s'ensuit alors que si un principe moteur de la matière, et séparé de sa substance, est nécessaire, il faut aussi qu'il existe un principe passif qui la rende capable d'être mise en mouvement (1).

---

(1) Willis, parmi les modernes, combat fortement pour l'énergie inhérente de la matière. « *Dein, quod vulgo traditur, materiam è quâ res naturales constant, esse merè passivam, et nétiquam moveri, nisi in quantum ab alio movetur, non est verum, quin potius è contra atomi, quæ sublunarium materies sunt, plurimæ adeo sunt activæ et αὐτοκίνητοι, ut nusquam·diu consistant, sed è subjecto uno in aliud passim migrent, vel in eodem conclusæ, et poros et meatus in quibus expatientur, sibi procudant.* »

De Anima Brut., cap. 6

Quoique l'esprit humain, à l'aide des instrumens du langage, soit capable de considérer le mouvement comme séparé de la substance dans laquelle il a lieu, il est cependant impossible de concevoir le mouvement indépendant de la matière. De même on peut considérer ce sujet abstraction faite de telle ou telle qualité; mais on ne peut le séparer de toutes qualités. *Substratum*, comme plusieurs autres termes métaphysiques, est un mot qui ne répond à aucune idée positive. Il ne représente rien. Ainsi, par l'effet du mécanisme de l'esprit lui-même, on ne peut concevoir les causes du mouvement que comme inhérentes et indestructibles, à moins qu'on ne se serve de l'intervention d'idées purement fantastiques, et qui ne peuvent être ni entendues ni analysées (1).

L'introduction de cette distinction d'*esprit* et de *matière* a conduit de plus à une autre erreur populaire, à la croyance que ces mots représentent des existences individuelles; et que malgré la variété des formes et des diverses espèces naturelles, elles sont toutes intrinsèquement d'une même substance. Les différens élémens qui conspirent à la production des phénomènes visibles et palpables sont ex-

---

(1) En inventant des principes de mouvemens d'une *fluidité* très subtile, on n'a fait autre chose que placer *l'éléphant sur la tortue*. Ils doivent être pris pour de la matière d'une espèce essentiellement active, ou bien il faut recourir au système spirituel.

trêmement variés et susceptibles de combinaisons infinies, dont les modes d'action diffèrent beaucoup de ceux qui pourraient être inférés d'après la nature des constituans. Il est donc impossible de poser des limites à la puissance motrice de la nature, tant qu'il nous restera à connaître quelques-unes des combinaisons par lesquelles cette puissance peut se manifester.

Les lois des combinaisons vitales surtout, sont si imparfaitement développées, la chimie naturelle est si mal entendue, qu'en affirmant que les phénomènes de la vie sont d'un ordre différent de ceux du reste de la nature, on demande justement ce qui est contesté. Il est évident qu'il doit exister des causes matérielles suffisantes pour produire les différences qui se remarquent entre les compositions chimiques et vitales, et pour développer les propriétés de sensibilité et de contractilité. La supposition que ces causes peuvent résider dans un agent subtil analogue par ses qualités au calorique, à la lumière, à l'électricité, et formant un des anneaux de la chaîne vitale, s'accorde avec la stricte possibilité ; elle est peut-être même assez probable. Mais tant que la réalité d'un agent semblable ne sera pas prouvée par des faits, on ne doit point l'admettre malgré le grand nombre de probabilités qui militent en sa faveur ; d'après cette règle générale de logique : « *frustra fit per plura quod fieri potest per pauciora.* »

Toutefois si l'on croit nécessaire d'adopter un

principe vital pour établir des théories rationelles sur la vie, il faut encore rectifier les idées attachées à ce terme. Il ne représente pas un principe sensitif *en soi*, ni la cause individuelle, ni même la cause principale des phénomènes vitaux. Chaque élément des composés organiques a ses propriétés indestructibles en vertu desquelles il contribue *à sa manière* à l'effet général. Les qualités chimiques de l'oxigène et de l'hydrogène, les propriétés physiques des divers tissus, les attractions et les répulsions, l'élasticité, la gravitation, etc., de chaque particule, sont des causes nécessaires, essentielles, et concourent également avec le principe hypothétique à la formation et aux fonctions de la machine entière.

Ainsi donc, en rejetant la nécessité de l'existence d'une âme végétative, en nous arrêtant dans nos recherches aux propriétés de contractilité et de sensibilité, nous ne sommes pas forcés de regarder ces limites comme strictement impossibles à dépasser. Mais si l'on veut essayer de les étendre, l'on ne doit au moins tracer sur la carte que les découvertes d'un Colomb; il ne faut pas en couvrir les places vides avec une terre australe imaginaire, une atlantique supposée, quand elles seraient appuyées de l'autorité imposante d'un autre Platon.

SOMMAIRE

DU CHAPITRE SIXIÈME.

CHAPITRE VI.

OBSERVATIONS GÉNÉRALES SUR LA NATURE DES MALADIES, DES REMÈDES, etc.

« Verique simile est, inter non multa auxilia adversæ valetudinis, plerumque tamen eam bonam contigisse, ob bonos mores, quos neque desidia neque luxuria vitiarant. Siquidem hæc duo, corpora priùs in Græcia, deinde apud nos, afflixerunt. Ideoque multiplex ista medicina, neque apud alias gentes necessaria, vix aliquot ex nobis ad senectutis principia perducit. »

CELSUS.

« Il est probable que la santé de nos ancêtres était conservée malgré le peu de remèdes dont ils se servaient, par la pureté de leurs mœurs, que le luxe et l'oisiveté n'avaient pas encore corrompues. Ces deux causes ont produit la plupart des maux qui affligent le corps humain; elles ont étendu leur influence d'abord en Grèce, ensuite dans notre pays. Mais cette médecine compliquée qui n'était pas nécessaire dans les temps anciens, et qui ne l'est pas encore à présent pour les autres nations, ne conduit presque personne jusqu'au terme naturel de son existence. »

LES doctrines physiologiques si éminemment intéressantes comme spéculation, deviennent encore plus importantes dans la pratique, lorsqu'elles sont appliquées aux phénomènes de la maladie : le médecin puise dans ces doctrines des raisonnemens généraux sur l'art de guérir; et l'on peut aussi en déduire des principes pour diriger la conduite de la santé.

La maladie et la santé sont des conditions si souvent en contraste l'une avec l'autre, qu'elles ont pris dans l'imagination une sorte de caractère substantif, et qu'on a peine à les reconnaître comme exprimant de pures modifications. Considérées commes des *choses* opposées et contradictoires par leur nature, on oublie totalement qu'elles sont des résultats des mêmes lois générales, des conséquences des mêmes principes d'action. Peu de personnes instruites tomberaient dans cette erreur, si la question leur était proposée d'une manière tout-à-fait abstraite ; mais dans les circonstances ordinaires de la vie, le grand nombre agit toujours comme s'il était guidé par cette fausse notion.

D'après les idées générales que nous avons présentées sur la structure et les fonctions des êtres organisés, il paraît que leur existence est purement relative, et que leur vie dépend momentanément des élémens dont ils sont entourés. La santé exige absolument une certaine proportion entre la force des stimulans extérieurs, et celle du principe intérieur de réaction ; et les fonctions sont dérangées quand la machine reçoit des impressions dans une autre série, ou un autre degré d'intensité que ceux qui sont coordonnés à ses besoins. Les principales sources des maladies doivent donc être cherchées dans les agens qui contribuent immédiatement à la vie, et les doctrines médicales sont peu de chose de plus que des corollaires des faits philologiques dont nous avons occupé jusqu'ici l'attention de nos lecteurs (1).

---

(1) « Tout moyen curatif n'a pour but que de ramener les propriétés vitales altérées, au type qui leur est naturel. »

BICHAT.

Les maladies dépendant ainsi de l'irrégularité dans les stimulans, consistent en un exercice désordonné des fonctions naturelles ; et il est évident que chaque tissu jouissant d'un mode particulier d'action saine, doit également être assujetti à des modifications de désordre particulières. Ainsi les muscles sont exclusivement affectés par les convulsions, et les membranes muqueuses sont les siéges uniques des catharres.

Chaque organe est susceptible de deux sortes de maladies. Il peut être dérangé dans les actions qui constituent ses fonctions spéciales, et il peut être affecté par des mouvemens de son parenchyme nutritif, qui altèrent sa structure organique. Il est vrai que les fonctions d'une partie sont rarement troublées sans qu'il existe quelque degré d'affection organique ; et qu'un dérangement organique ne peut subsister long-temps sans affecter les fonctions. Mais la plupart des maladies particulières portent plus décidément sur l'une ou l'autre de ces actions, et prennent ainsi un caractère qu'il est important de saisir ; puisque les maladies organiques sont en général moins aisément et moins sûrement guéries, que celles qui tombent principalement sur les fonctions. Par exemple, rien n'est plus facile à guérir que ce dérangement des poumons qu'on appelle *catarrhe*, quelque violent qu'il puisse être ; tandis qu'il y a peu de maladies plus fatales que la consomption tuberculaire, qui est une affection organique du même viscus.

Les excitations qui causent le dérangement peuvent être bornées à la partie sur laquelle les stimulans morbides sont appliqués, ou bien s'étendre à tout le système.

Les dérangemens généraux sont quelquefois produits par des causes analogues dans leur opération aux stimulans diffusibles ; telles sont les contagions fébriles. Ils peuvent aussi être occasionnés par des stimulans d'une énergie très-intense, ou par des applications faites sur les organes qui entretiennent de nombreuses et importantes sympathies dans le système. Les inflammations du cerveau, du cœur, de l'estomac, produisent les dérangemens les plus violens et les plus universels à cause de la vitalité exaltée, et de l'influence majeure de ces organes sur l'économie générale. Les érysipèles, qui sont des affections inflammatoires de la peau, causent des commotions dangereuses, et souvent fatales dans la constitution, par les sympathies de cet organe ; tandis que les phlegmons ou abcès ordinaires qui sont des affections semblables de la substance cellulaire *subjacente*, ne mettent le système entier dans un état de maladie, que quand ils sont très-extensifs et très-violens.

Les dérangemens organiques troublent en général la constitution d'une manière moins violente que les maladies fonctionnelles des mêmes viscères. Mais quand les fonctions d'organes importans sont suspendues, ou matériellement changées, l'enchaînement d'actions se trouvant interrompu, l'économie souffre une altération qui ne dépend point de l'influence sympathique. De cette manière, une maladie du foie, qui n'excite que peu ou point d'action fébrile, peut causer la dyspepsie, la difficulté de la respiration et l'hydropisie, en dérangeant la balance des fonctions nutritives.

La distinction des maladies, en aiguës et chroniques, est fondée sur le temps qui leur est nécessaire pour accomplir leur cours naturel. Cependant la rapidité d'une maladie ne peut pas toujours être estimée d'après sa durée absolue, mais par une comparaison avec la vélocité d'action, ordinaire à la partie affectée. L'inflammation dans la substance cellulaire d'un muscle parcourt toutes ses diverses époques en peu de jours, tandis que dans la substance osseuse il lui faudra autant de mois pour arriver à la terminaison. L'une et l'autre de ces affections relativement aux mouvemens habituels des parties, doit cependant être considérée comme maladie aiguë. Cette distinction serait donc plus juste, si on l'appliquait seulement aux différentes maladies du même tissu.

Une loi de motion générale et nécessaire, est que, si les conséquences des violences accidentelles (soit qu'elles résultent de causes organiques ou mécaniques) ne sont pas absolument suffisantes pour arrêter les mouvemens périodiques, les aberrations qu'elles occasionnent diminuent graduellement par l'influence des forces constantes, et la machine reprend à la fin son action primitive et régulière (1). Toutes les déviations de l'excitation naturelle et saine ne produisent donc pas inévitablement des maladies, et toutes les maladies ne se terminent pas non plus par la dissolution.

Un léger excès de stimulant accidentel est toujours suivi d'un accroissement d'action, qui occasionne ensuite un épuisement de vitalité proportionné. Cet épuisement pourrait peut-être à son tour devenir excessif, il induirait alors une diminution d'action, qui tendrait vers l'extrémité opposée en accumulant l'excitabilité un peu au-dessus de son niveau habituel. L'oscillation autour du point de stimulation salubre, subsiste seulement pendant quelque temps, et l'excès devenant toujours moins grand à chaque balancement, les mouvemens maladifs se perdent graduellement dans les motions journalières de l'organisation.

Ces oscillations sont ordinairement trop insignifiantes pour mériter l'attention ; elles ne sont indiquées en général que par une légère accélération des battemens du pouls. Quand elles deviennent plus violentes, elles constituent la fièvre, et demandent un traitement médical.

---

(1) « Dans une série d'événemens indéfiniment prolongée, l'action des causes régulières et constantes doit l'emporter à la longue sur celle des causes irrégulières. »

LA PLACE.

Un certain degré d'excès dans les stimulans peut être contrebalancé par des actions excitées dans les organes éloignés; l'harmonie qui règne entre les fonctions nutritives fournit en ce cas un principe de compensation mutuelle. Un exemple éclaircira cette proposition. Si l'on introduit une trop grande quantité de nourriture dans le système, cela tend à produire un accroissement d'action inflammatoire dans la constitution. L'accélération temporaire des fonctions pousse le sang plus abondamment dans les poumons et les autres organes excrétoires; et la matière superflue, si elle n'est pas très-excessive, est expulsée du corps par le moyen de l'augmentation des sécrétions, sans qu'il en résulte beaucoup d'inconvéniens. C'est en favorisant cette action que l'exercice permet à une personne fortement constituée de supporter quelques excès de table, quand ils ne sont pas poussés au-delà des bornes; mais on ne peut se promettre en ce genre qu'une impunité comparative.

Dans certains cas, les conséquences immédiates de l'excitation maladive tendent à ramener la partie à ses fonctions habituelles.

L'inflammation des membranes muqueuses, si elle n'est pas assez violente pour altérer l'organisation, est accompagnée d'un accroissement des sécrétions de leur surface, par lequel la sensibilité du tissu vasculaire est graduellement abattue, et son action ramenée à sa marche accoutumée. C'est ainsi que les morceaux d'étoffes qui ont pénétré dans les blessures faites par des armes à feu, forment un abcès dont la suppuration entraîne à la surface la cause irritante, et finit par l'expulser. Sur ces faits et d'autres semblables, les médecins ont fondé l'hypothèse spécieuse d'une force curative (*vis medicatrix* (1)), d'un principe qui présiderait sur les fonctions, et dirigerait *avec intelligence* leur action dans les cas de maladie vers le rétablissement de l'ordre naturel. Suivant cette théorie, chaque maladie serait un effort de la nature pour rétablir la santé, et la seule indication de cure admissible serait de favoriser ces efforts, et d'éviter d'intervenir dans ces procédés, excepté quand leur violence mettrait la vie en danger.

Il y a je ne sais quoi de mystérieux dans cette doctrine, qui convient extrêmement aux esprits faibles, et que les raisonneurs les plus fermes ne savent pas toujours repousser.

La *vis medicatrix* est le fond de la médecine pra-

---

(1) Ἡ φύσις ἄλογος ὖσα, τὰ κατὰ λόγον ποιεῖ· ἱκάνη γὰρ ἔστιν, ὡς ὁ Γαληνός φησιν, ἐν ἄπασι τοῖς ζώοις ὁρμὰς οἰκείας ἐνθεῖναι, πρὸς ὑγείαν τὲ καὶ σωτηρίαν, ἀπαύστος ἀγωνιζομένη.

DEMETRIUS PEPAGOMENUS, *de Podagra*, p. 8.

« La nature ne raisonne point ; mais elle agit comme si elle était guidée par la raison. Il est évident, d'après le mot de Galen, qu'il y a chez tous les animaux une impulsion continuelle qui les mène à leur santé et à leur conservation. »

tique en France, et quoique cette force supposée ne soit pas comptée pour beaucoup en Angleterre, dans le traitement des maladies, elle se glisse encore dans les raisonnemens généraux, et son nom est quelquefois prononcé par les théoristes et les professeurs.

Cette doctrine renferme une contradiction manifeste dans les propres termes de la proposition : *un principe régulateur sujet à l'irrégularité !* S'il existait dans le mécanisme animal un principe curatif, le devoir du médecin se réduirait à rien; que resterait-il à faire pour les hommes, quand la nature aurait une sentinelle pour garantir la constitution des atteintes extérieures, et une force pour contre-miner et annuller intérieurement les attaques de l'ennemi ? En disant qu'il faut aider la nature quand elle est trop lente dans ses opérations, et la réprimer quand elle agit trop violemment, on tombe dans une contradiction directe avec le principe fondamental de la théorie : ou la *force curative* est capable en elle-même de conserver le système et de remplir son but, ou c'est un mot superflu et vide de sens, introduit sans bases dans les raisonnemens médicaux, contre les règles de la saine logique. Toutes les actions qui ont lieu dans l'organisation sont les conséquences nécessaires de la balance des causes qui opèrent sur le principe vivant. Quand un stimulant excessif est appliqué au corps, une stimulation excessive doit s'ensuivre, mais elle ne se rapporte pas nécessairement à une intention curative. Quand la force perturbatrice n'est pas assez grande pour surmonter les principes constans et habituels des mouvemens, la balance des fonctions doit à la fin se rétablir, et certains phénomènes correspondans doivent accompagner les progrès successifs par lesquels la violence soufferte par la machine est neutralisée et absorbée dans les mouvemens périodiques.

Quand une blessure est faite dans la chair, le stimulant de l'instrument et de l'air admis à travers les fibres divisées, excite en elles une inflammation, et en conséquence de ce nouveau mode d'action, la lymphe est extravasée, et devient un centre dans lequel se forment de nouveaux vaisseaux ; ces vaisseaux font les points d'union entre les lèvres de la plaie. Tous ces effets naissent de leurs causes naturelles, et sont des corollaires de la grande loi de l'action nutritive. Mais dire qu'ils sont dirigés à dessein, qu'ils se réfèrent à une fin spéciale, c'est affirmer une chose que les conséquences des mêmes phénomènes dans les autres parties du corps contredisent absolument. Ainsi les suites naturelles de l'inflammation dans les membranes séreuses sont une adhésion de leurs surfaces qui interrompt les mouvemens des viscères qu'elles couvrent; et si ce dérangement est très-extensif, il devient nécessairement fatal. De même les poumons adhèrent fréquemment aux côtes, et le cœur au péricarde, et les fonctions de ces importans viscères se trouvant

alors suspendues, la mort est une conséquence inévitable des efforts supposés de la *force curative.*

Une autre preuve de l'inefficacité de la nature
pour la cure des maladies, et de l'absence d'intention dans les mouvemens morbides, se trouve dans
les spasmes des intestins, qui sont regardés comme
des efforts pour expulser la cause du mal. Ces contractions de la fibre musculaire sont des conséquences nécessaires de la violence de son irritation,
et sont irrégulières et fortes en proportion de l'extension du stimulant. Le manque de liaison dans
les mouvemens qui résultent de cette violence, rend
l'action musculaire plus propre à empêcher le passage de la matière irritante, qu'à favoriser son ex-
pulsion. Le premier pas vers la guérison consiste à
ralentir ces mouvemens naturels, et tant qu'on ne
peut y parvenir, la cause du dérangement ne peut
être que difficilement et péniblement expulsée. La
suppuration qui a lieu dans la consomption tuberculaire, ne sert de même qu'à mener le patient au
tombeau avec plus de rapidité, sans manifester la
moindre tendance à la cure de sa maladie.

Les phénomènes de la fièvre ont été regardés
plus particulièrement comme des preuves de l'existence de ce principe hypothétique ; ils méritent sous
ce rapport un examen détaillé.

Les symptômes des maladies fébriles manifestent
un dérangement dans la balance des fonctions nutritives, qui influence à un degré plus ou moins

étendu les fonctions des organes relatifs. C'est la conséquence d'une cause perturbatrice très-forte ; et le retour à la santé est accompagné par plusieurs oscillations qui produisent le retour des phéno- mènes en séries régulières.

Les époques de chaleur, de froid, de transpiration, dans les fièvres intermittentes, se suivent en ordre dé- terminé, et reviennent à des périodes définies ; et quand ces fièvres ne se terminent pas d'une manière fatale, elles ont une tendance à se résoudre elles- mêmes en remplissant un cours dont la durée est con- nue. Dans les climats chauds, où l'action vitale est plus libre, ces maladies se terminent habituellement les jours impairs, qu'on a nommés *critiques* à cause de cela. Les fièvres, dans nos contrées, suivent une mar- che plus irrégulière ; cependant elles montrent une disposition générale à suivre des périodes hebdoma- daires, en subissant des changemens marqués les sep- tième, quatorzième et vingt-unième jours. Quand une fièvre vient à cesser un de ces jours, sa terminaison est ordinairement accompagnée d'un accroissement notable de sécrétion, d'une diarrhée, d'une transpi- ration ou d'une hémorragie, et ces faits ont été pris comme des preuves d'une force naturelle, tendant à la guérison.

Il est évident que les symptômes des fièvres ne sont point des conséquences d'un effort pour recou- vrer la santé, mais des effets proportionnés à la vio- lence de leur cause. Si l'enchaînement naturel des mouvemens habituels n'est pas trop dérangé, il retourneront naturellement à leur régularité primitive. Mais si l'irritation est assez forte pour rompre ces associations, et mettre à leur place un ordre nouveau et morbide d'actions organiques, les mouvemens s'éloigneront à chaque instant davantage de la santé (et si l'art médical n'y entre pas pour quelque chose), ils se termineront inévitablement par la destruction de l'individu. Les actions morbides qui commencent dans les fonctions nutritives effectuent très-vite un changement dans le système nerveux, capable de déranger son influence sur le reste du corps ; la respiration et les mouvemens du cœur deviennent irréguliers par une sympathie désordonnée avec le tissu cérébral ; et tout le mécanisme après un combat plus ou moins prolongé, s'embarrasse et s'arrête enfin complétement. Une autre conséquence d'une violente action fébrile est l'inflammation locale des grands viscères, qui contribue à une prompte dissolution, si les contre-opérations de la médecine ne s'opposent pas à ses progrès : c'est cependant encore un résultat immédiat de la réaction naturelle. Les phénomènes des fièvres intermittentes procèdent quelquefois plus lentement; mais ils sont précisément de la même nature. Les mouvemens produits par les causes morbifiques s'associent avec les actions fonctionnelles journalières, troublent leur harmonie, et changent la distribution des fluides circulans. Les viscères de l'abdomen deviennent les siéges de congestions morbides ; le foie ou la rate, ou bien les deux organes ensemble, sont altérés dans leur structure ; le péricarde s'épaissit, et contient une accumulation de fluide séreux ; l'hydropisie générale vient ensuite, et l'inflammation des grands viscères hâte la destruction de la victime (1).

S'il existait réellement une force intérieure analogue à cette *vis medicatrix* prétendue, ses moyens de guérison seraient sans doute les meilleurs, et cette proposition ne s'accorde point du tout avec les faits. La cessation spontanée des fièvres intermittentes est toujours pénible, incertaine, sujette à des rechutes, qui engendrent souvent des maladies chroniques plus dangereuses que l'affection dont elles dérivent ; mais en administrant promptement quelques doses de quinquina, on interrompt les mouvemens maladifs, et l'on rend presque toujours la guérison complète.

Les effusions d'eau froide dans les fièvres continues, et les évacuans quand ils sont appliqués au commencement de la maladie, manquent rarement de produire des effets également heureux, en domi-

---

(1) On trouvait fréquemment le péricarde épaissi dans la dissection des hommes morts de la fièvre de Waleheren ; et dans les époques avancées de cette maladie, il existait une disposition à l'inflammation des poumons qui exigeait de copieuses saignées. Sur cent cinquante patiens qui se trouvaient sous les soins de l'auteur, il était nécessaire d'administrer ce remède à quinze au moins dans une matinée.

nant les mouvemens naturels, et en prévenant le délire et les autres symptômes qui, bien que nécessaires à la guérison spontanée, ne sont jamais présens sans augmenter proportionnellement le danger et les souffrances du patient. Affirmer que ces mouvemens sont des dérangemens, ou des excés dans les intentions curatives de la nature, c'est l'assomption de la question toute entière; et quand cela serait accordé, l'argument n'en serait que très-peu renforcé, car un médecin dont les remèdes seraient sujets à des accidens aussi funestes, passe-rait assurément pour un praticien très-ignorant.

Cette hypothèse n'entraînerait peut-être pas des conséquences bien importantes, si elle n'était employée que comme base d'un faux raisonnement physico-théologique, ajouté à tant d'autres; on pourrait la regarder sous ce rapport comme sans inconvéniens, et peu digne d'être réfutée : mais elle tend non-seulement à rendre le malade trop confiant dans le seul pouvoir de la nature ; elle induit encore en erreur le médecin lui-même sur le traitement de la maladie. En observant servilement les opérations de la nature, ou en tâchant de provoquer les évacuations critiques, on néglige d'administrer à temps les remèdes vigoureux. Si l'on avait toujours été guidé par ce principe, le monde aurait perdu le fruit des découvertes d'un Currie, d'un Hamilton, d'un Jenner. Chaque recherche expérimentale sur la nature et les propriétés des drogues a été une violation positive de cette doctrine, qui, ainsi que tous les *êtres de raison* évoqués par les imaginations ardentes, ou mis en avant par l'imposture, n'a jamais servi qu'à entraver et les opinions et les actions. Ce qui est déraisonnable, antiphilosophique, est toujours dangereux; ce qui est faux est toujours nuisible. La vérité seule, quoiqu'elle contrarie souvent les passions, quoiqu'elle soit incompatible avec les systèmes dominans, sera toujours le plus sur instrument du bonheur de l'homme.

Les stimulans perturbateurs qui occasionnent des maladies peuvent nuire par leur violence, ou par leur répétition. Le dernier mode d'attaque est repoussé jusqu'à un certain point par cette loi de la vitalité, qui rattache la force de la réaction à la nouveauté de l'impression. Il est peu de stimulans qui ne perdent très-promptement leur pouvoir quand ils sont fréquemment appliqués. L'opium, la digitale, la ciguë, en général tous les poisons narcotiques, fournissent des exemples frappans de cette loi. La plupart de ceux qui fument du tabac pour la première fois éprouvent des vertiges, des nausées, des vomissemens, et tous les autres symptômes qui naissent de l'action de ces espèces de drogues; et quand ils ont répété plusieurs fois ce procédé, ils en sont à peine stimulés. C'est ainsi que des individus fortement constitués résistent pendant un grand nombre d'années à l'action dangereuse du vin pris en trop grande quantité; et (si nous passons

du monde physique au monde moral) c'est ainsi
que la vue des objets d'horreur n'excite plus, après
un assez court espace de temps, les réactions qui
constituent les émotions de dégoût, d'indignation
et de pitié (1).

Les diverses contagions par lesquelles la maladie
est propagée, montrent dans leur action des modifications bien curieuses, qui dépendent de l'influence
de l'habitude. Les exemples les plus marquans se
trouvent dans ces contagions fébriles qui n'attaquent
la même personne qu'une seule fois. Mais presque

---

(1) L'affection pénible qui accompagne les émotions fortes,
et qui est référée au creux de l'estomac (soit qu'elle cause
l'impression mentale, comme Bichat le suppose, ou qu'elle
soit seulement concomitante avec elle), est toujours une
indication de l'existence de cette impression. Les actions purement morales qui devraient être accompagnées de certains
sentimens, sont quelquefois exercées après que la cause qui
les a d'abord provoquées, ne produit plus d'émotion; parce
que la tendance à *agir* est accrue par la même habitude qui
diminue la tendance à *sentir*. Cela explique physiologiquement
cette charité froide et consciencieuse qui distribue les aumônes avec indifférence à tous ceux qui s'adressent à elle, sans
éprouver pour eux aucune sympathie. Les sentimens vifs et gé-
néreux qui appellent non seulement à secourir le malheureux,
mais à le consoler; ces sentimens qui procèdent d'une part
actuelle qu'on prend à l'affliction de celui qui souffre, sont
toujours accompagnés de mouvemens organiques. Cette phrase
commune, « avoir des entrailles, » n'est pas une figure de
rhétorique, mais elle exprime un fait réel.

tous les poisons morbides perdent quelque chose de leur force sur les constitutions qui ont déjà été exposées à leur action. Les médecins et les garde-malades qui vivent habituellement dans une atmosphère contagieuse, sont moins souvent victimes des maladies qu'ils ne sembleraient devoir l'être d'après les dangers auxquels ils sont exposés. Non-seulement des individus, mais des nations entières, deviennent ainsi exemptes de l'influence contagieuse, ou elles en souffrent des dérangemens moins violens. La lèpre, pour laquelle nos ancêtres avaient fondé tant d'hospices, a disparu maintenant de nos contrées comme épidémie ; et le *typhus gravior* (1) est moins extensif,

---

(1) L'épidémie qui a régné dans les iles britanniques, et à laquelle on a donné le nom de *typhus*, diffère, à plusieurs égards, de la maladie décrite sous ce nom par les anciens auteurs. Son caractère est plus inflammatoire que putride, et sa mortalité est beaucoup moins considérable que celle de la fièvre de prison, puisqu'elle n'emportait qu'une personne sur quarante dans les grands hôpitaux. On peut douter même qu'elle soit contagieuse ; car pendant les périodes les plus mauvaises de son règne en Irlande, elle n'a jamais pénétré dans la principale prison de Dublin, où l'on envoie des gens de toutes les parties du royaume, et qui se trouvait alors sous les soins de l'auteur. Quelques personnes y furent cependant attaquées de ce mal d'une manière sporadique ; mais il ne se répandit jamais contagieusement sur les employés ou les prisonniers. A tout prendre, cette épidémie ne peut pas être regardée comme une contradiction à la remarque hasardée dans le texte.

et même moins fatal dans ses attaques qu'il ne l'était il y a quelques centaines d'années (1).

Ces exemptions singulières tiennent à la loi générale de l'habitude, et non pas à aucune particularité dans la nature des causes ; on le voit clairement par les exceptions qui arrivent fréquemment à la règle, et dans lesquelles le poison n'exerce jamais une action aussi violente que dans sa première application. Quand une personne qui a déjà eu la petite-vérole est inoculée, l'opération peut n'avoir aucune suite, ou bien il peut arriver une inflammation locale, suivie de quelques pustules plus ou moins parfaitement formées. D'autres fois, il paraît quelques pustules secondaires, et même un léger degré de fièvre peut avoir lieu ; et dans quelques cas très-rares la maladie remplit son cours ordinaire.

---

(1) Ce fait ne doit pas être exclusivement attribué à l'immunité personnelle des modernes. Plus de propreté dans les habitudes, une nourriture plus saine, ont contribué puissamment à diminuer la malignité de cette maladie. Il existe cependant une autre maladie dont les symptômes sont incontestablement plus doux qu'ils ne l'étaient à sa première apparition en Europe, et sur laquelle les changemens de nourriture, etc. n'ont rien à faire. L'altération, dans ce cas, ne peut être expliquée que par une sorte d'endurcissement constitutionnel commun à toute la génération. On peut croire que la possibilité de guérir cette maladie sans mercure, qui a été récemment un objet d'expériences, est une conséquence de la diminution de la sensibilité de l'animal pour ce poison morbide.

Toutes ces modifications d'action ne dépendent assurément pas d'une cause fixe ; mais elles proviennent de variations correspondantes à l'impression faite sur le tissu sensitif dans la première attaque.

L'influence de l'habitude n'est pas égale sur tous les stimulans morbides. En plusieurs cas, leur force est trop grande pour admettre son application. Quand la maladie naît plutôt d'une erreur dans la quantité que dans la qualité du stimulant, l'habitude opère de deux manières : son action sur le tissu sensitif tend à fortifier la constitution, et ses effets sur les tissus contractiles accroissent en même temps la susceptibilité à la maladie.

Cette dernière conséquence peut être particulièrement observée dans les membranes muqueuses, qui, après avoir été fréquemment excitées à des actions maladives, deviennent sujettes au dérangement par les causes les plus légères. De là vient la grande propension de quelques individus aux fluxions pulmonaires, à la diarrhée, et surtout aux maux de gorge.

L'impulsion violente qui suit l'application de certans agens détruit la vie avec une telle promptitude, qu'elle prévient même l'idée d'aucune action intermédiaire. Les changemens que ces substances effectuent sur les tissus vivans sont trop subtils pour être appréciés par le raisonnement, soit dans le moment où ils ont lieu, soit dans les traces qu'ils laissent après la mort. On sait seulement qu'elles agissent sur les causes les plus immédiates de la vie ; et tant que les opérations de ces causes nous resteront cachées, on tentera vainement d'expliquer leurs affections morbides.

Le contact de l'acide prussique ou hydro-cyanique concentré, avec une membrane muqueuse, est suivi d'une mort subite dans le sens le plus exact de ce mot. L'immersion dans une atmosphère d'acide carbonique produit le même effet, avec une rapidité presque égale. L'huile de tabac, celle d'amandes amères, suspendent la vie relative, après quelques convulsions ; et en arrêtant les fontions du cerveau, elles interrompent la respiration, et par suite toutes les autres facultés vitales.

On sait aussi que la contagion de la peste et celle de la fièvre typhus détruisent quelquefois la vie à leur première impulsion, sans l'intervention des phénomènes maladifs ; mais la grande majorité des stimulans morbides ne deviennent fatals, que par les actions désordonnées qu'ils provoquent dans le système.

Quelques applications très-irritantes, telles que la cautérisation par le fer rouge ou les poisons corrosifs, produisent la mort instantanée de la partie à laquelle on les applique. Quand ces irritans sont mis en contact avec un organe important, ils peuvent tuer par la suspension de ses fonctions ; mais ils détruisent plus ordinairement en conséquence de la réaction violente occasionnée dans des organes éloignés par la mort de la partie primitivement affectée. L'inflammation et la fièvre sont les suites générales de ces sortes d'affections.

Quand la mort de l'organe ne suit pas immédiatement l'application d'une substance de ce genre, tous les effets d'une stimulation excessive se montrent successivement. L'inflammation du parenchyme nutritif, les convulsions dans les tissus musculaires, l'accroissement des sécrétions des membranes muqueuses et séreuses, tous ces symptômes, se combinent dans les cas où l'estomac a reçu un poison âcre. La chaleur et la douleur qu'on éprouve dans la région de cet organe indiquent le premier de ces effets; le vomissement spasmodique, le second; et les quantités de fluides évacués, le troisième. Quand des viscères importans sont excités de cette manières, d'autres symptômes ont lieu par l'influence sympathique de la partie sur des organes éloignés. Le tremblement des muscles et les crampes dans les extrémités suivent fréquemment les premiers effets d'un poison pris dans l'estomac.

Certains stimulans exercent leur pouvoir plus spécialement sur quelques tissus ou organes individuels, et ils n'influencent la constitution générale que d'une manière secondaire. Le mercure agit particulièrement sur les systèmes lymphatique et glandulaire; les cantharides, sur les reins et le système urinaire; le plomb, sur les muscles, principalement sur la couche musculaire des intestins, et les

poisons narcotiques, comme les stimulans diffusibles (dont ils diffèrent seulement en force et en
concentration), exercent leur plus grande influence
sur le tissu nerveux.

Les effets des stimulans morbides moins actifs,
nommément de ceux qui opèrent par des impressions
répétées, sont moins remarquables, excepté dans
leurs résultats généraux ; de là vient la difficulté de
déterminer avec exactitude les causes de certains
maux produits par leur action. La goutte et la pierre
ont été attribuées à une grande variété de causes
contradictoires ; l'origine du cancer n'est point du
tout connue. L'influence directe des boissons spiritueuses sur le foie est du très-petit nombre de faits
de cet ordre bien avéré.

Il est plus difficile d'apprécier l'influence du défaut d'excitation. L'accroissement d'activité des organes provenant de l'accumulation de vitalité, supplée à un très-haut degré le manque de stimulans,
en réagissant sur une moindre impulsion. On peut
présumer, en général, que le défaut de stimulation
produit l'effet d'une augmentation morbide dans
l'excitabilité. Quelques organes, cependant, supportent cet état mieux que les autres. Quand on
arrive à l'époque de la vie qui exige le développement de certains viscères, et que les stimulans qui
pourraient les jeter dans l'orgasme ne sont point
appliqués, toute la constitution est dérangée par le

trouble qui a lieu dans la balance organique (1) ; mais généralement l'absence de stimulans est plus aisément soutenue que l'irritation surabondante.

L'examen des deux grandes sources des stimulations irrégulières (l'ingesta et l'atmosphère environnante), n'a pas fourni des résultats pratiques proportionnés à leur importance dans l'économie ; les opinions et les préjugés ont beaucoup ajouté à la difficulté de cette question.

La nourriture influe sur l'économie de la manière la plus extensive. La répétition journalière de ses stimulans fait que les aberrations qui concernent leur salubrité produisent des dérangemens très-fréquens. La nourriture agit sur le système, non-seulement par la quantité et la qualité des fluides obtenus par la digestion, mais en vertu de l'impulsion qu'elle donne à l'estomac, comme simple stimulant, et des impressions que cet organe propage, comme centre principal de la sympathie. Dans les cas de fatigue et d'épuisement, les sensations de faiblesse cessent immédiatement en prenant quelques alimens, et disparaissent presqu'à l'instant où les premières bouchées ont été avalées, avant que rien ait pu être ajouté dans les fluides circulans. La force stimulante de la nourriture animale est très-supérieure à celle de la nourriture végétale ; et c'est à cette propriété, plutôt qu'à aucune particularité dans les pro-

____

(1) Chlorosis.

duits digestifs, qu'on doit attribuer la vigueur qu'elle donne et le caractère particulier qu'elle imprime sur les animaux qui en font leur soutien exclusif.

C'est par rapport à cette propriété, que cette nourriture était défendue dans les ordres religieux. Le faible stimulant de la diète végétale était regardé comme un moyen d'affaiblir les passions, en diminuant la force physique de la constitution. Malheureusement les causes qui rendent la réaction plus faible accroissent en même temps la mobilité des tissus sensitifs; elles exaltent aussi la tendance aux associations imaginatives. Les idées devenant ainsi désordonnées, donnent lieu à des désirs capricieux, qui remplacent les appétits propres à la constitution, et qui vengent, par leur extravagance, l'outrage qu'on a voulu faire à la nature (1).

---

(1) « Mais ce but n'était pas le seul qu'eussent à remplir les fondateurs d'ordres.... De quoi s'agissait-il en effet? de plier au joug une réunion d'hommes dans toute la force de l'âge, que la retraite et l'uniformité de leur vie ramenaient sans cesse aux mêmes impressions, et qui pesaient longuement sur leurs moindres circonstances ; à qui la méditation contemplative et l'inexpérience du monde, en leur offrant sans cesse des peintures chimériques de ce qu'ils avaient perdu, devaient nécessairement inspirer les idées les plus bizarres, les penchans les plus fougueux : il s'agissait de ranger ces êtres dégradés à des lois encore plus absurdes qu'eux-mêmes ; à des lois qui violaient et foulaient aux pieds tous les droits et tous les sentimens de la nature humaine. Il fallait faire plus ; il

Toute substance qui n'est pas capable d'être décomposée par l'énergie vitale de l'estomac, peut
être considérée comme un poison ; en tant qu'elle
excite un dérangement dans les fonctions du canal
intestinal, qui peut devenir mortel, s'il est excessif.

L'inverse de cette proposition n'est pas également
vrai ; car beaucoup de substances qui sont digesti-
bles ont des propriétés âcres et irritantes. Presque
tous les poisons végétaux existent dans leur état
naturel, en combinaison avec le sucre ou le mucilage ; et cette circonstance accroît leur danger, parce
qu'elle fournit un appât pour le palais des enfans et
des personnes ignorantes. Ce fait, parmi beaucoup
d'autres, improuve la doctrine des causes finales
dont on fait une application si fréquente, que le
langage (1) ordinaire en est même infecté, à la
honte de la philosophie et de la vérité. Si la cause
finale entrait dans tous les petits détails qui naissent
inévitablement des lois générales de la matière, il
faudrait lui supposer une étrange combinaison de
malice et de finesse, qui lui ferait unir dans la
même substance des qualités calculées pour produire les plus fatales conséquences.

_____

fallait, s'il était possible, leur faire chérir et approuver la bar-
barie même de ces lois. »   CABANIS.

(1) L'idée de dessein d'intention s'accorde si bien avec
notre manière de penser habituelle, que dans les descriptions
anatomiques et physiologiques il est presque impossible d'éviter les expressions qui impliquent l'influence des causes finales.

Comme les substances indigestes sont malsaines, par cela même qu'elles sont indigestes, leur insalubrité ne doit pas être inhérente à leur nature; mais elle dépend de la condition du récipient.

Il arrive souvent qu'après le repas, à l'instant où les procédés digestifs ont commencé, une commotion soudaine, telle que la réception d'une mauvaise nouvelle, etc., dérange subitement la sensibilité de l'estomac (1). Dans ce cas, la nourriture ne se trouvant plus en relation avec les facultés vitales du canal intestinal, devient la source d'une irritation morbide; il se fait des efforts spasmodiques violens pour l'expulser du système, et ces efforts sont accompagnés de grandes souffrances : de semblables attaques sont assez communes chez les personnes qui ont des habitudes sédentaires ou des facultés digestives très-faibles.

Les propriétés ordinairement assignées aux différens articles de diète, doivent donc être considérées comme applicables seulement dans un sens général, et comme sujettes à beaucoup d'exceptions. Il est peu de personnes un peu avancées en âge qui n'aient formé dans leur esprit un catalogue de substances qui sont généralement saines, mais qui sont pour elles des causes d'indisposition ou de maladie. Les alimens graisseux qui, lorsque l'estomac peut les digérer, sont très-sains et très-nourrissans, produi-

____

(1) Cadogan, sur la goutte.

sent dés battemens de cœur, des faiblesses et des vomissemens chez des individus qui ont les organes digestifs faibles et irritables.

La présence de l'aliment dans l'estomac provoque fortement l'action de cet organe ; et cela occasionne chez les personnes délicates, quand la quantité de nourriture est excessive, ou qu'elle est d'une nature trop stimulante, un dérangement marqué dans la circulation, qui s'annonce par la rougeur et le mal de tête. L'usage des substances nutritives qui demandent un exercice considérable des facultés digestives est spécialement dangereux dans les maladies fébriles, et par leur stimulation directe, et par leur disproportion avec l'énergie de l'estomac actuellement délibité.

Plus le caractère d'une maladie est aigu, plus la nourriture administrée doit être simple et en petite quantité. En général, les substances solides, par la résistance qu'elles opposent aux facultés vitales, excitent de grandes angoisses dans les estomacs malades, tandis que les mêmes matériaux, étendus dans l'eau et très-délayés, peuvent être employés avantageusement.

Quand la violence de la fièvre commence à baisser, de petites quantités de nourriture légère peuvent être favorables, en renouvelant la chaîne des habitudes journalières, qui a été brisée par l'abstinence nécessaire dans les premières attaques. Mais l'attention la plus scrupuleuse sur la quantité et la qualité des alimens est dans ce cas un devoir bien essentiel pour le médecin et pour les amis : le manque de prudence sur ce point a conduit peut-être plus de patiens à leur perte, que les plus heureuses applications de l'art médical n'en ont rappelé à la vie. Tourmenter incessamment les malades pour manger quelque chose, est assurément un des préjugés les plus absurdes et les plus pernicieux qui existent dans la société.

Les facultés digestives de l'estomac humain, dans l'état de santé, admettent une grande latitude. Quelques nations vivent exclusivement de végétaux, d'autres de la chair des quadrupèdes, et d'autres se nourrissent de poissons. Chacune de ces habitudes est accompagnée de modifications particulières de l'économie (1) ; et le mélange de nourriture animale et végétale usité actuellement en Europe, semble produire le plus parfait développement des facultés physiques et morales.

---

(1) « Il est aisé d'observer que, même en Europe, les peuples qui se nourrissent en grande partie de chair, sont d'un caractère plus porté à la férocité, que ceux dont la nourriture est en grande partie composée de végétaux. Il en est de même du tempérament et des maladies qui en résultent. L'éléphantiasis, maladie presque inconnue aux anciens Scythes qui se nourrissent de lait, n'était si commune à Alexandrie que parce que les habitans de cette ville mangeaient habituellement diverses espèces de salaisons, et jusqu'aux chairs d'âne. »

CORAY, *Notes au Traité d'Hippocrate sur les Eaux*, etc.

Les principales erreurs dans lesquelles le genre humain est sujet à tomber en matière de diète, portent plutôt sur la quantité, que sur la qualité de la nourriture. Comme la réplétion de l'estomac est suivie de la gratification de l'appétit, et que les facultés digestives sont au-dessus de ce qui serait absolument nécessaire pour le soutien de la vie, l'animal tend constamment et inévitablement à l'accumulation pléthorique ; et cette tendance est bien rarement combattue avec succès par ceux qui ont le moyen de la satisfaire. En classant l'immense variété de substances comestibles, on trouvera qu'elles fournissent toutes des principes qui se rapprochent infiniment les uns des autres par leurs propriétés chimiques. La fibrine, la gélatine, le mucilage, le sucre, les fécules, les huiles et les acides forment la totalité des substances habituellement employées comme alimens ; et leurs résultats ont une ressemblance générale, sauf de très-légères exceptions. Les épices et les assaisonnemens avec lesquels ces matériaux sont mêlés, ne sont presque jamais pris en quantité suffisante pour produire aucun changement constant dans l'économie. Les substances qui se digèrent lentement et difficilement, provoquent assez d'incommodités pour dégoûter de leur usage habituel ; et les alimens évidemment pernicieux, sont rarement employés, à moins qu'on ne soit pressé par une nécessité impérieuse.

Les effets nuisibles du luxe et de l'abondance

doivent donc être plus généralement attribués aux excès qu'ils sollicitent, qu'aux propriétés spécifiques des différens articles de diète. Les impressions sensitives que ces objets font sur l'estomac, quoiqu'elles ne soient pas les sujets de la perception relative, produisent sur cet organe les mêmes effets que sur le palais : elles l'excitent à une continuité d'action par le contraste des stimulans divers; d'après cette loi, qui rend un tissu sensible à un second excitant quand il est blâsé à l'égard d'un premier : les travaux du cuisinier se dirigent tous vers ce but. On présente alternativement des mets acides, sucrés, épicés; et même les substances d'une saveur désagréable sont tolérées à cause des fortes impressions qu'elles produisent, qui peuvent réveiller un appétit rassasié, et prolonger les plaisirs de la table.

C'est une opinion très-ancienne, que le mélange d'alimens divers est une cause d'indigestion (1); mais l'antiquité n'est pas toujours un sûr garant de la vérité d'une maxime. Les substances alimentaires ayant un caractère général à peu près semblable,

---

(1) . . . . *nam variæ res*
Ut noceant homini credas, memor illius escæ,
Quæ simplex olim tibi sederit at simul assis
Miscueres elixa, simul conchylia turdis,
Dulcia se in bilem vertent, stomachoque tumultum
Lenta feret pituita.

HOR. *Sermon.* 2.

il est impossible que leur décomposition chimique devienne très-nuisible à la digestion. Le vin et le vinaigre rendent, il est vrai, la nourriture animale plus dure, mais ils excitent en même temps les tissus vivans à une plus grande activité. Il est de fait que la consommation excessive d'un seul plat, produit les mêmes inconvéniens que celle d'une trop grande variété de mets. Les Français, qui sont extrêmement recherchés dans leur cuisine, et qui mangent de plusieurs choses à chaque repas, mais qui sont en même temps habituellement tempérans, et même un peu plus (1), vivent en général long-temps, et conservent une santé vigoureuse jusque dans l'âge avancé.

Mais quoique les différens articles de diète usuelle soient également sains, pourvu qu'ils soient digérés, et qu'on ne les prenne pas avec excès, il y a une différence matérielle entre eux, dans leurs relations avec les estomacs affaiblis ou malades. Quand l'action de cet organe n'est pas en équilibre, il est nécessaire de choisir exclusivement les substances les plus faciles à digérer, qui peuvent en général se classer dans l'ordre suivant. La chair faite, celle des

____

(1) Un repas par jour, quelquefois assez médiocre, suffit à la majorité des Français, en y ajoutant une simple tasse de café le matin. Dans les familles où l'on met la table deux fois dans les vingt-quatre heures, on est encore bien loin de manger aussi copieusement que les habitans de nos îles.

jeunes quadrupèdes, les oiseaux, les poissons, les œufs, le lait, les céréales, les légumineuses, les racines farineuses, les feuilles de végétaux bouillies, et les herbages crus. Ou bien, pour se rapprocher davantage des premiers principes, la fibrine, l'albumen, la gélatine, le gluten végétal, la fécule, le sucre, la gomme, les huiles fixes végétales et animales, etc. Cependant les différens estomacs agissent à l'égard de chacune de ces substances avec beaucoup de caprice et d'incertitude; et l'expérience est un guide plus sûr dans leur emploi que toutes les règles générales (1).

La quantité de nourriture nécessaire pour soutenir la vie, le degré de stimulation qu'elle peut exciter, et la résistance qu'elle est capable d'opposer aux procédés digestifs, sans nuire à l'économie, varient suivant le climat et les habitudes des individus. Dans les pays froids, il faut que l'animal consomme plus de nourriture pour acquérir la force de résister aux rigueurs de l'atmosphère; et l'évolution de la chaleur nécessaire pour la digestion exige un degré de stimulation, qui ne serait pas enduré dans les con-

---

(1) Non-seulement la constitution élémentaire d'une substance contribue à la rendre saine, mais le mode de cohésion influence encore extrêmement sa solubilité. Plusieurs articles de diète qui sont d'une digestion difficile en masse, ou quand ils sont mangés crus, deviennent salubres et légers par la division, et la préparation culinaire.

trées plus tempérées. Les habitans des climats chauds au contraire, choisissent par instinct les substances végétales pour se nourrir, parce qu'elles sont moins stimulantes, et que leur digestion est accompagnée d'un plus léger dégagement de chaleur animale. L'abstinence des liqueurs enivrantes est une vertu nécessaire et facile pour les personnes qui vivent dans ces régions; et les législateurs l'ont prescrite plutôt comme conseil d'hygiène (1), que comme règle de morale. La religion, dans ce qui concerne ses pratiques extérieures, a ses limites géographiques. Si Mahomet et Pythagore eussent fleuri en Scandinavie, ils n'auraient point défendu de boire du vin, ni de tuer des animaux. Ceux qui ont introduit le christianisme en Europe, ont commis une grande faute, en ordonnant l'imitation des austérités pratiquées par les anachorètes d'Orient. Obliger les habitans du nord à se soumettre à des jeûnes incompatibles avec leur situation, et dangereux pour leur santé, c'était conduire nécessairement les hommes à l'hypocrisie, à l'habitude de cacher leurs penchans et le plaisir qu'ils prenaient à les satisfaire. C'est ainsi que tous ces argumens de casuistes, les fléaux de la saine morale, se sont introduits dans la société. Quand les moines avaient demandé des dispenses pour manger pendant le carême des oiseaux d'eau (la viande la plus sti-

____

(1) Les Italiens, quoique dépravés, changent rarement le luxe des eaux glacées contre celui des liqueurs spiritueuses.

mulante), ils avaient peut-être cédé aux impulsions instinctives de l'appétit, plutôt qu'aux tentations d'une gourmandise raffinée.

Plus on approche des pôles, plus l'influence du climat sur la diète est remarquable. Le poisson pourri qui fait les délices du Lapon, révolterait l'estomac et les sens de son plus proche voisin méridional ; et l'usage excessif des liqueurs spiritueuses ne produit pas d'aussi mauvais effets dans les latitudes les plus élevées, que dans les régions tempérées ; il y soutient la vigueur de l'action vitale sans altérer le foie et les organes digestifs, comme il le fait dans nos contrées.

Cependant la forte tendance des fluides à la surface, dans les pays situés entre les tropiques, ne permet pas aux viscères de devenir centre d'une fluctuation assez énergique pour le but de l'existence, sans le secours d'un très-haut degré de stimulant. Les habitans de ces régions ont un appétit instinctif pour les épices. L'excès de chaleur de l'atmosphère, qui se trouve beaucoup au-dessus de la température animale, agit sur la vitalité de la même manière que l'extrémité opposée dans les régions polaires, et la langueur habituelle qui prédomine dans les pays chauds, semble demander ou du moins tolérer l'emploi des liqueurs fortes très-délayées, et prises à petites doses, fréquemment répétées.

Les animaux en général ont besoin de prendre

de la nourriture à des intervalles proportionnés à l'activité de leurs fonctions. Les serpens et les quadrupèdes ovipares endurent la faim pendant un espace de temps inconcevable. Le *boa constrictor* apporté de l'Inde par lord Amherst, mangeait une seule fois en plusieurs semaines, et un ami de l'auteur a gardé quelques années un crapaud dans sa cave, qui ne paraissait pas avoir bougé de la place où il s'était posé d'abord, et qui probablement se nourrissait du petit nombre d'araignées et d'autres insectes qui se trouvaient passer à sa portée.

Une vie active demande une diète plus abondante et plus stimulante qu'une vie sédentaire; mais c'est une erreur de supposer que les effets des excès en ce genre sont annullés par de grands exercices corporels. Les chasseurs, par exemple, croient avoir la capacité de boire plus copieusement que leurs voisins plus casaniers; ils le peuvent en effet pendant un certain temps avec une impunité apparente; mais l'impulsion trop violente donnée à la constitution par ces alternatives de travail forcé, et de réplétion excessive, usent l'économie, et l'on voit rarement les personnes qui se livrent à de telles habitudes, pousser la vie très-loin sans infirmités.

L'homme ne peut être constamment soutenu avec moins d'un repas en vingt-quatre heures. Cependant on ne meurt pas subitement d'inanition. On a des exemples très-authentiques de personnes qui ont supporté des jeûnes de dix et quatorze jours sans

en périr. Les différences qui existent à cet égard
entre individus, doivent dépendre à un très-haut
degré de l'état de maigreur ou d'embonpoint dans
lequel on se trouvait au commencement de l'abstinence. On doit aussi attribuer une partie de la différence aux particularités de la constitution; car la
mort est plutôt le résultat du défaut de stimulant,
que du manque de matière nutritive dans le système,
pour entretenir l'action vitale.

Les livres de médecine et de physiologie sont
remplis d'histoires d'abstinences long-temps prolongées. Haller cite des personnes qui ont passé des
mois et même des années sans manger : peut-être
a-t-il prouvé par ces récits l'étendue de son érudition, plutôt que la solidité de son jugement. La plupart de ces histoires peuvent être révoquées en doute,
comme des productions de cette crédulité, de cet
amour du merveilleux, qui suivent toujours l'ignorance et la superstition; car elles abondent surtout
dans les anciens auteurs. Mais le plus grand nombre
doit être attribué à la fausseté des narrateurs, ou
bien à une scandaleuse tromperie dans les sujets
eux-mêmes.

La jeûneuse de Tutbury est de cette dernière
classe. Cette femme, après avoir attiré l'attention
de toute l'Angleterre par un prétendu jeûne de
plusieurs mois, fut à la fin convaincue d'imposture.
Comme elle avait eu l'art d'éluder la surveillance
dans les premiers instans, elle avait été ensuite visi-

tée par tous les amis du merveilleux, qui accouraient en foule pour la voir ; et le prétexte d'être au-dessus des besoins physiques lui procurait d'amples moyens de les satisfaire. Cependant le scepticisme raisonnable d'un homme éclairé (1), provoqua une seconde épreuve plus rigide que la première, et la tromperie fut découverte par l'épuisement où tomba la malheureuse créature le dixième jour de l'expérience (2).

Dans l'état présent de la science physiologique, il est impossible de déterminer jusqu'à quel point on peut ajouter foi à des aventures si surprenantes. L'analogie des animaux sujets à l'hibernation semble

----

(1) Si l'auteur a été bien informé, c'est par les soins de son ami M. Lawrence, l'un de nos physiologistes les plus entreprenans, et distingué parmi les chirurgiens les plus habiles et les plus éclairés, qu'on a découvert cette imposture.

(2) Ève Fleigen, Hollandaise, a pu servir de modèle à notre jeûneuse. Cette femme était parvenue à faire croire qu'elle avait passé quatorze ans (de 1597 à 1611) sans prendre d'autre nourriture que le parfum des fleurs. Le pasteur et les magistrats de Meurs l'éprouvèrent pendant treize jours consécutifs, et ne s'aperçurent point de sa fraude. Son histoire a été traduite du hollandais en 1611. On lisait au-dessous de son portrait dans l'original, des vers latins dont voici le sens : « Cette fille de Meurs a vécu trente-six ans, dont elle a passé » quatorze sans prendre aucune espèce de nourriture; on la » voyait, pâle et mélancolique, assise au milieu d'un jardin, » bornant tous ses plaisirs à le contempler ». *Apologie ou Manifestation de la puissance et de la providence de Dieu*, par HACKWILL.

garantir la possibilité abstraite de semblables cas ; et
ce qui paraît fort singulier, c'est que d'après les observations de Haller, les personnes qui ont pratiqué
ces jeûnes extraordinaires étaient en général des
femmes affectées de maladies hystériques, léthar-
giques ou mentales, et chez lesquelles l'action du
cerveau était irrégulière, ou tout-à-fait dérangée.
Un autre fait important, c'est qu'on a toujours dit
que ces patiens ne se privaient pas de boire de l'eau;
et nous n'avons aucune raison d'affirmer que l'estomac humain soit absolument incapable de décomposer ce fluide, et d'en tirer quelques parties nutritives.

Parmi les substances introduites dans l'estomac
de l'homme, celles dont on use sous une forme
liquide, ne sont pas les plus indifférentes; d'abord
elles se rapportent moins directement avec les
appétits naturels, ensuite elles peuvent être extrêmement artificielles et compliquées dans leurs caractères respectifs. Si l'on considère simplement
le but de la dilution, l'eau doit être regardée
comme le breuvage universel; car elle sert de base
à toutes les compositions dont on se sert pour
apaiser la soif. Elle est rarement employée dans un
état de pureté parfaite, et il paraît qu'elle devient
plus saine quand elle est largement imprégnée d'air.
L'eau des puits contient souvent de petites parties
d'acide sulfurique, et très-peu de sel terreux.
D'autres fois elle contient de la chaux et du fer sus-

pendus par de l'acide carbonique ; mais elle ne cesse
pas d'être potable, et cela ne lui donne même pas
toujours des qualités médicinales. Ces légères imprégnations ne sont point malsaines, et ne causent
pas, comme on l'imagine vulgairement, la pierre et
la gravelle.

L'eau courante est ordinairement plus pure que
celle des puits, et sous ce rapport elle est plus insi-
pide. Cependant lorsqu'elle passe sur des terrains
marécageux, elle dissout les matières animales et
végétales putréfiées qui se trouvent sur le sol, et
devient alors une cause fréquente de diarrhée et de
dyssenterie (1).

La glace fondue et la neige produisent une eau extrêmement pure, mais qui ne contient pas d'air :
elle est par conséquent lourde et indigeste. On a
très-injustement attribué aux eaux de glaces et de
neiges, ces enflures scrophuleuses des glandes bron-

---

(1) L'eau de la Seine est remarquable par les effets violens
qu'elle produit sur les étrangers ; cependant Parmentier dit
qu'elle est plus pure même que l'eau de Bristol. D'après son
rapport, elle contient 5 grains seulement de matière étrangère sur une pinte, et cette matière consiste principalement
en sélénite, terre calcaire, et sels nitrique et commun. Mais
comme l'eau prise au-dessus ou au-dessous de Paris n'offre
aucune différence sensible, il est évident que les procédés chimiques ne peuvent faire découvrir la matière animale et végétale, quand elle est suspendue en très-petite quantité.

chiales auxquelles les habitans des vallées des Alpes sont sujets. Cette maladie est très-commune à Sumatra, où l'on n'a jamais vu de glace ni de neige, tandis qu'elle est tout-à-fait inconnue au Thibet, où les rivières sont exclusivement formées par la fonte des neiges des montagnes.

Les plus simples des liqueurs artificielles préparées pour l'usage de l'homme civilisé, sont les imprégnations des végétaux savoureux, qui apaisent la soif en stimulant doucement le gosier, et en opérant en même temps comme délayans. Les décoctions sucrées et farineuses satisfont et la soif et la faim. Les liqueurs fermentées contiennent aussi ordinairement un peu de sucre non décomposé, et possèdent conséquemment quelques qualités nutritives ; mais leur principale propriété est celle d'enivrer. La bière contient une infusion du principe amer et narcotique du houblon, qui contribue pour beaucoup aux maux qui résultent de son usage excessif. Il entre dans la bière nouvelle une grande portion de sucre et de fécule non décomposés, et le laps du temps convertit le tout en alcool ou en vinaigre. Dans la bière forte, la fermentation vineuse prédomine; la plus légère contient plutôt des acides acétiques ; mais presque toutes les bières anciennes sont âpres, parce qu'il entre du vinaigre dans leur composition. Sous ce rapport, cette boisson convient mal aux estomacs faibles dans lesquels l'acide est toujours présent par l'imperfection des fonctions digestives (1).

Le constant usage de la bière a été accusé d'engendrer la pierre. On prétend qu'il mourait de cette maladie plus de personnes éminentes il y a cent ou deux cents ans, qu'il n'en périt actuellement dans toutes les classes de la société par l'effet du même mal. Ce fait a été attribué à l'usage plus abondant qu'on faisait alors de cette boisson. Mais cette différence, si elle existe, serait peut-être mieux expliquée par les habitudes plus raisonnables et plus sobres des modernes à l'égard de toute espèce de liqueurs fermentées (2).

Les vins varient considérablement dans leur constitution. Le raisin mûrit plus complétement dans

---

(1) L'addition de quelques grains de carbonate de potasse corrige jusqu'à un certain point l'insalubrité et la saveur désagréable de la bière trop dure et trop aigre.

(2) Haller regarde la bière comme un préservatif de la pierre, et rapporte que, selon Cyprien, sur quatorze mille personnes mortes de cette maladie, aucune n'avait usé habituellement de cette boisson. La bière en bouteilles pourrait peut-être agir comme dissolvant sur quelques espèces de calculs, parce qu'elle contient de l'acide carbonique ; mais la bière aigre et rude, en nuisant au ton de l'estomac, peut être soupçonnée avec justice de contribuer à cette maladie. L'incertitude qui règne sur ce point n'est pas à l'avantage de la médecine et des médecins. « *Profecto eos ipsos qui se aliquid certi habere arbitrantur, addubitare coget doctissimorum hominum de maximâ re tanta dissensio.* »

Cicero, de Nat. Deorúm.

lés climats chauds, et les vins y sont doux, liquo-
reux et nourrissans. Mais les Espagnols et les Por-
tugais poussent la fermentation assez loin pour décomposer presque tout le sucre de leurs excellentes
grapes; et leurs vins sont principalement caractérisés par la force. Les vins du Rhin sont forts, mais
abondans en acides. Ceux de France tiennent le milieu entre les deux dernières espèces, et sont par
conséquent les plus sains. Les gouvernemens ne
consultent donc pas l'intérêt de la santé du peuple,
en mettant des impôts exorbitans sur ces vins, et
en rendant ainsi leur usage moins général; mais cet
inconvénient est encore un des moindres parmi
ceux qui résultent d'un état de guerre trop long-
temps continué, qui met toutes les considérations
physiques et morales au-dessous des objets du fisc,
et qui oblige à employer tous les moyens possibles
pour remplir les caisses publiques en épuisant la
bourse des particuliers.

Les esprits distillés, comme le dit très-bien Haller,
devraient plutôt être considérés comme des poisons que comme des breuvages; car ils sont presque
dépourvus du mélange aqueux, reconnu essentiel
pour constituer une boisson salubre. L'abus des
liqueurs de ce genre épuise la sensibilité de l'estomac, et (indépendamment de ces effets enivrans)
il produit une condensation de la substance de l'estomac et du foie, qui amène la désorganisation
finale de ces viscères. Sous le règne de Georges II,

on a calculé que les naissances annuelles étaient réduites de 20,000 à 14,000, par les conséquences du mal fait par ces liqueurs destructives sur la population.

Le thé et le café sont deux boissons stimulantes qui empêchent également le sommeil chez les personnes qui n'en font pas un usage habituel. Le café contient de la farine non brûlée, et il est à cause de cela légèrement nutritif; mais le thé est un pur stimulant; et ne devient nourrissant que par le sucre et le lait qui y sont ajoutés. On a fait des diatribes virulentes contre ces deux boissons; mais elles paraissent cependant avoir contribué à l'amélioration de la constitution, en diminuant le penchant à l'ivrognerie, plus qu'elles n'ont pu nuire en exaltant l'irritabilité de la fibre sensitive par leur vertu stimulante spécifique.

Différentes opinions ont été adoptées à l'égard de la quantité de nourriture nécessaire pour entretenir la vie. On estime à sept à huit livres par jour la quantité consommée ordinairement dans ce pays. Suivant Cheyne, la seule quantité convenable pour la santé est de quatre livres et demie; mais pour faire cette estimation avec certitude, il faudrait déterminer exactement les qualités nutritives des substances alimentaires qui ne sont point du tout égales. Cornaro subsistait avec vingt-six onces de nourriture par jour, de pain, d'œufs et de décoctions farineuses.

La quantité de boisson admet une plus grande

latitude ; car elle est réglée d'après l'action variée des organes sécrétans. La proportion du boire au manger a été différemment estimée. Sanctorius la mettait de dix à trois ; Cheyne, de deux à un ; et Cornaro ne prenait que quatorze onces de boisson sur douze de matière solide. Cependant les nombres ne sont pas applicables à ce sujet. On boit davantage dans les temps chauds ou secs, et beaucoup moins lorsque l'atmosphère est humide ou froide. Une grande quantité de fluide est consommée pendant l'exercice, et la diète stimulante en demande plus que la diète simple. On peut se permettre d'augmenter la dose de nourriture et de boisson nécessaire jusqu'à un point très-considérable sans danger imminent ; mais la sobriété, et même l'abstinence, sont beaucoup plus favorables au développement des facultés de l'esprit et du corps.

L'estomac chez les peuples civilisés est la grande source des maladies. On peut diviser à cet égard la masse du genre humain en deux classes, ceux qui n'ont pas assez, et ceux qui ont trop pour le soutien de leur existence. L'une et l'autre classe portent la peine du manque d'harmonie entre leurs circonstances et leurs besoins ; mais en évaluant leurs souffrances respectives, il faut toujours se rappeler que celles des riches sont volontaires. Même dans un état moyen, la plupart des gens *vivent trop bien*. Le péché de gourmandise comporte une certaine gravité décente, qui s'accorde à merveille avec l'hypocrisie obligée de quelques professions ; et ses jouissances fournissent des compensations pour d'autres plaisirs qu'on juge incompatibles avec une apparence vénérable. En général, *parcá quod satis est manu* peut être regardé comme la mesure de tous les appétits et de tous les besoins de l'humanité : la satiété morale ou physique est le tombeau des délices ; elle blase sur les jouissances présentes, et rend incertaines celles que promettrait l'avenir.

La nature des influences atmosphériques, autre cause principale d'excitation irrégulière, n'est pas encore bien entendue. Il a été suffisamment prouvé que la quantité d'oxigène est presque la même dans toutes les régions, dans une salle de spectacle remplie de monde, ou sur la cime des montagnes. Les affections qui résultent des impressions de l'air n'ont pas alors des relations immédiates avec la respiration. La constitution barométrique de l'atmosphère a une influence plus puissante ; mais il est très-difficile de séparer les effets produits sur l'existence animale par les variations dans l'élasticité de l'air, de ceux qui procèdent des changemens qui rendent l'atmosphère humide ou sèche. La pression barométrique de l'air environnant est nécessaire pour maintenir l'équilibre entre les solides et les fluides ; elle règle l'expansion des divers constituans aqueux et gazeux du corps, aussi-bien que celle des substances inorganiques analogues. La force de cette cause est manifestée par l'usage des ventouses qui produisent une accumulation des fluides à la place où leur application a raréfié artificiellement l'atmosphère.

Il est peu de personnes assez fortement constituées pour n'être pas affectées dans leurs sensations par ces changemens barométriques de l'atmosphère. Quand l'air a beaucoup perdu de son élasticité, le corps est privé d'une partie de sa force : la sérénité, l'hilarité d'esprit disparaissent ; une pesanteur générale, une oppression dans la poitrine, un léger mal de tête surviennent : ces effets sont plus marqués dans les constitutions sensibles et irritables. Un accroissement de l'élasticité de l'atmosphère produit, au contraire, une exaltation des facultés de réaction ; les pensées, les sensations, les actions, acquièrent plus d'intensité, les fonctions deviennent plus actives, et donnent à l'existence un charme indépendant et des circonstances et des motifs.

La permanence de l'humidité excessive dans l'atmosphère engendre la dilution correspondante des fluides, et le ralentissement de l'action des solides vivans, qui constitue le tempérament phlegmatique. La condition opposée mène à des résultats contraires dans le système animal. Il est cependant plus que probable que la plupart de ces effets dérivent de certains changemens chimiques, produits par les différens degrés d'humidité sur la surface de la terre, plutôt que de l'influence directe qu'ils ont sur la constitution animale.

Les passages subits de la sécheresse à l'humidité

exercent une influence délétère sur l'économie humaine ; mais leurs effets sont bien plus sensibles dans l'état de maladie que dans l'état de santé ; et ils dépendent peut-être principalement de variations de température occasionnées par la plus ou moins grande quantité d'évaporation.

Les effets de température sont plus marqués que ceux d'aucune autre affection de l'air environnant. Un climat tempéré et constant développe l'organisation et les facultés des animaux de la manière la plus heureuse. Dans les pays où la chaleur est excessive, le progrès de la vie est plus rapide ; elle s'épuise alors plus promptement. Les passions des habitans de ces contrées sont quelquefois passagères, mais toujours violentes (1) ; et le système musculaire n'étant pas développé en proportion du tissu sensitif, ne peut pas fournir à un exercice continu, et faire un contre-poids suffisant. Dans les climats très-froids, toute l'énergie vitale est employée à maintenir la température. Les forces se concentrent sur les fonctions nutritives, et les organes relatifs sont d'une suscep-

---

(1) « En Espagne, par exemple, l'amour est une véritable fièvre, un délire qui ne cesse souvent qu'avec la vie. Au commencement de ce siècle, dit l'abbé Richard (*Histoire de l'Air*), on connaissait dans ce pays une secte particulière de ces amoureux en titre, et par état, qui peut-être y subsiste encore. On les appelait *embevecidos* (enivrés d'amour), et il leur était permis d'étaler leurs transports publiquement. »

Coray, éd. d'Hippocrate.

tibilité modérée. Les passions n'ont pas beaucoup d'empire, l'organisation est développée plus tard, et les animaux sont d'une plus petite stature.

Les changemens de température violens et soudains produisent des maladies, parce qu'ils dérangent la balance des fonctions, surtout quand ils affectent seulement quelques parties du corps. Un courant d'air froid qui vient d'un trou de serrure ou d'une autre petite ouverture, en réduisant la température de la partie sur laquelle il tombe, en accroît assez la sensibilité, pour que le retour de la température habituelle la jette dans un état d'inflammation. C'est l'origine ordinaire des catarrhes et des rhumatismes.

Le froid appliqué aux pieds, spécialement celui qui est produit par l'évaporation de l'humidité, induit une affection sympathique des poumons (surtout chez les personnes qui ont ces organes faibles), et cela fait naître souvent des consomptions et d'autres maladies pulmonaires.

L'application habituelle d'une température très-élevée produit plusieurs des effets des climats chauds. Les femmes russes d'une condition élevée ont un développement d'organisation aussi précoce que celui des Asiatiques méridionales, en conséquence de leur abus des bains chauds, et de l'attention constante avec laquelle on combat les rigueurs de leur insupportable hiver. Ces mêmes excès, dans une latitude plus basse, débilitent le tissu de la peau et des poumons en épuisant sa vitalité, et ils rendent ainsi le sujet plus susceptible de prendre des rhumes, de souffrir de l'inclémence des saisons.

Le froid intense produit, comme nous l'avons déjà établi, la mortification, en épuisant l'énergie vitale ; ou bien il tue par la suspension de la sensibilité relative. La chaleur brûlante opère de la même manière ; mais lorsqu'elle vient de l'atmosphère, elle épuise également la sensibilité de tous les organes, et la victime périt tourmentée par la soif, et sensible à la douleur jusqu'à la fin de son existence.

L'influence du froid et de la chaleur, comme celle de toute autre application, est relative à l'état où se trouve le récipient. Dans une forte constitution une atmosphère froide produit un plus grand développement de vitalité, par la réaction du système. Le sang repoussé de la surface, s'accumule dans le centre, le cœur bat plus fortement et plus vite, et les organes nerveux prennent en même temps un accroissement d'énergie. Le sang se reporte ainsi à la surface, il agit sur la sensibilité accumulée de la peau, et fait éprouver une impression qui, lorsqu'elle est modérée, est extrêmement agréable. Cette condition, quand elle est maintenue par l'exercice et une diète suffisante, peut durer quelques heures, sans que le sujet se trouve épuisé par ses propres efforts.

Dans les tempéramens faibles, la réaction est si peu considérable, qu'on peut à peine la distinguer.

La première impression du froid est alors intolérable. Le sang en se retirant dans l'intérieur n'excite
point la réaction du cœur, et il occasionne un sentiment d'oppression par la distension des vaisseaux,
au-delà de leur pouvoir de résistance. Cette faiblesse
vasculaire prédispose aux angelures ; l'épuisement
de la surface étant poussé assez loin pour que la
moindre élévation de température excite l'inflammation, et même la mortification de la partie affectée.

La chaleur ou le froid extrêmes dans l'atmosphère,
sont également défavorables aux malades : leurs facultés embarrassées n'étant pas égales aux efforts
nécessaires pour conserver la température animale,
à son degré accoutumé. Dans nos climats, la chambre d'un malade doit rarement être chauffée au-
dessus du 60° degré du thermomètre de Farenheit.
Certaines maladies demandent d'autres arrangemens
à cet égard. L'égalité de température est essentielle
pour les affections pulmonaires, et la chaleur ne
doit jamais être au-dessous du 60° degré. Les fièvres
exigent une température constamment basse. Le préjugé en faveur d'un appartement bien chaud, dans
le cas des fièvres éruptives, commence à disparaître :
ses conséquences funestes sont reconnues spécialement sur les personnes affligées de la petite-vérole ;
et tous les bons médecins savent actuellement les
éviter. Mais à l'égard des rougeoles, on voit toujours
les personnes chargées de les soigner, se tourmenter
pour maintenir mal à propos, un air trop chaud

autour des patiens. Une autre erreur bien dangereuse qui a trop long-temps régné, est la croyance que les fous supportent le froid excessif sans danger. Ils sont, au contraire, plus sujets que d'autres à la mortification des extrémités.

Les philosophes ont très-long-temps et très-vivement disputé sur les effets du climat, sur le caractère national : plusieurs écrivains ont attribué tout à cette cause unique; et un plus grand nombre peut-être ont nié totalement son influence (1). L'opinion de Strabon (2), qui tient le milieu entre les deux extrêmes, est plus philosophique, et se rapproche davantage de la vérité; car dans la vie d'une créature dont l'existence est entièrement relative, chaque application constante doit produire sa modification définie.

La nature présente un cercle de causes et d'effets, qui rend les faits moraux et physiques dépendans les uns des autres : mais comme en général, les circonstances physiques par lesquelles l'homme est entouré, sont les premières causes de ses affections

---

(1) Hume, en Angleterre, et Helvétius, en France, sont les auteurs les plus éminens qui soutiennent les causes morales. Hippocrate et Montesquieu sont les autorités les plus imposantes pour la doctrine de l'influence physique.

(2) Τὰ πὲν φύσει ἐστι ἐπιχώρια, τὰ δὲ ἔθεσι καὶ ἀσχήσει.

« Plusieurs choses dérivent de la nature du climat; plusieurs des mœurs et des habitudes. »

STRABON , l. II.

morales, un certain degré de supériorité doit être accordé à leur agence dans l'estimation des cas particuliers. Les combinaisons physiques de la nature inorganique, doivent avoir précédé l'existence de l'animal, et conséquemment elles ont déterminé les premières particularités morales. C'est un fait hors de doute, qu'un sol et un climat stériles, jusqu'à un certain point, augmentent la vigueur de l'esprit et du corps (1).

La résistance que les objets extérieurs présentent aux actions des êtres organisés, est la source puissante de cet intérêt qui commande l'attention, qui stimule l'intelligence. On a ordinairement des idées fausses ou incomplètes sur les choses qui n'offrent aucune difficulté. Les obstacles à la volonté invitent à employer l'adresse et l'industrie pour suppléer à la force ; et ils obligent à prendre une connaissance plus exacte des propriétés des objets (2) : mais ces

---

(1)   Ἁδ πενία Διοφαντε, μόνα τας τεχνας ἐγείρει
        Ἀυτα τῶ μόχθοιο διδασκαλος. — THÉOCRITE.

« Le travail, enfant de la pauvreté, produit tous les arts. »

C'est dans ce sens qu'Hippocrate observait « que c'était principalement les changemens continuels qui excitaient les facultés mentales de l'homme, et ne lui permettaient pas de rester en repos. »

Ἀι μεταβόλαι ἐισι τῶν παντῶν ἁι τὲ ἐγείρουσι τὴν γνώμην τοῦ ἀνθρώπυ, καὶ ὐκ ἐῶσιν ἀτρεμίζειν.

(2) De là viennent la faiblesse et l'ignorance dans les gouvernemens despotiques, et l'énergie et l'activité qui règnent dans les états où les pouvoirs sont balancés.

motifs, en développant les facultés mentales, donnent naissance à plusieurs impulsions artificielles, et mettent en jeu une infinité de motifs moraux qui modifient leur influence primitive. Les arts et le commerce, nés de cette influence, occasionnent des altérations physiques, en créant tous les besoins artificiels, et ils effacent par degré les signes caractéristiques imprimés par la nature. Des maisons et des cités remplacent les forêts. Dans tous les lieux où les hommes se sont trouvés assez nombreux pour être stimulés au plus grand développement de leurs facultés intellectuelles, et par conséquent à l'établissement d'un gouvernement supportable, ils ont changé à un très-haut degré le caractère du sol et du climat; et ce changement a produit dans une étendue proportionnée une nouvelle modification d'eux-mêmes, qu'on pourrait appeler le *tempérament civilisé*.

Ainsi les circonstances physiques agissent sur l'homme, et l'homme réagit sur la nature, jusqu'à ce que les uns et les autres soient changés, et peut-être améliorés; mais l'agence morale est toujours dépendante, et proportionnée aux causes physiques dont elle dérive.

Dans les climats chauds, les besoins des animaux sont peu nombreux et très-aisément satisfaits. Les hommes ne sont excités à exercer toute leur intelligence que par la nécessité de combattre le froid, de ramasser des jouissances pour l'intérieur de leur habitation ; et les natifs des régions méridionales

peuvent se dispenser de semblables soins. Des habits, des matières propres à faire du feu, des maisons bien construites, sont pour eux des super-
fluités ; la nature fournit des occupations et des
délices à ceux mêmes qui vivent en plein air. La
nourriture est abondante et n'exige presque pas de
culture. Les peuples qui habitent ces climats sont
rarement disposés à des combinaisons profondes,
à des exercices suivis. Les impulsions qui les excitent
à penser et agir, tiennent presque toutes aux passions bouillantes qui les consument. L'amour, la
jalousie, la superstition, la colère, avec toutes leurs
conséquences, la haine, la vengeance, la guerre,
sont les premiers moteurs de la volonté, sous de telles
circonstances ; et quand ces passions cessent d'agir,
l'indolence, la paresse voluptueuse, font le charme
de l'existence. Peu sensibles aux intérêts de propriété
et de civilisation réelle, ces nations attachent peu
d'importance aux formes de gouvernemens, et se
soumettent facilement à la tyrannie, parce qu'elle
ne peut influencer beaucoup sur leurs plaisirs ou leur
bonheur.

Dans les régions froides, la nature a fait très-
peu pour l'homme ; c'est par un travail intelligent
et continu qu'il obtient de sa main avare une
subsistance restreinte et précaire. Pour mettre les
hommes en état de supporter un combat perpétuel
contre les élémens, les propriétés doivent être ac-
cumulées, les travaux doivent être conduits avec

ensemble et persévérance. La sécurité des premières, la liberté des seconds, sont donc essentielles à la prospérité de l'espèce, et les gouvernemens arbitraires inhumainement administrés, produiraient nécessairement un état de misère insupportable. Sous l'influence de besoins si impérieux, les relations sociales deviennent plus serrées et plus compliquées. Un plus haut degré d'intelligence devient en même temps nécessaire pour les diriger. Des codes de lois minutieux donnent lieu à des raffinemens encore plus subtils, en morale, en jurisprudence, en commerce, en statistique; et les sciences naturelles s'étendent par les expériences réitérées des artisans de tous genres. Toutes les connaissances enfin, étant en réalité des puissances, sont vivement recherchées pour suppléer à la faiblesse naturelle de l'animal, placé sur une terre stérile et sous un ciel rigoureux.

L'influence des circonstances physiques est généralement trop forte, pour être surmontée par les hommes; et toutes les fois qu'elle n'a pas produit son effet accoutumé, cela provenait de causes locales et temporaires (1).

____

(1) Tyr et Carthage sont les exemples les plus marquans d'états libres et commerçans dans les climats chauds. Alexandrie tenait son énergie mercantile de la Grèce et de Rome. Les magnifiques cités de l'Asie devaient leur existence à des conquérans qui, après avoir subjugué la contrée environnante,

En général, les habitans des contrées méridio-nales ont montré dans tous les temps leur caractère distinctif avec une constante uniformité ; et les peu-ples du nord ont également manifesté une tendance vers la liberté, le commerce et la culture des sciences. Une amélioration égale et universelle dans la condi-tion de l'espèce, sous toutes les latitudes, paraît donc d'une impossibilité physique. On peut même douter que des combinaisons de civilisations puis-sent jamais être permanentes dans aucun pays. L'Européen qui émigre dans l'Amérique méridio-nale éprouve dans son caractère un changement aussi frappant que celui qui a lieu dans sa com-plexion. Certaines particularités caractéristiques semblent, au contraire, constamment attachées au sol, et se manifestent après des siècles chez les ha-bitans d'une contrée, malgré les changemens que les émigrations et les conquêtes des nations loin-taines ont pu apporter aux usages généraux.

Ces observations deviennent plus frappantes, lorsqu'elles sont appliquées aux maladies qui nais-sent du climat et de l'exposition. Plus la terre est

---

avaient fondé des capitales, et stimulé l'industrie pour se procurer personnellement les jouissances du luxe. Ces com-binaisons étaient cependant contre nature ; et quand les causes qui les avaient produites ont été éloignées, ces peuples sont rentrés sous l'obéissance de leurs penchans physiques. Le caractère européen n'est maintenu dans nos colonies que par l'affluence continuelle de nouveaux colons.

inculte, plus ses habitans sont exposés à l'inclémence du temps, plus les influences des circonstances locales sont puissantes sur eux. Les remarques sur les différentes constitutions de l'atmosphère, et sur les diverses situations locales, dans leur rapport avec les maladies épidémiques, sont moins essentielles à recueillir à mesure que le progrès de la civilisation procure à tous les hommes un abri commode, et rend l'aspect général de la terre plus uniforme. L'opération de cette cause est bien évidente. Il existe dans les marais et les terrains incultes certaine exalaison vaporeuse produite par la décomposition animale et végétale, qui rend plusieurs cantons inhabitables dans les pays chauds, à cause des fièvres malignes et putrides qu'elle engendre (1). Dans les régions plus tempérées, ce poison est la source des fièvres intermittentes, des dyssenteries, des obstructions de viscères, des hydropisies, et il donne une sorte de tempérament incompatible avec une longue vie. Dans les lieux où la culture a réussi, cette vapeur délétère a été expulsée, et des pays autrefois très-malsains sont devenus le séjour de la santé et du bonheur (2).

____

(1) Voy. les Recherches philosophiques de Bancroft sur les contagions.

(2) C'est ce que nous avons vu de nos jours dans le comté de Berwick en Écosse, qui passait pour être extrêmement malsain depuis un temps immémorial. Le *mal aria*, en Italie, prédo-

Des habits chauds, un bon feu, une nourriture abondante, ces récompenses de l'énergie sociale, contribuent matériellement à diminuer l'influence des causes atmosphériques; et les nouvelles formes de maladies introduites par les productions des arts et les habitudes de la civilisation ont peut-être modifié leur opération d'une manière plus efficace.

Ces nouveaux dérangemens, en fixant l'attention des médecins, leur ont fait négliger les circonstances générales des contrées, pour étudier les causes particulières des maladies. Cependant, en dépit de tous les efforts des hommes, l'empreinte de la nature se reconnaît encore dans les infirmités qui caractérisent chaque pays, et dont l'art ne peut jamais triompher complétement. Les climats divers offrent non-seulement des maladies qui leur sont propres, mais certains tempéramens qui dominent

---

mine, dit-on, dans les endroits où la terre est cultivée. Mais il y a là une erreur de mot. Un léger degré de culture dans un climat fertile suffit pour procurer au laboureur une récolte suffisante; et peut-être l'humidité même du sol est-elle un motif d'abondance. Mais la culture qu'exigent nos terrains est un labourage complet, un travail suivi qui ne peut être entrepris que dans un pays où l'industrie est protégée et ses produits assurés par un bon système de gouvernement. Le difficulté qu'on trouve à détruire le *mal aria* en Italie prouve évidemment qu'une constitution libre est absolument nécessaire pour donner aux hommes cet empire sur les élémens, qui est presque toujours essentiel à leur bien-être.

dans chacun, et qui modifient et les méthodes curatives, et les aphorismes d'après lesquels la médecine est pratiquée (1).

Outre les propriétés sensibles de l'atmosphère, on pourrait supposer, d'après ses effets sur la santé, qu'il en possède quelquefois d'autres, qui ont jusqu'ici échappé aux recherches.

L'influence des miasmes marécageux, et de certaines expositions sur la constitution, a été observée long-temps avant que ces effets aient pu être rapportés à leurs véritables causes. Les conséquences de ces causes devaient donc alors être référées à des qualités occultes qui engendraient immédiatement les maladies endémiques. Une analogie très-spécieuse permet d'étendre ce raisonnement aux épidémies amenées par le retour d'une saison, et qui tombent sur la majorité des individus dans certains cantons. Les rêveries de l'astrologie judiciaire se sont mêlées à ces notions générales, et l'on a cherché la cause des maladies épidémiques dans le mauvais aspect des astres : c'était, selon les formules ordinaires *si souvent et si heureusement* employées, expliquer *l'inconnu par l'incompréhensible.*

______

(1) Οὐ γὰρ πάντες τόποι τὰ αὐτὰ φέρουσι βοηθήματα, διὰ τὸ μὴ πάντα τὰ περὶ ἔχοντα ἐξ ἀέρος ὅμοια εἶνι.

Ἱπποκρ. Ἐπιστολαι.

« Tous les lieux n'admettent pas l'application des mêmes remèdes, parce qu'ils n'ont pas la même constitution atmosphérique. »

Plusieurs épidémies, anciennement attribuées à ces puissances mystérieuses, la peste, la petite-vérole, etc. etc., ont été référées quand on a commencé à prendre des connaissances réelles à l'opération de poisons morbides distincts, solubles dans l'atmosphère, et capables d'engendrer des maladies par leur contact avec le corps sous des conditions particulières à chaque virus spécifique.

La découverte de ces poisons morbides (comme on les appelle), jointe à la répugnance que l'esprit philosophique éprouve à expliquer par des causes occultes les phénomènes naturels, ont contribué matériellement à discréditer les doctrines de constitutions atmosphériques, indépendantes des propriétés reconnues et sensibles des fluides qui nous environnent. Mais il est douteux que cette nouvelle manière de voir, quoique très-philosophique, n'ait pas conduit à multiplier les espèces de contagions sur la plus légère évidence, et fait attribuer à l'agence de ces poisons des épidémies qui dépendent en effet d'autres causes plus générales. Au reste, ce point n'est pas facile à éclaircir; et comme il renferme dans ses conséquences des réglemens de police qui affectent les habitudes domestiques et journalières, les passions doivent nécessairement se mêler dans sa discussion. Les témoignages les plus opposés, les plus contradictoires, ont été donnés sur ce point par les autorités médicales les plus imposantes; la question est bien loin d'être décidée; mais le moment actuel n'est pas

favorable pour entrer bien avant dans ces recherches.

Il paraît, d'après les précédentes observations,
que l'atmosphère est capable de nuire à la santé,
principalement par les substances qu'elle peut tenir
en dissolution. Ces substances sont le calorique,
l'eau, les miasmes infects des marais, et les exhalaisons échappées des corps et des vêtemens des personnes affligées de maladies contagieuses.

Dans un petit nombre de cas, l'air peut tenir sus-
pendus certains poisons minéraux, et causer ainsi
des maladies. Le mercure et l'arsenic, mis en contact par ce moyen avec le corps, attaquent la constitution des ouvriers qui travaillent dans les manufactures où ces métaux sont employés.

Les maladies ont autant de passages par où
elles peuvent pénétrer dans l'économie, qu'il existe
de surfaces susceptibles d'être stimulées ; mais les
mêmes substances n'agissent pas également sur tous
les tissus.

Les odeurs des fleurs, quand elles sont fortes et
concentrées, produisent des évanouissemens chez
les personnes irritables par leur impression sur les
nerfs olfactiques ; mais elles seraient innocentes, si
on les appliquait à d'autres parties du corps. L'huile
d'amandes amères, si promptement fatale quand
on la met en contact avec une membrane muqueuse,
n'a aucun effet sensible, appliquée immédiatement
sur le cerveau. L'extrait vénéneux, appelé *worrara*,

ne détruit la vie que lorsqu'il a passé dans le sang, tandis que l'huile de tabac à une influence délétère dans la circulation et sur les membranes muqueuses. De même le virus de vaccine agit seulement sur la peau dont l'épiderme est enlevée ; et le poison variolique excite la maladie qui lui est propre par son contact avec les membranes muqueuses, soit en substance, soit dissout dans l'atmosphère. La matière contagieuse de la peste infecte par le plus léger contact.

Il paraîtrait d'après ces différences, que certaines substances délétères agissent exclusivement sur la vitalité des membranes muqueuses, et que d'autres ne peuvent affecter le système que lorsqu'elles passent dans la circulation où elles opèrent, soit en altérant la constitution des fluides, soit (comme il est plus probable) par leur influence sur la sensibilité des capillaires. Parmi ces dernières, il en est quelques-unes qui, par leur virulence plus active et plus subtile, pénètrent à travers l'épiderme jusqu'aux absorbans de la peau, et passent de là dans le sang ; quelques autres moins énergiques ou moins atténuées, sont incapables de franchir cette barrière, et ne font leur effet que quand elles sont mises en contact avec des surfaces blessées. Les poisons qui entrent dans le système par la peau, peuvent être arrêtés dans leurs progrès par une prompte excision de la partie affectée, avant que les vaisseaux absorbans aient eu le temps d'entraîner le virus hors de la place où il avait d'abord été déposé ; cette manière de procéder est le moyen généralement adopté pour prévenir l'hydrophobie.

Le passage de quelques poisons morbides dans la circulation est marqué par l'inflammation des vaisseaux absorbans qui les conduisent ; et une maladie locale précède alors l'affection constitutionnelle. Cependant on peut dire en général que la susceptibilité des tissus divers pour les impressions morbides, est proportionnée à l'activité de leurs fonctions ordinaires.

Pour développer les différentes causes des maladies, on a choisi les exemples dans les substances vénéneuses, parce que leurs effets sont plus sensibles et plus évidens ; mais l'influence de toute cause morbifique est du même genre ; elle consiste essentiellement dans une altération des forces sensitives du tissu sur lequel elle agit. La manière dont les maladies commencent et les motifs qui les déterminent, peuvent être généralement reconnus ; mais les causes de chaque changement spécifique ne sont pas aussi aisées à expliquer. Plusieurs dérangemens sont attribués par les médecins à une grande variété de causes ; ce qui prouve que l'agent réel n'a pas encore été découvert. L'on a prétendu aussi que certains maux naissent spontanément dans l'économie. Cette façon de s'exprimer est très-bien inventée pour cacher l'ignorance de celui qui l'emploie ; mais elle est en pleine contradiction avec cette maxime fondamentale, *point d'effet sans cause.*

L'excitation morbide, comme toute autre consé·
quence de stimulation, varie avec la condition du
récipient. Si un organe se trouve relativement faible,
il sera plus susceptible qu'une autre partie, de souffrir par les causes générales. La balance des fonctions qui penchent du côté de différens organes dans
les époques successives de la vie, produit aussi une
tendance à certaines maladies, pendant chacune de
ces diverses périodes.

Le système artériel prédomine jusqu'au milieu
de la vie. Les jeunes gens sont donc particulièrement sujets aux maladies inflammatoires. Dans la
première enfance, la force de la circulation est dirigée vers la tête et les extrémités supérieures ; ce
fait est prouvé par le développement imparfait des
cuisses et des jambes avant la naissance. Les convulsions, l'épilepsie, la danse de Saint-Gui, et cette
fatale maladie, l'hydrocéphalie, sont conséquemment des affections fréquentes chez les enfans et les
adolescens. A l'époque de la puberté, la balance
de l'action artérielle incline vers les viscères thora-
ciques, et les inflammations des poumons, les consomptions pulmonaires sont les maladies qui dominent alors. Il n'est pas rare à cet égard d'avoir des
crachemens de sang qui tiennent la place des saigne-
mens de nez, si communs dans les enfans pléthu-
riques. La force artérielle décline à mesure qu'on
avance dans la vie, et la pléthore se fait sentir principalement du côté des veines. C'est pour cela que

le foie, dont l'action est soutenue par le sang veineux, devient particulièrement susceptible de dérangement. Chez quelques personnes cependant, l'énergie acquise par le système veineux est plus immédiatement ressentie dans les vaisseaux de la tête, ce qui produit des léthargies, des apoplexies, des paralysies, etc., etc. (1).

Dans la jeunesse, l'intensité générale de l'énergie vitale occasionne une réaction plus violente contre les stimulans morbides, elle est manifestée par le caractère aigu des maladies dominantes. Les vers et les matières âcres dans les premières voies, causent la fièvre et les convulsions dans les enfans, tandis que chez les personnes faites, les mêmes choses ne produisent que de légères incommodités : on doit attribuer à cette cause la plus grande mortalité de la coqueluche, de la rougeole et de la petite-vérole, en proportion de la jeunesse des sujets qu'elles attaquent ; ainsi que l'irritation intense et le danger imminent qui accompagnent la pousse des premières dents : ce procédé occasionne fréquemment des convulsions et des dérangemens dans les fonctions du canal intestinal ; accidens qui n'accompagnent jamais l'apparence des dents, qui percent à une époque de l'existence plus avancée.

---

(1) C'est en diminuant cette pléthore veineuse, que le flux hémorrhoïdal, soit naturel, soit artificiellement excité, devient très-utile pour la santé des personnes âgées.

Les maladies locales produites par des excitations déterminées, sont de même proportionnées à la vitalité de l'organe sur lequel le stimulant opère. L'inflammation des parties qui abondent en substance cellulaire, se termine ordinairement par un abcès, et quand les membranes muqueuses sont affectées de cette manière, leur sécrétion particulière se convertit en une substance qui diffère peu du pus que les abcès contiennent. L'inflammation des membranes séreuses détermine une effusion de lymphe coagulée, qui forme un centre dans lequel de nouveaux vaisseaux sanguins se forment très-rapidement, unissent les organes contigus, et empêchent leurs fonctions.

L'inflammation glandulaire est sujette à se terminer par l'endurcissement des substances de la partie, ou par un changement total de son organisation et de ses fonctions. C'est ainsi que des coups deviennent souvent des causes de cancer. Dans les parties où la vitalité est moins développée, l'inflammation, quand elle est excessive, finit par la mort du tissu affecté, qui est ensuite séparé des parties saines par l'énergie vivante des absorbans environnans. Ce procédé, qui est long et pénible, est nommé dans les os exfoliation.

Les organes fibreux qui n'abondent pas en substances cellulaires suppurent très-rarement. Ils ne supportent guère l'inflammation, et sont plus aisément conduits à la mortification. La goutte et les rhuma-

tismes cependant, qui sont des affections inflammatoires de ces organes, se résolvent elles-mêmes sans
détruire la vie, par la déposition de matières cal-
caires, qui, lorsqu'elle est excessive, empêche les
fonctions des jointures, et cause des infirmités permanentes. Une inflammation aiguë ne peut avoir
lieu dans un des grands viscères, sans produire cette
affection générale du système circulant, qui constitue la fièvre. Dans ces sortes de cas, la cure de la
maladie locale résout en même temps l'affection
constitutionnelle. Mais quand la fièvre vient de
causes générales, il faut la combattre en attaquant
les symptômes.

L'action maladive d'un organe excite souvent dans
un autre organe une maladie sympathique. Un œil,
un poumon, un rein, peuvent ainsi porter l'organe
correspondant à une action inflammatoire: Quelquefois même, quand la maladie disparaît dans une
partie, elle reparaît dans une autre dont le tissu n'est
pas toujours semblable. De cette manière, dans l'affection des glandes parotides, vulgairement appelées
oreillons, les seins enflent très-souvent, et s'enflam-
ment à mesure que la maladie primitive commence
à céder. Les affections secondaires de la tête et de
l'estomac, dans les accès de goutte et de rhumatisme,
sont d'une effrayante notoriété.

Il existe d'autre part des maladies incompatibles
les unes avec les autres. L'éruption de la petite-vérole, et celle de la rougeole, ne procèdent jamais

simultanément chez les mêmes personnes, et certaines éruptions chroniques empêchent l'effet de l'inoculation de la vaccine.

Comme les maladies naissent d'une stimulation irrégulière, elles se guérissent par des applications qui en contrebalancent les conséquences. La puissance de l'art médical n'a jamais été, comme nous l'avons déjà observé, bien exactement appréciée. Beaucoup de gens sont disposés à traiter la médecine de vaine rêverie, et un plus grand nombre penche vers une confiance illimitée et presque religieuse. Le médecin philosophe devrait peut-être considérer la science par rapport à ce qu'elle peut devenir, plutôt que d'après ce qu'il sent qu'elle est actuellement.

Il est impossible qu'une action maladive subsiste long-temps dans un organe quelconque, sans induire une structure morbide; et comme aucun organe n'existe dans une parfaite indépendance, la maladie doit s'étendre bientôt aux parties liées d'action avec le premier siége du mal. Dans le système nutritif spécialement, l'harmonie de fonction est si délicate, que de proche en proche toute l'économie se trouve dérangée par une affection permanente de quelques-uns des viscères les plus importans. Ainsi l'obstruction et la condensation du foie troublent les fonctions digestives, et produisent l'émaciation, et l'hydropisie générale ou abdominale. Quand une maladie a long-temps subsisté, ces symptômes de-

viennent donc toujours plus compliqués et plus in-
certains, et sa cure plus laborieuse. Le temps est
conséquemment un des élémens les plus importans
dans le traitement des maladies, et il opère comme
une des causes principales du petit nombre de succès
qu'on peut attendre dans la pratique de la médecine.
Toutes les fois que l'action morbide est d'une espèce
aiguë et violente, l'importance de ce point est très-
aisée à reconnaître. L'inflammation dans un organe
vital, par exemple, produit rapidement des changemens dans sa structure, qui sont incompatibles
avec ses fonctions. Avant qu'ils aient pu se faire, une
déplétion portée très-vite au point qui peut contrebalancer la cause stimulante, peut soulager le mal
avec autant d'efficacité que s'il existait dans un organe moins essentiel ; mais quand le changement
de structure est déjà effectué, le pouvoir de l'art
est presque sans force, et le médecin n'est plus qu'un
spectateur inquiet, mais impuissant contre les ra-
vages de la maladie.

Quelques stimulans morbides sont tellement disproportionnés avec la force intérieure de résistance,
qu'ils dérangent subitement les actions vitales, de
manière à ne laisser aucun moyen de retour aux
fonctions saines. Tels sont la matière contagieuse de
la peste et quelques poisons végétaux, minéraux et
animaux. La médecine n'a évidemment aucun pouvoir sur des causes semblables.

Une autre classe de maladies, qui éludera toujours

les efforts des médecins, contient celles qui dérivent
de stimulans plutôt réitérés que violens. Elles naissent le plus souvent d'habitudes vicieuses ou de
l'indulgence pour quelque penchant favori. Le
choc produit par chaque répétition de l'impression
nuisible, est trop léger pour admettre une réaction
des solides capables de causer de la douleur, ou
d'embarrasser les fonctions importantes. Le patient
ne s'aperçoit qu'il est réellement malade, que lorsque toute la machine est complétement détraquée,
ou que le ravage s'est étendu à quelque organe principal.

De bons principes sur la médecine doivent nécessairement être fondés sur une connaissance profonde
des lois qui gouvernent les fonctions dans l'état de
santé ; mais il est facile de sentir, d'après les idées
que nous avons essayé de développer dans cet ouvrage, combien nous sommes éloignés d'un parfait
système physiologique. La science médicale est encore en grande partie empirique ; elle se fonde sur
des collections de faits observés, sur des découvertes
heureuses, peut-être aussi sur des indications instinctives (1).

Il est très-peu, et même point, de bonne méthode
curative, qui repose exclusivement sur des argumens

---

(1) L'usage des boissons rafraîchissantes dans les fièvres
(la diète aqueuse des Italiens) est une indication curative
fondée uniquement sur l'instinct.

faits d'avance, et tirés des analogies scientifiques et philosophiques Le traitement des fièvres par la *déplétion*, employé généralement dans le moment actuel, est strictement empirique. Il a été pratiqué chez les anciens par l'école d'Hippocrate, puis il a été abandonné pour suivre les savantes rêveries des théoristes. Sydenham, à la renaissance des sciences, a rappelé l'attention sur ce traitement ; et après plusieurs révolutions d'opinions, il est encore tombé dans le discrédit par les spéculations de Cullen et de son antagoniste Brown. L'autorité d'Hamilton, de Currie et d'autres novateurs l'ont rétabli dans son ancienne prééminence ; et nous devons espérer qu'il ne sera jamais négligé, à moins que ce ne soit d'après un progrès réel dans les connaissances positives.

Le point de vue le plus consolant sous lequel on peut regarder la puissance médicale, est celui qui nous montre que les maladies produites par des causes physiques et générales, auxquelles, par conséquent, la nature humaine est inévitablement assujettie, sont les plus susceptibles d'être conjurées par la médecine. Les maladies aiguës et inflammatoires qu'on soulage par la déplétion, ou en apaisant le feu allumé par une stimulation excessive, sont rarement obstinées, quand elles sont bien attaquées dans leurs commencemens, avant qu'elles aient eu le temps de nuire aux tissus nerveux par leur première violence. Les maladies les plus tenaces ; la goutte, les rhumatismes, celles des maladies nerveuses qui ne dépendent point de causes organiques, et la classe entière des maladies chroniques, sont les produits du luxe dans certains individus, et chez quelques autres, d'un travail forcé, joint à des habitudes contre nature, qui se rattachent à l'existence des sociétés compliquées. On peut espérer d'heureux changemens à cet égard, des progrès des lumières. La civilisation, dans le sens véritable du mot, est à peine commencée. La morale et la politique sont encore dans l'enfance; on entrevoit seulement à présent les améliorations que l'invention de l'imprimerie doit apporter dans notre espèce. L'opinion publique s'éclaire tous les jours sur les vrais intérêts de l'humanité, et la fausse religion, la fausse morale, la fausse politique, perdent tous les jours quelques-uns des vieux préjugés qui les soutenaient dans l'esprit des hommes.

Un meilleur ordre de société naîtra sans doute, et l'on reviendra aux jouissances simples et pures auxquelles la nature nous a destinés. On ne peut espérer que les passions de l'homme cessent de l'égarer, de l'entraîner souvent hors des bornes de la raison; mais elles pourront être mieux dirigées; les relations des choses avec notre organisation seront enfin mieux entendues, et les leçons de l'expérience ne continueront pas d'être perdues comme elles l'ont été jusqu'ici pour le bien-être de l'humanité.

En estimant la valeur de l'art médical, il faut encore séparer ce qui est accidentel dans les maladies de ce qui tient essentiellement à la constitution humaine. Une durée infinie n'est pas l'attribut des combinaisons naturelles, et le plus parfait système de médecine ne pourrait empêcher l'homme d'être sujet à la mort. Les chemins qui conduisent à la dissolution sont nombreux et variés, l'animal n'étant pas une existence simple, mais un composé de différens organes dont chacun peut avoir été défectueux dès son origine. Tous les germes produits par la nature ne reçoivent pas leur plein développement; et des causes sur lesquelles l'homme n'a aucun empire, doivent conduire quelques sujets à une vieillesse prématurée, et les entraîner dans la tombe avant qu'ils aient fourni la moitié de leur carrière. La médecine ne peut être taxée d'insuffisance en pareil cas. Dans nos opérations les plus extensives sur la nature, nous obéissons toujours à ses lois, et notre rôle est toujours secondaire et subordonné. Il est vrai que les limites de la puissance humaine sont indéfinies, et qu'il est impossible de séparer les maladies tout-à-fait incurables de celles qui laissent encore quelques espérances. Mais c'est assez pour la dignité de la science médicale, qu'elle soit de niveau avec l'état des connaissances de son temps; et dans toutes les conditions de la société, elle mérite d'être honorée, pourvu que ceux qui la professent, poussés par l'avarice ou la vanité, ne s'adressent pas à la crédulité plutôt qu'à la raison de leurs patiens.

Sous le point de vue le plus général, les remèdes

opèrent soit en déduisant de la somme totale des forces vitales de toute la machine, ou d'un organe particulier, pour combattre l'action maladive ; soit en excitant la sensibilité de manière à réparer l'épuisement de l'énergie vitale. Dans quelques cas assez rares, les remèdes sont appliqués pour favoriser l'action morbide elle-même, quand on sait par expérience qu'elle est de nature à se terminer par le retour à la santé.

Les surfaces qui fournissent le passage le plus facile aux impressions maladives, sont aussi les plus susceptibles de stimulations médicales. C'est à la peau et aux membranes muqueuses, que les remèdes sont principalement appliqués. L'estomac et les intestins sont en effet si universellement liés avec le reste de l'économie, par leurs énergies sympathiques, qu'il est peu de maladies qui ne soient influencées par des altérations dans les fonctions de ces organes.

Quand l'action vasculaire est excessive, le meilleur moyen de diminuer son intensité, est la saignée ; les fluides circulans étant à la fois la grande source de l'énergie vitale, et les stimulans du système vasculaire. Plus le sang est extrait rapidement, plus le remède est efficace : quand il coule librement d'une veine, la tension organique baisse sensiblement dans le cerveau et le système nerveux ; et dans cet intervalle d'inaction, la maladie est très-souvent arrêtée, et le retour à la santé immédiatement commencé.

Les remèdes qui activent les fonctions des intestins abattent l'irritation fébrile, d'abord en entraînant les sécrétions naturelles qui, se trouvant altérées par la maladie, sont en elles-mêmes une source de désordre; ensuite en diminuant la masse des fluides circulans, en quoi elles coopèrent avec la saignée; et enfin en jetant les organes abdominaux dans une action exaltée, en les rendant centres de fluxion, et en ralentissant ainsi l'excitation cérébrale qui réagit si puissamment sur le cœur et les artères.

Les applications faites à la peau sont singulièrement efficaces pour régler les fonctions intérieures; quand la chaleur est trop rapidement engendrée par l'action fébrile des capillaires, des effusions d'eau froide sur tout le corps, rétablissent l'équilibre, et très-souvent elles arrêtent subitement la maladie. Quand des organes très-enfoncés dans l'intérieur du corps sont les siéges du mal, les bains chauds et les applications de vapeurs générales ou particlles, par le moyen des fomentations, peuvent exciter la transpiration de l'organe malade, et abattre la fièvre.

Les applications chaudes et froides peuvent être (1) employées d'une manière locale; les unes pour établir une action fluxionnelle temporaire, les autres pour réprimer l'action vasculaire dans le siége immé-

---

(1) Les applications à la surface peuvent être actuellement ou potentiellement froides ou chaudes. Les remèdes stimulans portent la chaleur à la peau; les drogues astringentes et sédatives produisent du froid.

diat de la maladie. On emploie très-avantageusement
pour cet effet la glace ou l'eau au degré de glace.

Les vésicatoires doivent être appliqués d'après les
mêmes principes : comme ils provoquent la peau
dans une action inflammatoire, ils font souvent
cesser le mal dans les parties intérieures.

Une classe nombreuse de drogues opèrent sur la
peau par le moyen de sa sympathie avec l'estomac.
Toute médecine nauséabonde relâche les exhalans
de la surface, et procure une copieuse transpiration :
cet effet diminue sensiblement l'action fébrile, et
l'on pourrait en faire usage dans tous les cas où les
précédens remèdes seraient contrariés par des circonstances particulières. Ces sortes de médecines
agissent également sur les membranes muqueuses
des poumons et des reins, et sont employées toutes
les fois qu'il est utile de provoquer l'expectoration
ou des urines plus abondantes.

L'usage des stimulans diffusibles est borné aux
cas dans lesquels l'énergie vitale n'est pas suffisante
pour supporter l'excitation morbide. Leur application répétée par l'action qu'elle exerce sur le tissu
cérébral, peut soutenir la vie et fournir des forces
pour combattre le mal jusqu'à ce qu'un changement
favorable rétablisse l'équilibre dans les fonctions.
Les vésicatoires appliqués successivement à différentes parties de la surface, sont un des moyens les
plus efficaces de remplir cette indication.

Les remèdes compris sous le nom de toniques,

sont d'un effet équivoque pendant la force du mal ; mais leur utilité est très-marquée dans la convalescence. Leur action sur les tissus vivans est totalement inconnue.

Sans entrer dans plus de détails sur la science médicale (ce qui menerait seulement à « ces demi-connaissances » si dangereuses), nous dirons, en général, que les remèdes ne sont pas appliqués aux maladies, mais aux fonctions. Les maladies en effet ne sont que des *êtres de raison* inventés pour la commodité de la classification, et consistent en groupes de symptômes qui se rencontrent le plus souvent réunis, mais qui, en point de fait, ne sont jamais précisément semblables. Si le terme *maladie* a un prototype réel dans la nature, c'est quand chaque symptôme est considéré comme une maladie distincte. Les remèdes sont donc appropriés seulement aux différentes combinaisons qui figurent dans les systèmes de nosologie, en ce qu'ils sont calculés pour agir sur les fonctions, dont l'action excessive ou insuffisante a l'influence la plus marquée sur les phénomènes. Le même remède ne peut donc pas être efficace à toutes les époques d'une maladie, et l'on ne peut pas non plus l'appliquer à tous les individus. Il n'existe point de spécifiques dans le sens véritable du mot ; et celui qui emploie ces sortes de médicamens court le double risque de se tromper à l'égard de la maladie, ou des rapports de la drogue, avec les circonstances particulières du malade.

La réputation de cette classe de remèdes est fondée en partie sur le grand nombre de maladies qui ne sont point fatales en elles-mêmes, et qui peuvent guérir malgré l'emploi de médicamens inertes ou mal appliqués ; elle repose aussi sur la multitude de maladies pour lesquelles il n'est aucun moyen de guérison connu. Un homme qui se noie s'attache au plus faible roseau, et dans les souffrances prolongées des maladies organiques, il est naturel d'essayer de toutes les recettes, de se croire un instant soulagé à chaque application nouvelle. Les recommandations des commères donnent aussi une grande célébrité aux drogues empiriques. L'oisiveté et la sottise cherchent volontiers des sujets d'occupations, et des moyens de se donner de l'importance, en s'immisçant dans le traitement des maladies. Les avis sont donnés, l'obéissance est exigée avec une présomption et une intolérance proportionnées à l'ignorance de semblables conseillers. La mode aussi, ce tyran des opinions et des usages, qui ne trouve pas les plis d'un ruban un sujet trop futile, ni l'établissement d'une religion un objet trop vaste pour attirer son attention, étend son empire despotique sur les préjugés nombreux qui se rapportent à la médecine. Les miracles ne manquent jamais pour sanctifier chacun de ses caprices, et ces prodiges, comme ceux des fausses religions, fournissent des témoignages suffisans pour les gens disposés à *croire* ; mais assez équivoques pour justifier, quand l'enthousiasme est abattu, le mépris des adorateurs d'une nouvelle idole.

L'influence de l'imagination dans la cure des maladies, a dû contribuer beaucoup aux fausses idées qu'on s'est faites sur les prétendus spécifiques. Il est bien connu que tout ce qui excite un vif sentiment d'horreur et de dégoût, peut, en faisant une forte impression sur le système, rompre la chaîne des actions, et produire une révolution dans toute l'économie. Des fièvres intermittentes, qui avaient résisté à tous les agens physiques, ont été quelquefois arrêtées en avalant des araignées vivantes. Les charmes et les amulettes agissent de la même manière sur les personnes qui ont la faiblesse de croire que de tels objets sont liés avec des puissances mystérieuses. L'épilepsie, que ses symptômes effrayans avaient fait regarder par les anciens comme une punition du ciel, avait été ainsi placée dans le domaine de la superstition. Les moyens religieux ou magiques ont été employés dans tous les temps pour la cure de ce mal, et par une coïncidence singulière, ces moyens se trouvent justement ceux qui sont les plus propres à guérir les maux qui ne dépendent point de dérangemens organiques. L'épilepsie et d'autres maladies convulsives se prennent très-souvent par imitation, et peuvent en conséquence être guéries par des impressions mentales. L'influence de l'imagination s'étend aussi sur le système nutritif; on le voit par ces émaciations, ces décompositions qui viennent de l'idée d'un *sort jeté*, *du mauvais œil d'un voisin envieux*, ou de l'effroi inspiré par une malédiction prononcée au lit de mort contre un coupable d'un esprit faible et dépourvu d'instruction. Le magnétisme, les *tracteurs métalliques*, n'ont de pouvoir que par ces sortes d'impression. « C'est (dans mon opinion du moins) en mettant en jeu cette puissance, que les magnétiseurs opèrent les miracles qu'ils racontent, miracles tous produits par des esprits mobiles, ou qui ont au moins un côté d'indécis (1). »

L'auteur terminera ici ses observations. Il reste sans doute encore beaucoup à dire sur les diverses matières qui ont été traitées dans ces pages ; mais cette esquisse légère des principaux traits de la physiologie forme déjà un volume assez considérable. Le lecteur instruit s'apercevra aisément qu'un traité scientifique n'était pas l'objet qu'on se proposait en écrivant ce livre. Plusieurs détails, même des sujets entiers ont été omis, les uns parce qu'ils ne devaient pas être offerts à des personnes qui ne professent pas la médecine ; les autres, parce qu'ils n'entraient pas dans les intentions de l'ouvrage. Si les vues qu'on y a présentées pouvaient engager les philosophes à faire une étude plus approfondie des faits physiques ; si elles pouvaient disposer les hommes à

____

(1) Montègre, sur les Hémorrhoïdes.

suivre une morale plus certaine, plus douce, plus tolérante; ouvrir les yeux des législateurs sur les conséquences d'un seul des préjugés existans; ramener un seul être humain vers la nature, elles n'auraient pas été tout-à-fait inutiles. L'auteur soumet humblement son ouvrage à la critique libérale. Quant aux frelons de la littérature et des sciences, il leur adresse simplement ces paroles de Martial :

Improbe facit qui in alieno libro ingeniosus est.

FIN.

TABLE

DES CHAPITRES.

FIN DE LA TABLE.

ERRATA.

Page 24, ligne 4, Chiammo, *lisez* Chiammamo.

Page 36, ligne 20, ils doivent, *lisez* ou bien ils doivent.

Page 37, ligne 28, principales existant actuellement, *lisez* existant actuellement.

Page 52, ligne 3, subsistent, *lisez* se calment.

Page 57, ligne 22, suit, *lisez* précède.

Page 121, ligne 17, cœeum piloriques, *lisez* cœca pyloriques.

Page 152, ligne 2, cette théorie, *lisez* ce fait.

Page *idem*, ligne 21, produirait sans cela, *lisez* produit.

Page 170, ligne 27, toujours bien, *lisez* toujours également bien.

Page 225, ligne 28, produit une partie de, *lisez* produite en partie par

Page 228, ligne 23, de nouvelles drogues, *lisez* de plus fortes doses de leurs drogues.

Page 304, ligne 17, ils procèdent, *lisez* et procèdent.